学术创新研究的理论与实践

生态环境及地理信息领域：
发展、融合与探索

Ecology, Environmental Science, Geography, and Information Science:
Development, Integration and Exploration

王让会 著

科学出版社

北 京

内 容 简 介

本书简要论述了生态学、环境学、地理学、信息科学、交叉学科以及技术领域与热点方向研究的内涵特征和发展规律。重点阐述了生态系统特征及其耦合关系，景观格局及生态过程，生态规划与生态工程，地理环境与风险管理等问题；分析了全球变化的区域响应以及气候评估与产业发展的关系；探索了地理信息科学、生态信息科学以及环境信息科学的学科地位、理论体系与应用领域；研究了流域生态水文、城市生态资产、"一带一路"资源环境、区域二氧化碳减排、荒漠环境修复等重大科学问题，拓展了遥感与 GIS 技术、信息图谱技术、低碳信息管理技术、数字制图技术、生态安全及脆弱性评估预警技术、环境物联网技术（EIOT）以及 BGC 过程、生态补偿、水碳足迹、生态产品等研究热点。本书基于作者 40 年的国内外科学研究、科学考察、社会服务以及学术交流与人才培养等研学历程，以图文并茂的表现形式，体现了诸多研究领域原始性创新与集成性创新的进展。

本书可供生态学、地理学、环境学、信息科学以及遥感与 GIS 等专业的研究生学习借鉴，亦可供上述领域的管理者、工程技术人员及科研工作者参考。

图书在版编目（CIP）数据

生态环境及地理信息领域：发展、融合与探索 / 王让会著. —北京：科学出版社，2025. 3

ISBN 978-7-03-078249-6

Ⅰ. ①生… Ⅱ. ①王… Ⅲ. ①区域生态环境-研究②地理信息系统-研究 Ⅳ. ①X21②P208

中国国家版本馆 CIP 数据核字（2024）第 060622 号

责任编辑：王腾飞/责任校对：郝璐璐
责任印制：赵 博/封面设计：许 瑞

科 学 出 版 社 出版

北京东黄城根北街 16 号
邮政编码：100717
http://www.sciencep.com

北京中科印刷有限公司印刷

科学出版社发行 各地新华书店经销
*

2025 年 3 月第 一 版 开本：787×1092 1/16
2025 年 6 月第二次印刷 印张：19
字数：450 000

定价：398.00 元

（如有印装质量问题，我社负责调换）

谨献给为科技创新不懈奋斗的人们!

探索启迪梦想，奋斗成就未来！

——著者

Content Summary

This book briefly discusses the connotation, characteristics, and development laws of ecology, environmental science, geography, information science, interdisciplinary research, and technical fields as well as hot topics. Focused on the characteristics and coupling relationships of ecosystems, landscape patterns and ecological processes, ecological planning and engineering, geographical environment and risk management, and other issues, the regional response to global change, as well as the relationship between climate assessment and industrial development, are analyzed. Meanwhile, the disciplinary status, theoretical system, and application fields of geographic information science, ecological information science, and environmental information science are also explored. In addition, the major scientific issues, such as watershed ecological hydrology, urban ecological assets, "Belt and Road Initiative" resources and environment, regional carbon dioxide emission reduction, and desert environment restoration, have been studied. At the same time, relevant hotspots, such as remote sensing and GIS technology, information mapping technology, low-carbon information management technology, digital mapping technology, ecological security and vulnerability assessment and early warning technology, environmental internet of things (EIOT) technology, BGC process, ecological compensation, water and carbon footprint, and ecological products, were studied. This book is based on Professor Wang Ranghui's 40 years of research and exploration and show cases the progress of original and integrated innovation in many research fields in an illustrated form.

This book can serve as a valuable reference for graduate students majoring in ecology, environmental science, geography, information science, remote sensing, and GIS, as well as for managers, engineers and researchers in these fields.

　　在探索自然奥秘与推动人类社会进步的历程中，科学技术始终是驱动发展的不竭动力。人的一生可以说是不断实践的过程，也是探索知识的过程，更是认知世界的过程。每一个人的一生充满了对自然、社会、历史、文化的不同兴趣，到后来可能都成为各自难以割舍的情愫，融合为生命历程的一部分。

　　人们对任何事物的兴趣必然受到诸多因素的影响，无论是哲学家、科学家、艺术家、工程专家……还是普通人，可能都不例外；并且人们在不同的阶段，往往也都有着不同的兴趣与追求。2022 年是史蒂芬·霍金诞辰 80 周年，他的物理学贡献似乎已经成为人们的共识，甚至有些人认为他是自柏拉图以来最伟大的思想家之一，甚至将霍金的物理学成就与爱因斯坦的相提并论。霍金的代表作《时间简史》广为人知，而他最重要的贡献似乎是 20 世纪 80 年代对宇宙量子起源的研究——宇宙无边界假设。据说这个理论非常深奥，以至于霍金曾给数百位物理学家演讲，但这些物理学家迷惘地认为没有多少人能够听得懂这个理论。40 年前，我曾阅读过鄂华著的反映世界著名科学家故事的《盗火者的足迹——世界著名科学家的故事》，作者所描述的"阿尔切特里林中小屋（伽利略）""让那燕子归来（玛丽·居里）""弯曲的球面（小玛尔达、爱因斯坦）""虹（弗兰西斯·培根）""亚诺河之舟（伽利略）""阿尔卑斯的火焰（爱因斯坦）""生命的珊瑚（达尔文）"以及"走向命运的星辰（布鲁诺）"，无不给人以心灵的震撼与启迪。书中描写了爱因斯坦与居里夫人在阿尔卑斯山的对话，那时世人难以理解与想象的相对论是只有他们彼此才能够真实体会的科学语言，那场景似乎还呈现在我的脑海里。列奥纳多·达·芬奇是意大利文艺复兴时期的画家、科学家、发明家，现代学者称他为"文艺复兴时期最完美的代表"，他在绘画领域的杰作《蒙娜丽莎》和《最后的晚餐》等为世人皆知；他还擅长雕塑、发明、建筑，通晓数学、生物学、物理学、天文学、地质学等学科。作为传奇式的人物，他在诸多领域的成就同样也为人们所称道。鲁迅是人们熟知的文学家、思想家，其实他还是设计师及美术家。他弃医从文众人皆知，而对于他从南京矿路学堂求学开始，初次接触西方的现代自然科学，"才知道世界上还有所谓格致、算学、地理、历史、绘画和体操"，以及"走异路，逃异地，求新知"的人生历程，在当代人群中了解者就少了许多。著名地质学家黄汲清先生曾评价鲁迅是"第一位撰写讲解中国地质文章的学者，《中国地质略论》和《中国矿产志》是中国地质工作史中开天辟地的第一章"。由于笔者研究生阶段，更多地学习了地质学，对此才略有了解。在中国家喻户晓的《十万个为什么》，自从 1961 年出版以来，就被公认为科学普及的经典之作。叶永烈先生参加了第 1 版至第 6 版的写作，前后长达半个世纪，也成了他的成名作与代表作。他曾先后创作科幻小说、科学童话、科学小品、科普读物 700 多万字，后来转向纪实文学创作，出版有 6 卷本《叶永烈自选集》，涉猎领域极其广泛。伟大的哲学家、思想家、革命家弗里德里希·恩格斯所著《欧根·杜林先生在科学中实行的变革》（*Herr Eugen Dühring's Revolution in Science*，即中译本《反杜林论》），清晰地表达了马克思主义的基本原理，首次全方位地阐明了马克思主义的特点，使马克思主义的世界观和方法论深入人心，为马克思主义理论在世界范围内的广泛传播做出了重要贡献。笔者从中学开始至少系统地读过该书三遍，时至今日依然对于书中所论及的哲学观点、科学思想、社会理念有着极大的兴趣，以至于笔者多次在大学的讲坛上引用恩格斯批判杜林的一句话——"如果杜林先生不承认 $\sqrt{-1}$ 的意义，那我也就无话可说了"，以此来启示学生的创新理念与逻辑思维，并力图激发学生的探索精神。路德维希·凡·贝多芬是大家熟悉的欧洲古典主义时期作曲家，维也纳古典乐派代表人物之一。他一生历经坎坷与磨难，但对音乐的天赋与执着，使他创作的数量众多的音乐作品具有恢宏气势与强烈感染力，并将古典主义音乐推向高峰。贝多芬一生创作的体裁十分广泛，无论是在器乐领域，交响曲、管弦乐曲和戏剧配乐、钢琴协奏曲、小提琴协奏曲、重奏曲、钢琴奏鸣曲，以及小提琴与大提琴奏鸣曲、变奏曲等，还是在声乐领域，歌剧、清唱剧、弥撒、合唱幻想曲和艺术歌曲均有涉猎。时至今日，人们仍然迷恋他的神奇音乐，诸如声乐套曲《致远方的爱人》（*An die ferne Geliebte*）等。他对古典音乐的重大贡献，对奏鸣曲式和交响乐套曲结构的发展和创新，成就了他"乐圣"与"交响乐之王"的殊誉。纵观历史长河，一个人只有把自己的命运与时代紧密地联系在一起，以极大的自制力与坚韧性不断地超越自我，才可能在自己热衷的领域有所建树。艾萨克·牛顿是英国著名的物理学家、数学家，也是百科全书式的人物，著有《自然哲学的数学原理》。他对于物理学的贡献世人皆知，在美国学者麦克·哈特所著的《影响人类历史进程的 100 名人排行榜》（1978 年首版）中，牛顿仅次于穆罕默德，名列第二位。牛顿对人类进步做出了巨大的贡献，但他也不能不受时代的局限，把那些暂时无法解释的自然现象归结为上帝的安排，似乎使自己蹈向了唯心主义的覆辙。法国知名艺术批评家、史学家，被称为"批评家心目中的拿破仑"的 H. A. 丹纳，在其所著的《艺术哲学》（中文版为傅雷所译）中，系统地诠释了艺术的本质及其产生，剖析了意大利文艺复兴时期绘画的全貌，解读了艺术与哲学的深刻关系，提出了从种族、环境、时代三个原则出发，认识物质文明与精神文明的理论构架，从思想感情、道德宗教、政治法律、风俗人情等方面，阐述了绘画艺术所表征的社会表面现象，为从哲学意义上认识社会的基本动力在于生产力与生产关系提供了启示。这些也是他在欧洲学术界的影响至今还未消失的重要因素。基于类似的思维方式，我们所开展的研究工作，如果把哲学思辨理念与探索精神融合其中，则能从更高层面解析科学的本真，理解科学规律，延展科学哲学的内涵。《周易》是中国传统思想文化中自然哲学与人文实践的理论根源，揭示先民对自然、社会、事物的独特认知，是古代中华民族思想智慧的结晶，对中国数千年来的政治、经济、文化等领域都产生了极其深刻的影响。孔子深得《易经》之道，先秦时期百家争鸣，所有学派不同程度地受到了《易经》影响。宋代哲学家，如邵雍、周敦颐、张载、程颢、朱熹等人对易经也都有很深的造诣。毛泽东曾讲："中国古人讲，'一阴一阳之谓道'，这是古代的两点论。"爱因斯坦、李约瑟、黑格尔等对易经也给予了极高的评价，认为《周易》代表了中国人的智慧。当今快速发展的量子科学，似乎在更深的层次探索复杂世界的奥秘，有人认为《周易》的某种理念与目前人们探究未知事物的思想似乎也间接地具有共通性。中央电视台推出的大型文化类节目《典籍里的中国》，通过时空对话的创新形式，讲述典籍在五千年历史长河中源起、流转及传承故事。其中一期有关《周易》的节目，诠释了历代思想家、科学家、哲学家对《周易》这一文化瑰宝传承所作出的不朽功勋，也成为我们奋进新时代、树立文化自信的重要源泉，对于当代辩证思维与科学研究也具有无限的滋养与启示。魔术可以讲是一种幻觉、戏法和精妙的骗术组合。魔术是超脱常识的现象，是把在常识下即能做到的事情，用另一种非常识的方式使其发生，并再现奇迹的行为。在探究未知的道路上，人人似曾有过相同的梦想，那就是要像魔术师那样博学多艺，把奥秘与神奇永远留给观众。而作为魔术师，则要大胆探索、独辟蹊径。除了创新思维之外，各类知识的积累、逻辑技巧的应用、科学理念的把握、日常习惯的审视以及对人们观感的挑战，都是魔术师需要修炼的。大卫·巴格拉斯国际魔术奖（The David Berglas International Magic Award）是国际魔术界最高奖项，刘谦是亚洲首位获此殊荣的魔术师。有人曾评论刘谦对空间、几何、时间和运动的独到理解，是他与其他魔术师之间的真正差异，而这一切来源于他对于魔术魅力的无限热爱以及不懈地求新求变。4 月 25 日是"世界防治疟疾日"，2022 年是发现青蒿素 50 周年，中国国家主席习近平向青蒿素问世 50 周年暨助力共建人类卫生健康共同体国际论坛致贺信。通向诺贝尔奖的科学之路从来就不是平坦的，以屠呦呦为代表的中国科学家，开展了一系列艰辛的探索，首先发现并成功提取的特效抗疟药，帮助中国完全消除了疟疾，也向全球积极推广应用青蒿素，挽救了全球特别是发展中国家数百万人的生命，为全球疟疾防治、佑护人类健康做出了重要贡献。人类探索宇宙的脚步从来就没有停歇过，无论是苏联研发的人类第一颗人造地球卫星，还是实现人类首次登月的美国阿波罗11号飞船；无论是人类探索火星的壮举，还是人类探索土星的神奇；从加加林第一次进入太空，到后续的空间站，再到埃隆·马斯克的SpaceX，人类每一次都把触角伸向更神秘、更遥远的地方。研究表明，以人类目前的最高科学技术观测距地最远的距离大概是920亿光年，而这个观测范围相对于整个宇宙来说也许还有相当大的差距。中国航天也宛若人类探索星辰大海历程中的一颗崭新而明亮的新星，人类认知的发展从未脱离过对科学技术的无畏追求。量子纠缠（quantum entanglement）是一种纯粹发生于量子系统的现象，这个在20世纪初就被科学家提出的观点，在21世纪的今天似乎备受关注；2022年10月4日，诺贝尔奖委员会公布了年度物理学奖获得者阿兰·阿斯佩、约翰·克劳泽和安东·塞林格，以表彰他们在"纠缠光子实验、确立对贝尔不等式的违反和开创性的量子信息科学"方面的成就，"这些开创性实验不仅确认了量子力学是正确的，还开启了第二次量子革命"。量子力学相关领域观点被理论与实践逐渐证实，预示着人类对于宇宙的认识也可能将发生根本性的改变。2023年9月2日，"千名院士·千场科普"首场报告会在中国科学院学术会堂举行，天文学家武向平院士系统地介绍了"宇宙从何而来，宇宙向何处去，谁在主宰宇宙"等重大问题，强调了"自然科学理论体系正在经历百年之大变局"。笔者在线聆听了武院士的报告，感触颇深。无独有偶，在电视上观看了中国科学院原院长白春礼院士在"中国经济大讲堂"节目所做的关于"国之重器为社会带来的价值"报告，他强调了大科学装置对科学探索的重大贡献，使笔者对于目前人类在太空领域所关注的"两暗一黑三起源"问题有了更浓厚的兴趣，也对自己的宇宙观与科学及哲学思维有了更深的启示。科学的发展历来需要不断创新，对于未知世界的认识历来是需要探索精神的，需要在不断地追求之中提升思维，完善认知。而一个人的努力往往是有限的，一批人、一代人的坚守与执着，才可能起到承前启后、继往开来的作用，才可能完成一代又一代人的夙愿！

在当前世界百年未有之大变局背景下，迈向新征程，需要科学理念与开拓精神。追求科学，探索未知，要尊崇伦理观念，也需要道德的力量。人类切勿把自己凌驾于自然之上，人类在宇宙中可能只是微不足道的一分子而已。开启新征程，奋进新时代，新发展理念无疑是促进我们前进的动力。"互联网+""AI+"……已经蕴含在当代科技发展与人们的思维方式中，远远超越了人类个体知识体系、意识与想象能力。在万物互联的时代，有人认为AI是产品的"灵魂"，特别是万物被链接，计算可以互动和赋予情感，人类与AI的差距会越来越大；"能源+计算=硅基生物体"，最终，硅基文明将能源和计算合为一体，驱动人类向更高层级进化。科技创新比以往任何时候都显得迫切与重要，但道德及伦理在科技进步的今天也显得异常重要。中国发布的全球发展倡议、全球安全倡议、全球文明倡议，是构建人类命运共同体的中国智慧，对于个人及群体理念的引导与提升具有重要意义。人的一生是短暂的，在有限的生命里，能够做一些感兴趣的事情，并能有益于社会，那是普通人的追求。无论是幼年时曾读过的《宇宙的秘密》，还是《盗火者的足迹——世界著名科学家的故事》，或是受父亲书桌上的曲艺、中医学及各类典籍滋养，母亲绘画与剪纸技艺的启蒙，笔者在儿童时期也曾激发过自己对于绘画、书法、音乐、篆刻的浓厚兴趣，这种兴趣在一定程度上而言来自父母亲的爱好以及他们专长的烙印，遗憾的是笔者在上述方面至今没有一丝成就。即使如此，心灵深处似乎仍然还留存着一些印记，仿佛在诉说着难以回归的过往。笔者在 20 年前出版的第一部学术专著《地理信息科学的理论与方法》，其后出版的《遥感与 GIS 的理论与实践》《生态系统耦合的原理与方法》，以及纪传体文学作品《岁月如梭》中也曾多次提及过上述情感。对于专业知识与技能的学习，更多是笔者在 20 世纪 80 年代初期进入高等学校学习之后，特别是在其后实践中的学习与合作研究中的提升。笔者在诸多领域都曾有过不同的兴趣，不同程度地受到研究工作的影响与国内外科技发展的启迪。笔者在本科生、硕士研究生、博士研究生学习阶段的专业分别为林学、矿产资源与勘探以及森林经济学，但在科学研究中逐渐地对生态学、地理学、环境科学、信息科学，甚至自然辩证法与哲学等领域也发生了浓厚的兴趣，形成了对不同学科的感悟，并不断激发自己去思考与探索。实践是获取知识的不断源泉，也是人生最好的导师，只有实践才能获得真知。在全球变化的区域响应研究方面，基于气候变化情景，探索了全球变化背景下的区域可持续发展模式，凝练了认识全球变化及其区域响应的创新思路及应对策略。在生态系统耦合关系研究方面，提出了干旱区山地-绿洲-荒漠生态系统（mountain-oasis-desert system，MODS）耦合原理、机制与模式。在生态资产评估研究方面，完善了生态资产评价的原理与方法，定量估算了干旱区城市生态资产的价值，提出城市环境危机管理的模式；同时，分析了生态补偿的内涵、特征、标准、主体、原则以及生态补偿的机制与模式。在生态脆弱性研究方面，首次构建了生态脆弱性指数（ecological fragility index，EFI）方法体系及评价标准，凝练出了基于地理信息系统（geographical information system，GIS）的生态环境演变概念模型；并研究了流域生态需水等问题，建立了人工增雨环境效应评价指标体系。在地理信息科学研究方面，丰富了地理信息科学的基本概念、学科地位、科学体系，阐明了地理信息的获取、处理、分析、管理与更新的方法及途径。在生态信息科学研究方面，完善了生态信息科学的学科框架、原理与方法，探索了生态信息分类、表达方法及尺度效应等问题，提出了构建环境物联网（environmental internet of things，EIOT）维护生态安全的理念与作用。在景观格局与生态过程研究方面，重点研究了现代绿洲景观格局与景观地球化学循环、绿洲景观格局的虚拟实现、景观规划及土地整理等问题，揭示了景观格局与生态过程的耦合关系。在生态规划研究方面，重点探索了低碳生态规划、景观生态规划以及城镇生态文明建设规划模式与方法。在生态工程的生态效应研究方面，重点研究了多层次人工植被防护体系的生态效应、二氧化碳减排林（carbon dioxide reduction forest，CDRF）的环境效应、飞播林的生态资产评估等，揭示了基于低碳理念的资源开发与环境保护模式。在数字制图及信息系统研究方面，探索了地理信息图谱（geographical information tupu，GITP）内涵，倡导 EIOT 等新概念，以及大数据、云计算、卫星导航及位置服务等信息技术，建立了生态安全评价的理论基础与指标体系，以及景观合理性识别系统、林业碳汇管理系统等。在环境信息科学研究领域，探索了环境信息科学的理论、方法与技术，特别是研究了环境信息的监测与评估技术、表达与重建技术，研发了环境监测及应急响应系统，针对大气污染特征及预警预报、宜居健康生态气象监测与评估等问题，研究了环境信息分类、环境遥感监测、环境物联网、环境信息可视化、环境数据挖掘、环境信息图谱、环境信息管理等理念、方法与技术，拓展了环境信息机理、模拟和智慧环保与"互联网+"应用研究。在碳减排机理及策略领域，在探讨水土、水盐、水碳耦合关系的基础上，重点从植被水分利用、土壤水分变化、水碳足迹、生态系统 C 循环和 N 循环、生态系统净初级生产力（net primary productivity，NPP）等方面，基于全球变化情景模式，阐述了 CDRF 稳定性特征与机制。相关研究得到数十项科研项目支持，包括了国家重点基础研究发展计划（973 计划）、国家科技支撑计划、国际科技合作重点项目计划等。近期开展的国家重点研发计划项目"典型脆弱生态修复与保护研究"重点专项"祁连山自然保护区生态环境评估、预警与监控关键技术研究"课题"祁连山自然保护区生态环境变化预测预警"（2019YFC0507403），以及被 UNEP、FAO 等组织评选的首批十大"世界生态恢复十年旗舰项目"中的"中国山水工程"的子项目"新疆塔里木河重要源流区（阿克苏河流域）山水林田湖草沙一体化保护和修复工程"（AKSSXXM2022620），为本书创新集成提供了重要研究基础。相关项目研究过程中，有一系列专家学者、同行、同事及学生们的共同参与，谨此表示衷心感谢。梳理几十年的研究工作，笔者感兴趣的热点方向不少，虽然有些进展，但受到多种因素的影响，不尽如人意的地方仍然不少。科技发展的确是日新月异，速度之快超越了个人的想象。正因如此，需要系统地梳理凝练科研之路，不断地激发科研情愫，催促自己始终与时代同行，并更好地深化对客观世界的认识。如果研学道路与科学探索历程对同行或后来者有一点借鉴，那正是笔者的初衷。

全书正文各章节自成体系，各章节直接或间接地具有一定的关联性。首先，各章的第 1 节为研究背景，主要从学科内涵、特点、分类以及创新方向等方面进行了简要阐述；其次，依托作者已出版专著成果的框架体系（专著封面及目录纲要）及核心内容（框 A），进行了延伸及拓展；再次，由于各个学科特点不同，研究的深度亦有差异，主要内容反映了各主题研究的总体特色及一般规律，有文字、图表等表达方式，部分体现在框 B 中。

需要说明的是，在本书第 3 篇中，作者曾搜集了合作者及同行共同参与研究及科教活动的大量珍贵照片，反映了作者本书主题——生态环境与地理信息领域的发展、融合与探索的足迹，佐证了思想交融、科学传承、合作研究、创新协同的一系列客观实践及重大事件，遗憾的是未能最终全部体现在书中。笔者重视各类法律法规的贯彻，既曾是科研道德规范、知识产权以及安全保密等方面的管理者，也是践行者。但在科学研究及教育相关领域，无限泛化各种所谓权利的情况，直接制约了科教活动的表现形式与传播途径，失去了拍摄照片的真正价值与初衷，使本来可以生动活泼的表达形式显得暗淡而单调。另外，初稿中涉及诸多遥感影像或图形图像的表达，考虑审图问题，一概进行了调整。文末的参考文献大量选用与作者直接或间接接触过的中国科学院院士和中国工程院院士及其团队的研究成果，在作者多年的研究中曾多次获得过他们的真诚帮助与思想启示，本书力图体现研究工作的代表性以及相关研究方向的创新性，借此也对相关院士及其团队表示衷心感谢！

在认识客观事物的过程中，人们对所获得的知识体系有着不同的分类。学习者或研究者基于自身的兴趣爱好或者机遇缘分，选择若干门类进行探索。学科主要指的是一个科学共同体系，也是科学、知识及创造的分类，主要是面向硕士研究生及博士研究生培养的。2022 年，国务院学位委员会、教育部印发通知，发布《研究生教育学科专业目录（2022 年）》和《研究生教育学科专业目录管理办法》，新版目录有 14 个门类，共有一级学科 117 个。专业是在学科的基础上，对科学研究获取的知识进行体系化分类，面向高等学校学生进行知识传授，它主要是面向本科生培养的。学科和专业的分类体系和名称略有差异，存在一定的对应关系，但并不是一一对应的。基于上述原则，本书涉及学科及专业的不同领域，但更多从学科的角度，梳理与总结了过去 40 年来笔者对相关领域的学习、实践、研究及应用等方面的认知。尽管笔者对相关领域有着极大的兴趣，但时间精力的局限性以及理念方法的局限性，对许多方面的认识也必然存在一定的局限性。我们正处于科技快速发展的新时代，科技发展日新月异，新思想、新方法层出不穷，为认识与探索未知领域提供了崭新途径。新发展理念促进新时代的全面发展，知识交叉融合已成为新时代科技发展的基础，人工智能、大数据、云计算、物联网、区块链、元宇宙、数字孪生……新概念日新月异，层出不穷；伴随着科技进步，人类的智慧也在不断地开拓与发展之中；相信人类的智慧在不断探索中会得以更快地创新与跨越，并不断地推动着人类文明的进步。

2020 年初，世界范围内 COVID-19 严重肆虐，至 2023 年初仍有 200 多个国家和地区受到病毒影响，给人类的可持续发展带来了严重挑战。重新审视人类的发展理念，可以发现遵从生态伦理，深刻体会人类命运共同体理念，比任何时候都更有现实意义。我们必须以守望地球的情怀，遵循自然规律，团结协作，科学应对当前以及未来地球系统发生的一切问题，为共筑人类美好未来不懈努力！

"加快建设科技强国是全面建设社会主义现代化国家、全面推进中华民族伟大复兴的战略支撑"，"实现高水平科技自立自强，是中国式现代化建设的关键"，"加快实现高水平科技自立自强，是推动高质量发展的必由之路"，科技创新与自立自强永远在路上。2023 年是笔者进入高等院校学习工作的整整 40 周年，也是自己的花甲之年，回顾往昔，岁月如歌；展望未来，梦想犹在！愿生命的航船在波涛中不断向前，愿人生的历程在奋进中持续延伸。

在本书付梓之际，对所有同仁致以诚挚谢意！

谨以此书献给培养我的母校，以及工作的中国科学院和南京信息工程大学！

谨献给养育我的父母王垌先生及雷莲珠女士！

谨献给与我一路同行的师长、同行及学生们！

谨以纪念逝去的青春过往与岁月流年！

王让会

2023 年秋

目　录

第1篇　科学研究

第 2 篇　融 合 发 展

第 3 篇　实 践 探 索

第1篇
科学研究

第 1 章

生态学研究

1.1　生态学研究背景

生态学（ecology）的学科体系非常庞大。传统的生态学是研究生物之间和生物与周围环境之间相互关系及其反馈机制的科学。按照研究层次、生物类群、生境类型、研究性质以及与其他学科的相关性，生态学有诸多不同的分类。一段时期生态学在中国曾被划分为生态科学、生态工程学与生态管理学三大门类。虽然不同的划分对于人们认识客观对象具有一定的影响，但生态学作为研究生物与生物、生物与环境之间相互关系及其反馈机制的内涵特征始终没有改变。随着理论研究的深化，生态学也被赋予了诸多新内涵。2018 年，作为一级学科的生态学正式发布其相关二级学科，包括了植物生态学、动物生态学、微生物生态学、生态系统生态学、景观生态学、修复生态学及可持续生态学七个二级学科。生态学二级学科的发布指导人们更加科学地理解生态现象与生态过程。生态学是一门研究宏观生命系统的结构、功能及其动态的科学，它为人类认识、保护和利用自然提供理论基础和解决方案，也是生态文明建设的重要科学基础。经过 150 多年的发展，生态学的科学内涵和社会需求已经发生了巨大变化。生态学不再仅限于生物学范畴内的研究，而是融合了地学、环境学、资源学乃至经济学、社会学等多个学科的知识和进展，成为一门独具理论体系，并具有广泛应用的综合交叉学科（方精云，2021）。此外，生态学学科分支还有按照其他角度的分类，特别是学科的交叉与融合，形成数量生态学、化学生态学、物理生态学以及生态哲学、生态美学、生态伦理学等，具有不同的研究侧重点与现实指导意义。现代生态学具有一系列特征，一方面，以全球生态学和空间生态学为特征的宏观生态学发展迅速；另一方面，以分子生态学为特征的微观生态学发展也异常活跃（康乐，1996）。应对气候变化、生物多样性保护以及可持续发展成为生态学相关分支学科开展研究的重要内容，生态学的研究范围、研究方法等呈现多样化。在人类命运共同体这一全球价值观背景下，生态文化、生态伦理、生态产业等的发展在当代社会愈加迫切。2023 年 8 月 15 日是中国第一个全国生态日，有专家认为生态学是生态文明建设（ecological civilization construction，ECC）的基础性学科，以生态系统为代表的自然环境为人类提供了生存与发展的条件与资源，"绿水青山就是金山银山"是人类对自然价值认识的精辟概括；全国生态日的设立是人类对当前全球性生态危机全面觉醒的标志，也是对人与自然和谐共生的呼唤。

至 2023 年，教育部已经组织开展了五轮学科评估。生态学进入"双一流建设学科"名单的高校，相关学科考核结果名列前茅。2017 年 12 月，教育部公布了全国第四轮学科评估，该评估于 2016 年在 95 个一级学科范围内开展（不含军事学门类等 16 个学科），共有 513 个单位的 7449 个学科参评。根据第四轮学科评估结果，有 11 所高校的生态学入选了全国"双一流建设学科"。而全国第五轮学科评估在评估方式以及数据应用等方面更强调了内涵建设与社会认同度等方面的客观要求，评估结果未如之前那样向社会公布；强调学科评估不是静态的，而是动态变化的，引导高校全面开启新时代学科建设新局面。在新形势下，生态学学科正在生态环境保育、生物多样性维护（魏辅文等，2014）、和谐人地关系、实现低碳目标，以及促进区域发展等方面发挥着越来越大的作用。

1.2　生态系统生态学

1935 年，英国植物生态学家 A.G.Tansley 提出具有划时代意义的生态系统（ecosystem）概念，强调生态与环境是功能上不可分割的统一的自然实体，认为生态系统是一个生态学上的功能单位。随着学科不断发展，生态系统作为生态系统生态学的核心，从不同的角度审视出发，会有不同的解读。群落学的发展使人们可以把生态系统理解为不同群落的组合。而系统论、控制论以及信息论"老三论"与耗散结构论、协同论与突变论"新三论"的发展，也启示人们可以把生态系统理解为远离平衡态的，开放的非线性耗散结构系统，这种解读显然更加复杂。生态系统生态学把系统论等学科思想与生态系统内涵特征相结合，研究生态系统结构与功能、物质循环、能量流动与信息传递问题，特别是研究以生物地化循环（biogeochemical cycle，BGC）为特征的各类生态过程及其演变机制，研究生态系统稳定性与生态系统服务功能，对于评价生态适宜性、脆弱性、安全性、健康状况、风险水平、发展潜力等具有重要理论价值与现实意义。而耦合概念的引入，进一步深化了人们对生物与生物之间、生物与环境之间关系的认识，也是生态模型模拟研究的重要基础（Patterson, et al.，2020），有助于开展界面过程、交错带以及复杂过程的监测评估及预警研究工作。

随着生态学学科自身发展与国家生态环境高质量发展目标的需求变化，生态学与资源开发、环境保护以及经济发展密不可分（马世骏和王如松，1984），并表现出了一系列新特点。进入 21 世纪，各类新理念以及新技术，如分子技术、稳定同位素技术、高通量野外观测技术、联网观测与控制实验技术，以及大数据技术相继出现，促进了生态学的新发展。生态学的研究思路、研究对象、研究方法、研究深度与广度等方面发生了一系列的变化，如理论研究系统化、应用研究实用化、研究对象复杂化、研究方法科学化、研究过程长期化、研究尺度多样化；再如，要素监测立体化、预测手段模型化、数据处理可视化、信息共享网络化（龚健雅等，2009）。随着科学理念的深入，生态学将为城市规划、乡村建设、低碳环保、应对气候变化以及可持续发展提供重要理论支撑与科学方法。

在不同的生态系统中，生物与环境要素的耦合关系不同，生态过程特征各异，具有重要作用的反馈机制也不同。生态系统生态学表现出了重要的指导价值（方精云和刘玲莉，2021）。一般而言，在生物生长过程中，个体越来越大；在种群增长的过程中，种群数量不断上升，这些属于正反馈。正反馈虽然是有机体生长、发育所必需的，但它不能维持系统的稳定状态。负反馈主要是指在受到外界影响或干扰后，生态系统通过一系列的自我调节功能，减轻这种干扰或影响的程度，并力图恢复到平衡或稳定状态的过程。因此，要使系统维持稳定状态，需要通过负反馈机制予以实现。由于在一般情况下，具有负反馈调节机制的生态系统自身会保持一种动态平衡。对于受损生态系统，通过一系列技术手段，在认识了受损特征、受损过程的情况下，人们就有可能遵循负反馈机制的思路与方法，在自然、社会、经济、科学技术条件允许的界限内，寻求维护生态系统稳定、优化生态系统结构、增强生态系统功能的策略。

从理论上而言，生态系统反馈机制的建立与熵的原理是分不开的。生态系统作为一个开放的系统，只要能够从外部环境得到足够的负熵流抵消内部的熵增，就将形成耗散结构系统，并朝着进化的方向发展。生态系统在受到自然及人为要素干扰后，发生了一系列退化现象，必须进行生态恢复和重建，使生态系统重新进入低熵状态。因此，在生态建设过程中，必须从引起这种变化的驱动要素入手，通过有效恢复和逐步发挥生态系统的反馈机制，实现生态系统良性循环。生态系统反馈机制是极其复杂的过程，它通过系统中生物与环境要素的相互作用而体现。生境状况的改善必然增强植被在生态系统中的地位和作用，伴随着物质循环和能量转换的信息传递过程就显得日益重要，反馈过程也就越为复杂。理论研究和客观实践表明，若要进行生态恢复与重建，就必须认识生态系统的反馈作用过程，并对生态系统进行适时与适度的人为干预。从系统熵的角度而言，就是要降低系统熵值，增强系统有序程度。自然状态下，生态系统总是朝着种类多样化、结构复杂化和功能完善化的方向发展。生态系统的自我调节功能是有限度的，当自然或者人为干扰因素超过一定阈值时，生态系统的自我调节功能就会受到损害，从而引起生态失衡与稳定性减弱，生态系统的脆弱性明显增强。在热力学或信息论中，有一系列模式适用于对不同状态下系统中熵值及其变化模拟与估算，而在生态学领域尚缺乏这类模式。但这种思路对于研究生态过程及其反馈机制中的不确定性问题，具有重要的启示作用。在人类对生态系统的影响日益增强的现实情况下，通过科学合理地增强负反馈调节，使生态系统的自我保护能力增强，进而减轻人类活动对生态系统的干扰，这不失为维持生态系统稳定性的一个新思路。2024 年 8 月 15 日是中国第二个全国生态日，大众学习生态、认识生态、保护生态、建设生态、提升生态的氛围更加浓厚。人们正坚持山水林田湖草沙生命共同体理念，积极投身建设"美丽中国"实践。相信在不远的将来关于"盖亚假设（Gaia hypothesis）"，也就是地球是一个"超级有机体"的理念也会被更多公众所认同。

1.2.1　生态系统耦合关系

生态系统尺度上，厘清生态要素之间的耦合关系、各类生态过程之间的耦合关系，以及不同生态功能之间的耦合关系，是认识生态系统耦合关系的核心（王让会和张慧芝，2005）。提升生态系统多样性、稳定性、持续性的科学需求为生态工作者开展生态系统结构与功能、生态过程演变规律、生态系统保护和修复，以及推动以国家公园为主体的自然保护地体系建设、建立生态产品价值实现机制，提供了新理念与新思想（图 1-1，框 A1-1）。

图 1-1　生态系统耦合的原理与方法

Fig.1-1　Principles and methodology of ecosystem coupling

框 A1-1

♦ 基于现代生态学的学科特点、研究现状与发展趋势，探索生态系统耦合研究的创新思路、重点内容、基本原理，阐述生态系统耦合的方法途径，分析生态系统耦合的时空特征，强调了水文过程及生物过程在耦合关系中的重要作用，揭示了流域生态过程及其要素耦合的特点，构建了生态系统耦合研究体系框架。

♦ 基于生态系统耦合关系的时空特征，通过分析生态系统的监测要素与关键问题，凝练生态系统安全的学术内涵及其 12 个特征，构建生态安全评价指标体系与评价模式，通过生态安全指数定量化地进行生态安全评价，揭示生态安全的理论内涵与现实特征。

♦ 生态系统耦合关系研究需要新理念与新方法的支撑，通过阐述生态系统耦合关系研究中生态信息获取、处理、分析、管理、更新与共享的理念与途径，以及生态制图方法、模型模拟方法、遥感（remote sensing，RS）、地理信息系统（geographical information system, GIS）、全球导航卫星系统（global navigation satellite system, GNSS）等技术方法，强调了遵循生态规律、强化生态伦理、倡导生态文明、维护生态安全对于资源环境和社会经济协调发展的重要作用，阐述了"数字流域""生态产业"等热点问题，提出了生态安全评价与人地关系协调发展的一般模式。

♦ 从理论、方法、技术和应用等方面，系统地构建生态系统耦合研究的理论体系与方法体系，为全面地认识生态系统耦合研究的科学概念、学科地位与学科体系，提供有效支撑。

1.2.2　研究思路及其途径

干旱区山地-绿洲-荒漠系统（mountain oasis desert system，MODS）的耦合关系，可以通过系统之间以及要素之间的界面过程表现出来。系统界面上，物质、能量与信息的分布特点、变化特征、作用方式与相互关系，直接制约着 MODS 的结构与功能。在 MODS 中，系统之间存在着多种界面，不同生态系统之间的交错带或过渡带就是重要的生态系统界面；而以土壤介质与大气介质为代表的相互作用界面，在生态系统耦合关系研究中具有重要的代表意义。土壤是一种具有复杂孔隙系统的自然体，孔隙被水和空气所充满，土-气界面具有重要的生态学意义。土-气界面上的水分通量向上传递表现为土壤水分的蒸发，向下则表现为水分的下渗（邵明安等，1987）。由于土-气界面相对比较简单，物理属性相对稳定，为人类防止土壤水分的过度消耗，提高水分利用效率，提供了可调控的对象与途径。

目前，界面调控的水热机制已经取得了不少研究成果，土壤中的水分受到各种力的作用，表现出不同的物理形态。同时，土壤的质地、结构、有机质，特别是土壤的地带性分布规律，影响着土壤一系列理化过程的进行，也必然影响着相关界面上所发生的生态过程。研究土壤中水、气、热、盐运移的规律，对于认识蒸发、蒸腾过程中能量转换及质量迁移的机理，提高水资源利用效率以及了解当地小气候效应，具有重要的理论价值和实践意义。在诸多复杂的生态过程中，水分迁移与热量传输是两个相互作用的过程，基于多孔介质中液态水黏性流动和水蒸气扩散的理论及热量平衡原理，是探索水热耦合关系背景下土壤水分迁移与热量传输的机理法，而基于不可逆过程热力学原理的热力学法在该过程研究中也具有重要作用。巢纪平和李耀锟（2010）开展了基于热力学和动力学耦合的二维能量平衡模式的荒漠化气候演变研究，一定程度上揭示了荒漠系统气候变化的复杂性。目前，利用数值模拟方法结合试验观测进行土壤水热迁移、土壤的蒸发散和降雨入渗、土壤冻融以及水盐运动（赖远明等，2001），成为水热耦合研究的一个重要方向，进行水热耦合研究也是界面过程研究的重要途径。MODS中存在着多种界面，为了维护系统的稳定性与生态安全，提高系统的生产力，需要按照客观规律以及社会发展的需要，对系统进行调控。由于界面过程最富有生态学意义，应用生态学的反馈机制，探讨一定土地利用与覆盖条件下的调控模式与方法成为MODS 耦合关系研究的落脚点。

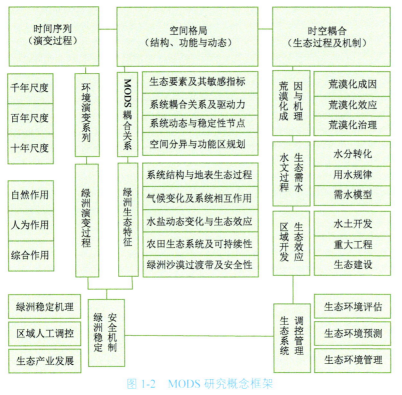

图 1-2　MODS 研究概念框架

Fig.1-2　Conceptual framework of MODS research

1. 耦合关系研究的概念框架

MODS 耦合关系研究涉及诸多问题，需要从多角度、多尺度、多层次开展信息获取与分析，需要多学科融合与探索，并构建其理论方法体系，实现综合性研究（图 1-2）。

2. 耦合关系研究途径与模式

围绕不同时空尺度的生态环境演变特征，针对重大生态环境问题，应用复杂性科学理念与信息化手段，实现现状生态环境评价以及未来变化趋势的预测与管理。图 1-3 展示了 MODS 的研究途径与模式。

图 1-3　MODS 研究途径与模式

Fig.1-3　Research approaches and modes of MODS

1.2.3　耦合关系主要特征

全球变化对干旱区资源环境的分布格局与时空变化造成了一定程度的影响，制约了土地利用与覆盖变化（land use and cover change，LUCC）的趋势与过程，并通过水热状况、景观带谱、气候效应、土地利用与人为活动表现出来，而上述特征又与 MODS 具有密切的耦合关系。人地关系与经济布局密切相关（吴传钧，2008）。在国家进一步加强黄河流域高质量发展的背景下，傅伯杰等（2021b）开展了黄河流域人地系统耦合机理与优化调控研究，对于引导深化耦合关系研究具有重要启示价值（框 B1-1）。

框 B1-1

☐ 深居内陆的地理区位　　　☐ 干旱型的大陆性气候

☐ 山盆相间的地貌格局　　　☐ 独特的三大生态系统

☐ 广泛发育的内陆流域　　　☐ 荒漠性的土壤及植被

☐ 复杂的生物地化过程　　　☐ 特色鲜明的景观外貌

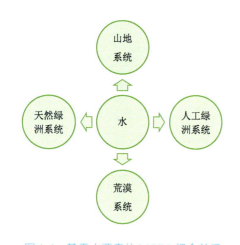

图 1-4 基于水要素的 MODS 耦合关系
Fig.1-4 MODS coupling relationship focused on water element

地貌特征与气候状况决定了耦合类型的基础框架，水文特征决定了耦合类型的空间格局，植被类型反映了耦合类型的宏观外貌，土壤状况制约了耦合类型的物质循环，人为活动影响了耦合类型的演变过程，图 1-4 展示了基于水要素的 MODS 耦合关系。山地系统是干旱区水资源的形成区，也是重要的矿质营养库和生物种质资源库；天然绿洲系统和人工绿洲系统是人类赖以生存，生产力相对较高的区域；荒漠系统则是干旱区面积广阔，环境相对恶劣的区域。维护 MODS 的生态安全是干旱区生态建设和经济发展的重要基础。图 1-5 展示了干旱区 MODS 的空间耦合关系。

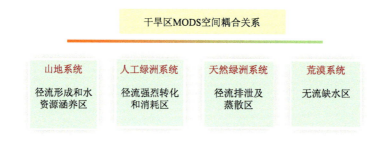

图 1-5 干旱区 MODS 空间耦合关系
Fig.1-5 Spatial coupling of MODS in arid areas

自然及人为要素之间直接与间接的联系也必然反馈在区域综合性的生态响应方面。一些学者认为，中亚干旱区气候具有暖湿化的特征（陈发虎等，2023），与中国北方地区气候干旱化的趋势具有一定的差异性（符淙斌和马柱国，2008），这种响应制约了 MODS 的特征与规律。而系统的界面特征与界面过程，特别是水资源的形成、转化与消耗规律直接反映了干旱区 MODS 对全球变化的响应过程。MODS 的空间格局、动态变化、时空特点以及尺度转换与耦合模式问题，反映了系统之间及其内部的生态学机制。全球变化背景下，干旱区 MODS 耦合关系具有一系列特征及规律，水文状况影响生态系统的时空特征，制约系统中要素之间的耦合关系及其反馈机制。缺水是制约干旱区植被修复的主要因素，缺水限制自然植被的生长，影响生态的重建方式及效果。生态系统退化后，人们从环境对人类的反馈作用中逐渐地意识到了人与自然必须和谐相处；否则，人类就

要承受生态环境劣变的负面后果。MODS 耦合关系内在主要特征及其研究特点如表 1-1
及表 1-2 所示。

表 1-1　耦合系统和景观格局的主要特征
Tab.1-1　Main characteristics of coupled system and landscape pattern

生态效应	主要特征
水热效应	特殊的地貌格局，特别是以天山为依托的流域构架，直接制约了水热状况的特征。多种地貌发育影响了水分的赋存条件和热量的分配方式，不同地域水热耦合关系不同，由此而表现出的物质、能量与信息的转换及传递方式也有所不同
气候效应	在绿洲系统中，由于自然要素的独特性，以及人类活动的强烈影响，绿洲系统存在着"湿岛效应"。绿洲系统的大气温度、大气湿度、风速等气候要素的变化，没有荒漠系统变化剧烈，形成绿洲系统小气候效应，直接影响了以绿洲为核心的 MODS 耦合关系的表现特征和变化规律，成为认识绿洲系统与相关系统的重要基础
景观效应	气候条件和地貌格局的特异性造就了以天山博格达峰为核心的自然景观外貌。中国温带荒漠区博格达峰北麓生物圈保护区入选联合国教科文组织人与生物圈计划（Man and Biosphere Programme，MAB）典型区。由博格达峰经过山地不同海拔以及水热差异所形成的景观类型，经过平原绿洲区一直延伸到北部沙漠区，在有限的空间尺度内，地貌、气候与植被的耦合关系复杂，景观垂直带明显，景观类型多样
人为效应	绿洲系统是干旱区人类活动的核心。在特定的地貌与气候背景下，绿洲的演变一直受到人类强烈活动的干预和影响，形成了一系列人工景观。绿洲系统普遍存在道路、水库、渠系、建筑、居民区、工矿区等，都是人类活动的产物。随着技术进步，人类对于 MODS 的干预能力也在不断增强。通过认识各个系统受人类活动影响的反馈机制和响应状态，就可以通过调控人的行为，减少人为因素的负效应，实现生态系统的科学管理与低碳绿色发展

表 1-2　耦合关系创新研究的主要特点
Tab.1-2　Main characteristics of coupling innovation research

创新方面	主要特点
总体思路	基于干旱区山盆体系，特别是 MODS 时空格局，从形成机制、演变规律、动态过程等多角度入手，以现代资源环境与地理信息技术为支撑，沿时间序列、空间结构及时空耦合界面全方位开展研究
信息流	研究植物与植物、植物与动物，以及生物与水分之间的信息传递方式，分析信息传递在维持生态系统正常运转中的作用，特别是认识生态系统信息传递特征及过程，及其对干旱环境演变和退化生态系统修复的作用
生态流	基于遥感信息开展景观格局研究，结合监测及数值模拟等手段，分析 MODS 中物质流、能量流、信息流的空间传递特点，探讨生态状况及空间变异特征，以及生态流在空间的扩散方式

1.2.4　耦合关系概念模式

西部干旱区水资源开发利用与生态环境保护问题，始终是促进区域可持续发展的关
键问题。针对区域自然地理背景、生态环境特征与社会经济发展状况，研究生态环境时
空演化规律、荒漠与绿洲交错带结构功能、人类活动的重大工程行为、模拟生态环境演

变过程、预测未来生态环境演变趋势、实行生态系统科学管理，并以水土资源演变—各类要素调控—综合利用—保护研究为核心，解决干旱区生态环境演变与调控中的关键科学技术问题，促进生态良性循环与经济高质量发展。

图 1-6　基于时空耦合关系的生态系统演变及管理模式
Fig.1-6　Ecosystem evolution and management model based on spatiotemporal coupling relationship

依托西部干旱区自然地理背景，提出 MODS 耦合关系的概念及原理，分析了典型 MODS 的时空特征与动态变化，以及山地、绿洲、荒漠三者之间的物质循环、能量转化和信息传递过程，阐述了 MODS 相互作用及协调共生机制。MODS 界面过程与水、土壤、空气等介质密切相关，而水是自然界物质循环和能量转化以及信息传递的主要媒介。以水为核心的水盐、水热以及水土关系的不协调，制约了水域生态系统的稳定性。图 1-6 反映了基于时空耦合关系的生态系统演变及管理模式。耦合关系制约着区域水土保持与土地利用的方向（Ahmed,et al.，2023）。

1. 要素时空耦合现实基础

从系统论角度而言，自然要素与人为要素是影响系统特征及其变化的驱动因子，多元要素相互依存、相互贯通，共同驱动系统在时间尺度与空间尺度上发生变化。诸多要素的时空变化极其复杂多样，现实中往往呈现出非线性的、开放的时空动态耦合特征。一般而言，耦合关系受到地形、地貌、土壤、水文、大气等客观自然背景及人为社会经济背景的直接影响，这是特定自然地理、生态环境与社会经济状况下的必然结果。它们在一定的时间尺度与空间尺度具有客观性，是要素时空耦合的现实基础。把握要素的相互作用与演变规律成为认识耦合特征及其机制的重要出发点。

山盆体系是地理要素耦合关系的直接表现。塔里木盆地与周边的天山、昆仑山等山地构成了典型的干旱区山盆体系。山地系统的地貌、气候、水文、植被与土壤特征决定了物质循环、能量转化和信息传递的过程和方式，也决定了山地系统的宏观生态景观格局。山地系统为盆地提供了丰富的生物地球化学物质，这些物质是绿洲土壤重要的成土母质。同时，山地系统向盆地输送了大量地表水和地下水，从而决定了天然绿洲的规模及范围，影响了人工绿洲的发展潜力，也造就了绿洲与荒漠协调共生的宏观格局。荒漠生态系统中生物之间的信息联系特征成为认识系统中复杂生态过程的重要基础。在全球变化的背景之下，从山地系统内部及其与荒漠系统、绿洲系统之间物质流、能量流及信息流的相关性出发，掌握 MODS 的变化特征及演变趋势，成为探索 BGC 过程规律、认识区域地表过程、促进区域绿色低碳高质量发展的重要途径（表 1-3）。

表 1-3　中国西部干旱区生态系统耦合关系的特征
Tab.1-3　Characteristics of ecosystem coupling relationships in the arid area of Western China

属　性	山地系统	绿洲系统	荒漠系统
空间分布区域	祁连山、天山、阿尔泰山、昆仑山、阿尔金山等	柴达木盆地、塔里木盆地、准噶尔盆地周缘、河西走廊、河流冲积平原及山间谷地	分布在古尔班通古特沙漠、塔克拉玛干沙漠及其绿洲外围
系统结构与功能	结构复杂，水热变化规律及自然垂直带明显，稳定性随各种因素的组合不同而有所差异	结构较复杂，稳定性受多种因素制约，表现不同的特征，生产力高	结构简单、稳定性差、生产力低
水资源耦合关系	径流形成区，冰雪资源与降水较为丰富，年降水 150～1000 mm	径流消耗区，年降水多在 150 mm 以下	无地表径流或地表径流散失区，年降水仅 20～80 mm
资源及禀赋状况	具有多种地质矿产资源，天然森林和草地资源丰富，空间组合较好	农业自然资源组合较好，各种信息资源丰富，农田生态系统多样性丰富	荒漠植被资源十分珍贵，地下资源（水、石油、天然气）有开发潜力
生态环境背景	受人类活动干预，一些山地已用于放牧、旅游等季节性开发或矿产开发；生态系统复杂并相对稳定	为干旱区人类活动的中心，开发强度大；受自然及人为因素制约，随绿洲类型差异，生态环境脆弱性程度不同	受人类活动干预增多，有考察、探险和放牧等活动；以自然生态系统为主体，生态环境十分脆弱

2. 山盆体系空间耦合模式

干旱区山盆体系是自然地理要素长期演化的结果，是自然形成的宏观耦合关系，中国西部干旱区典型山盆体系就是这类耦合关系的典型代表。在此现实耦合关系基础上，抽象的学科要素成为定性以及定量研究耦合关系的切入点，也是进一步探索耦合关系的重要概念模型（图 1-7）。

图 1-7　山盆体系要素耦合模式
Fig.1-7　Coupling model of mountain basin system elements

3. 三大生态系统耦合模式

对 MODS 生态景观格局进行遥感分析，揭示生态状况及空间变异特征，以及生态流在空间的变化规律，图 1-8 展示了实现三大系统理念的重要概念模式。

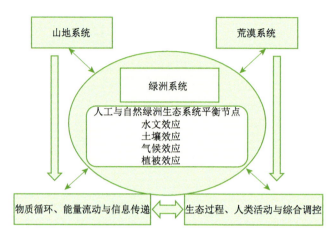

图 1-8　三大系统之间耦合关系的概念模式

Fig.1-8　Conceptual model of coupling relationship among the three systems

1.2.5　耦合关系类型比较

在干旱区的山盆体系中，生态因子长期相互作用，彼此形成了密切的耦合关系（肖文交，2023）。应用地理探测器（geographical detectors）的原理与方法，特别是根据耦合系统中生态、地理、气象、水文以及社会经济问题特点，应用风险探测器、因子探测器或生态探测器，检验单变量的空间分异性，探测两变量之间可能的因果关系，有效地判识、界定与认识复杂耦合关系的驱动要素及其各要素的相互作用。区域太阳辐射量的变化制约了生物和相关环境要素的分布格局。天然植被（胡杨、柽柳等）的生长变化过程是对热量、水分、土壤、气候等环境要素综合信息的反馈。水资源的形成、转化与消耗过程，与环境中的土壤、大气及生物发生水力联系，并输送了大量的泥沙、矿物质及无机盐类。地表水、地下水（Khan, et al.，2020）、土壤水、植物需水及其相互转化过程中，存在着极其复杂的关系。无论是水分的蒸散、渗漏、运移及植物吸收，还是 N、P 等地球化学元素的循环，都随地理环境的不同而不同。土壤微生物在其整个过程中，发挥着极其重要的作用。人为的开垦、耕作、灌溉、施肥、收获等各类土地管理方式，直接给土壤赋予附加信息。各种自然地理要素和人文因素的发展变化，联系着 MODS 内部的复杂关系（表 1-4，框 B1-2）。

表 1-4　不同山盆体系背景下的耦合关系类型特征

Tab.1-4　Characteristics of coupling relationship types of different mountain-basin system background

耦合类型		昆仑山-和田绿洲-塔克拉玛干沙漠系统	天山-阜康绿洲-古尔班通古特沙漠系统
山盆体系		塔里木盆地及其周边山地体系	准噶尔盆地及其周边山地体系
耦合系统的组成结构及其自然地理特征	山地系统	昆仑山北麓，夏季山洪出山口后，部分下渗转化为地下径流或以地表径流形式汇入河流，流向沙漠；由于河床浅、基质疏松、河流漫溢，补给两侧的地下水给植物生长提供了良好条件；冰川和冻土是高山带自然地理外貌的主要特征，自然地理景观带特征明显	天山北麓，源于周边山地的河流，或汇入外流水系，或流出山口后消失于山前洪积扇，或短距离流至沙漠边缘消失；受地壳运动以及各种外力作用，形成了形态多样的山地地貌类型；自然地理景观带类型复杂多样，特征差异明显
	绿洲系统	处于和田河流域，天然绿洲系统中荒漠河岸植被发育良好，缺乏短命、类短命植物；处于西部生态环境建设重点区；生态环境脆弱，农业以种植业为主	处于三工河流域，天然绿洲系统中荒漠河岸植被发育很微弱，有短命、类短命植物发育。处于天山北坡经济带，生态环境相对稍好，旅游业及种植业发展良好
	沙漠系统	塔克拉玛干沙漠位于塔里木盆地中心，属于暖温带荒漠气候，是中国最大沙漠，具有明显的流动性。干燥度大、风大、沙粒相对较细、绝大多数沙丘无植被覆盖，其流动沙漠面积约占总面积的82%；极端干旱、降水少。南部边缘年降水50mm以下，主要集中在 6～9 月，沙漠内部则更少；沙丘高大、形态类型多样。沙漠边缘的沙丘高度一般在 25m 以下，内部可达 50～80m，甚至更为高大；沙丘形态有新月形沙丘链、复合型沙垄和金字塔形等；地下水埋深（ground water depth，GWD）较浅，浅层 GWD 一般为 1～3m，部分在 5m 以下；成土过程处于原始阶段，土壤类型主要为流动性风沙土；植物种类组成贫乏，约 90 种，以中亚成分占优势，如灰杨、盐生草；中生植物群落占明显优势，如胡杨、灰杨、芦苇、柽柳、铃铛刺、罗布麻、骆驼刺、花花柴等，其分布与地下水相联系，具有明显的中生和适盐与耐盐的生态特性，所形成的植物群落也具有中生、盐生和隐域分布的性质；对退化生态系统必须通过补充足够的水分才能够实现良性循环，如夏季引洪灌溉是恢复天然植被重要策略	古尔班通古特沙漠位于准噶尔盆地中央，属于中纬度温带气候，是中国第二大沙漠。以固定、半固定为特征，面积占整个沙漠的97%；相对湿润，降水多。年降水 100～200mm，四季分配较为均匀；沙丘稍低矮，且类型简单，沙垄或树枝状沙垄沙丘居多；沙丘高度一般 10～20m；浅层 GWD 一般在 10m 以下，有一定的成土过程，土壤类型主要为固定、半固定风沙土；植物种类相对丰富，约 180～200 种，以中亚西部成分为主，如白梭梭、白蒿、小蒿、苦艾蒿、阿魏和木本猪毛菜等；荒漠植物群落是代表性的植被，梭梭、琵琶柴、假木贼、蒿子、沙拐枣、驼绒藜等主要依赖大气降水和沙层水分而生存，形成的植物群落具有旱生和水平地带分布的性质；对生态系统的修复可以立足于保护，如封育，若辅以人工策略，恢复速度则可能更快
地理区位		丝绸之路南端，至 2023 年已有 6 条沙漠公路以及环塔里木盆地铁路（公路）；拥有红旗拉普口岸，历史名城喀什、和田等	"一带一路"沿线重要区域，有一条沙漠公路以及环准噶尔盆地公路与新疆铁路；具有霍尔果斯口岸，首府乌鲁木齐，新兴城市石河子、北屯等
产业特点		环塔里木盆地绿洲经济带；油气开发、特色林果业、棉花种植、旅游业、光伏产业及沙产业等	天山北坡经济带；石油开发、棉花种植、水资源开发、风能产业、畜牧业、旅游业等

框 **B1-2**

☐ 从景观尺度及景观生态学角度，揭示景观要素时空演变规律。阐明作为水源和矿物质来源的山地系统，位于山前冲积扇及其下部的绿洲系统和位于盆地腹地的荒漠系统之间的关系，随着水资源格局的空间廊道特征变化，构成干旱区山盆体系中独特的荒漠基质，形成大小不同、形状各异的绿洲斑块；MODS 耦合关系决定着绿洲的稳定性。

☐ 以水文过程为主线，研究绿洲-荒漠系统的动力学机制。用界面生态学、自然地理学、资源经济学等原理与方法，分析绿洲-荒漠系统耦合界面生态过程的生态服务功能；包括物质流、能量流、信息流的空间变化，揭示干旱区生态环境演变的基本过程。

☐ 从水盐耦合关系角度，研究天然绿洲与人工绿洲水盐平衡特征及其阈值。基于此，为描述人工与天然绿洲之间此消彼长的演变特征、动态变化及过程机理提供理论基础。

图 1-9 为 2023 年 10 月的一幅 MODIS 卫星影像数据，反演为分辨率 500 m 的 NDVI 数据 MOD13A1，该数据反映了中国西部干旱区山盆体系的耦合模式，也是系统耦合原理与方法的客观来源与真实体现。

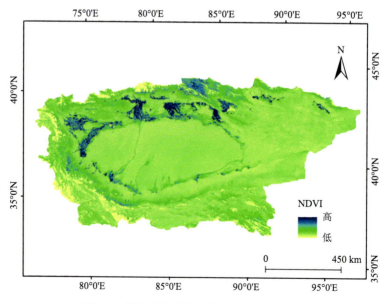

图 1-9　塔里木盆地山盆体系空间耦合构型

Fig.1-9　Spatial coupling configuration of mountain basin system in Tarim Basin

　　干旱区山盆体系类型多样，要素构成及空间分布也各不相同。解析不同类型耦合关系的结构与功能，深化 MODS 研究的系统性与典型性，促进 MODS 研究理论与方法体系的建立与完善，可以形成相关学科领域的热点与主要方向。研究昆仑山-和田绿洲-塔克拉玛干沙漠系统的时空耦合关系，揭示老绿洲水土开发中生态景观格局演化规律，以及人工渠系、道路、农田林网等对景观特征的影响（图 1-10，框 B1-3）。

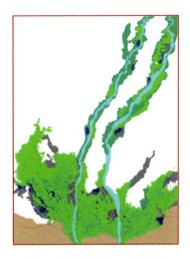

图 1-10　中国和田绿洲 CBERS-l/CCD 卫星合成影像及其景观格局

Fig.1-10　CBERS-l/CCD satellite images and landscape pattern of Hetian Oasis in China

框 B1-3

☐ MODS 耦合研究开拓了干旱区生态环境研究新领域。研究提出的山地-绿洲-荒漠生态系统耦合的概念，形成了自然地理学与景观生态学相结合的研究思路和方法，探索了干旱区山盆体系的时空特征及耦合关系，揭示了 MODS 的结构、功能特征，以及物质循环、能量转化和信息传递过程。

☐ 耗散结构理论系统熵的变化是揭示系统稳定性的重要理论基础。研究干旱区 MODS 能量信息的传递特征及规律，解释 MODS 中以水、土壤及大气为介质的信息传递的规律和特点，为水足迹、碳足迹、生态足迹研究提供了理论与方法，揭示了系统能量变化与系统稳定性的关系及绿洲稳定性机制。

☐ 人类活动在耦合关系及其演变模式中具有特殊作用。从人类活动改变水资源的时空分配和消耗方式，综合研究自然因素与人类活动导致的生态环境演变，阐明演变过程，界定演变阶段，分析演变动因，探索演变规律，把干旱区普遍存在的土地沙漠化与绿洲化两个相互对立的过程联系起来，提出优化干旱区资源开发模式与环境治理模式的策略与途径。

1.3　景观生态学

　　景观生态学作为新兴学科，其核心是研究景观结构、功能与动态，尺度、过程与格局。景观异质性研究贯穿于景观生态学研究的方方面面。景观是以类似方式重复出现的、相互作用的若干生态系统的聚合所组成的异质性土地地域。景观的形成受制于地貌、气候条件以及各种干扰因素的影响。景观嵌块的类型、形状、大小、数量和空间组合既是各种要素相互作用的结果，又影响着该区域的生态过程及其效应。景观变化的驱动力包括了自然和人为两个方面，洪水、干旱、火灾等物理驱动力和病虫害等生物驱动力都是自然驱动力的体现，特定环境条件下土地利用类型、数量及其质量变化是人为驱动力的表现。自然状态下，景观总是趋于稳定的。当前的景观格局是此前景观生态问题的必然结果，也是未来景观生态现象的直接原因。在景观生态的研究中，生物与环境要素的表现形式更具综合性与复杂性。基质-斑块-廊道模式是认识景观时空变化特征的基础。景观指数成为定量化认识一系列景观生态要素、景观生态过程与景观生态功能的纽带。景观生态模型是认识景观动态变化与未来情景变化的重要途径。景观规划与管理是指导景观生态客观实践的桥梁。相关学科的理念与方法，特别是尺度反演、模型模拟、时空演变等在景观生态学领域具有重要的理论价值与实践意义。

　　景观尺度、过程与格局（landscape scale,process and pattern, LSPP）一体化理念，开拓创新了景观生态学的理论与方法。基于 LSPP 一体化理念，有利于探索基于多元数据的景观生态信息提取，探讨生态大数据挖掘技术、生态信息特征以及动态监测的机理及技术创新的生态过程研究；同时，LSPP 研究涉及的尺度识别、尺度推演、尺度效应等理论与方法，极大地拓展了景观生态学尺度分析的内涵及特征。而景观过程研究中关于水文过程、土壤过程、植被过程等研究，以及气候效应、地表过程等研究极大地拓展了人们对于复杂生态过程的认识，同样具有重要的理论创新价值。LSPP 背景下，生态系统服务评估及其权衡、城市生态安全格局构建、不同景观生态敏感性与稳定性、景观连通性、现代农业与乡村振兴、新型城市化带到现代化等现实问题，均能得到科学的解决方案。目前，维护与确保农业空间、生态空间、城镇空间三种类型的国土空间安全，以及对应划定的耕地和永久基本农田的耕地保护红线、生态保护红线、城镇开发边界三条控制线，是实现生态保护、国民经济与社会发展的重要基础（框 B1-4）。

框 **B1-4**

□ LSPP 及其相互作用是景观生态学研究的核心内容。从理论而言，在分析景观尺度及效应、景观生态过程、景观格局及变化的基础上，凝练出 LSPP 一体化理念的主要特征，并探索 LSPP 中各要素之间的耦合关系，是景观生态学理论体系研究的新进展。从学科发展规律而言，LSPP 一体化具有一定的理论价值，景观时空尺度是 LSPP 的重要基础，LSPP 体现了景观过程及其生态效应。

□ LSPP 具有丰富的内涵特征及研究方向。随着新时代创新理念的发展，景观生态研究涉及结构、功能、动态与 LSPP 一体化的理论与应用问题。景观生态学理论体系中的景观动态与演化、景观变化与稳定性、景观多样性、景观规划与建设以及景观生态保护等问题，都是新时代生态环境研究面临的重要问题。

□ LSPP 理念与技术融合促进景观机理研究。在情景模拟技术、大数据挖掘技术以及生态物联网等技术支撑下，促进了景观生态学机理研究与应用范式的拓展与深化，对于区域发展与生态文明建设具有重要现实价值。

　　LSPP 各要素及其变化相互联系、相互制约。景观结构与尺度联系紧密，空间格局、异质性和斑块性都强调景观特征对尺度的依赖性。景观格局指数随空间幅度和粒度的变化而变化，其形成的原因和机制在不同尺度上有所不同；而空间异质性依赖于尺度，在一个尺度上定义的同质性景观可以随着观测尺度的改变而转变为异质性景观。景观时空尺度是 LSPP 的重要基础，尺度效应是研究景观要素的重要衡量标准。探讨尺度推演的理论、方法和应用问题，为相邻尺度推演和跨尺度推演的发展提供了科学依据。合理把握尺度选择的理论基础和方法实践，有助于进行最优的尺度选择，并有助于把握 LSPP 体系中过程及格局的特征。景观尺度、过程与格局体现景观过程及其生态效应，景观格局与景观功能密切相关，景观格局体现了景观要素在时间与空间上的复杂关系，这种关系直接或间接地影响到景观功能。特定的景观格局，包含了景观要素及其物质、能量和信息的基本特征，这种特征及其相互作用又体现在特定的景观过程及机制等方面，最终通过气候效应、水文效应、植被效应、土壤效应等诸多生态效应体现出来，这正是 LSPP 特征的核心所在，也是景观生态功能的重要反映。

　　景观规划与景观尺度问题是景观生态学研究中的重要问题。时空尺度包含于任何生态过程中，揭示和把握复杂的生态学规律依赖于研究尺度。围绕尺度问题，生态信息表达的方法是实现尺度分析的重要途径。基于信息熵的方法是目前最为全面的最优尺度选择方法，但在实践中仍然需要改进。生态信息表达的上推转换方法、下推转换方法和综合尺度的上推范式、下推范式，为把握尺度效应过程及拓展，开展深化景观尺度研究提供了方法途径。

景观规划与管理是景观生态学应用研究的热点，它是沟通景观生态学理论研究和实践运用的桥梁。景观规划与管理和景观结构、景观功能与景观动态，以及景观尺度、景观过程、景观格局具有密切的联系。景观异质性是景观规划与管理的重要理论基础，景观功能是景观规划与管理的现实目标，景观生态研究方法是景观规划与景观管理的技术保障。目前，景观规划与管理领域取得了一系列新进展，主要表现在理论、方法和应用方面的研究愈加广泛和深入，景观规划与管理方式也越来越信息化、智能化与人性化，景观规划与管理的发展也在一定程度上推动了景观异质性、景观功能和景观研究方法的发展（框 B1-5）。

框 B1-5

☐ 景观规划与管理是景观生态学应用研究的重要方向。它强调以景观异质性、景观尺度和景观功能的定量研究为基础，以 3S 和模型模拟方法为技术支撑的综合性应用，是沟通景观生态学理论研究和实践运用的重要环节。

☐ 景观规划与管理和景观生态学核心具有密切的联系。相关方面的理论与方法共同支撑着景观规划与管理的客观实践。景观异质性是景观规划与管理的重要理论基础，景观功能是景观规划与管理的现实目标，景观生态研究方法是景观规划与景观管理的技术保障。

☐ 景观规划与管理方式不断趋于信息化与智能化。景观规划管理的发展也在一定程度上推动了景观异质性、景观功能和景观研究方法的发展。各类信息技术和生态模型交叉融合，促进景观规划与管理方法向着多元化、信息化、数字化、网络化和可视化发展。

☐ 学科理念和技术方法融合是研究景观规划与管理的重要途径。生态信息技术、数字制图技术和模型交叉融合，促进景观规划与管理方法向着多元化、数字化和可视化方向发展。

目前，京津冀地区、长三角地区、珠三角地区、长江中游城市带地区、黄河流域等区域为中国重要的发展区域（山仑和王飞，2021）。位于长江下游的南京江北新区为国家级新区，该区域景观格局演变及驱动力分析是重要发展区域研究中的代表。以南京江北新区为研究对象，基于遥感及 GIS 技术，利用不同时相 TM5 数据以及 TM8 数据，运用景观生态学原理，选取斑块数量、平均斑块面积、边缘密度、平均分维度指数、香农多样性指数、香农均匀度指数分析景观格局演变特征及驱动力。结果表明，1988～2013 年，

江北新区景观格局发生较大变化，城建用地、林地面积增加，耕地面积减少，其他略有波动；在人类干扰作用下，斑块聚合度与斑块结合度呈现下降趋势，多样性指数与均匀度指数呈现上升趋势，破碎化程度增加。人口增加、经济增长、工业发展及产业结构调整是南京江北新区景观格局演变的主要驱动力。目前，南京江北新区的产业结构、生态环境状况与高质量发展正在不断推进，景观规划蓝图已经绘就，人-地和谐的理念正在逐步实施。

景观规划与管理是目前生态建设、环境保护与社会经济发展的重要基础，也是应对气候变化、节能减排、低碳经济的重要途径。景观规划与管理的核心是维持与发展景观异质性，景观功能的研究应与景观结构与动态相结合，应用数学领域的新进展拓展景观生态学的研究方法，景观规划与管理在现实实践中发挥着越来越大的作用。随着《全国重要生态系统保护和修复重大工程总体规划（2021—2035 年）》的发布，我国以国家生态安全战略格局为基础，提出了以青藏高原生态屏障区、黄河重点生态区（含黄土高原生态屏障）、长江重点生态区（含川滇生态屏障）、东北森林带、北方防沙带、南方丘陵山地带、海岸带等"三区四带"为核心的全国重要生态系统保护和修复重大工程总体布局，部署了青藏高原生态屏障区生态保护和修复重大工程等九大工程。"三区四带"成为维护国家生态安全的重要屏障，LSPP、景观规划与管理的理念与方法，在其实施过程中发挥着巨大作用。

1.3.1　景观格局及生态过程

景观空间格局反映了在自然和人为与社会要素驱动下，斑块镶嵌体在不同尺度空间、不同时期的异质化、破碎化和各种功能变化的特征，这是传统景观生态学研究的重要内容。目前，研究景观过程和格局的关系、景观动态变化特征，进而通过景观过程演变特征的分析与模拟进行景观生态安全格局的规划，成为景观生态学研究的重要发展方向。无论是森林景观、草地景观、农田景观、水域湿地景观，还是喀斯特景观、丹霞景观、黄土景观、风沙景观、城市景观、乡村景观……都包含了不同的景观特征及其属性。从不同角度对生态景观进行景观分类，是认识生态景观的重要出发点。干旱区绿洲是一类特殊的自然地理景观，也是重要的生态景观，绿洲的景观动态变化及其驱动力对该区域的生态环境具有重要的影响。全球变化背景下，对干旱区景观格局的演变特征、过程进行分析，并研究景观生态安全格局的影响和规划（王让会等，2010），具有十分重要的现实意义。

应用景观格局原理、景观动态变化原理、生态系统反馈原理、生态系统耦合原理以及生态系统的能值分析方法，以干旱区现代绿洲演变为切入点，在 MODS 框架下，结合生态系统对人类活动的影响以及人类活动对生态系统的影响特征，系统地探索绿洲景观格局与景观过程的关系，是拓展与深化景观生态学理论体系与应用领域，科学制定土地管理规划与生态建设目标以及产业发展规划的重要基础。景观格局制约生态过程，生态过程反映景观格局特征。景观格局的多样化是生态过程复杂性的体现（傅伯杰等，2011），生态过程的多样化也反映了景观格局时空特征演变的差异性。应用景观指标开展基于地理空间情景的土地变化模拟模型的评价（Arora，et al.，2021），对于掌握人为多目标行为的景观效应，具有借鉴价值。人工智能（artificial intelligence，AI）、云计算（cloud computing，CC）等技术的发展，特别是景观情景模拟以及虚拟可视化研究的进展，可望为复杂的景观格局及过程研究，以及景观规划与管理提供科学的解决方案。

目前，合理利用干旱区的自然条件，发挥干旱区的资源优势，统筹推进山水林田湖草沙一体化保护，传承经典的生态伦理与道德规范，应用当代的生态理念和价值观念，开展符合客观实际的生态建设实践，是人类命运共同体理念的重要内涵，也是人类社会可持续发展的必然选择。生态系统的能值特征是生态系统结构与功能的综合性反映，也是生态系统物质循环、能量流动以及信息传递特征的反映。把握现代绿洲生态系统的能值特征及其规律是认识绿洲生态过程的重要基础。应用能值分析的原理与方法估算绿洲生态系统能值特征是获得景观要素变化定量特征的途径。从能值角度讲，在干旱区，绿洲农业经济系统能值输入主要依靠外界有偿能值，属于资源输入型，对外界依赖程度较高，环境资源利用率低，相关的能值指数从不同角度反映了绿洲生态系统的能值特征及耗散机制。与此同时，人工绿洲生态系统中土壤和植被对土地利用变化的响应也反映了生态过程的特征与变化规律。土地利用是自然背景下人类活动的综合体现，反映了人类活动的特点、过程及其效应（刘纪远等，2014）。在 RS 和 GIS 技术的支持下，对干旱区典型人工绿洲遥感影像进行处理，分析绿洲 LUCC 特征。通过野外调查、实验室分析及时空替代法等，揭示人工绿洲生态系统中的土壤和植被对 LUCC 的响应机制。结果表明，北屯绿洲耕地和盐碱沼泽地面积不断增加，垦荒和撂荒成为土地利用变化的两个主要过程。绿洲 LUCC 对土壤养分和 pH 的影响显著，耕地的土壤盐分含量低于弃耕地和荒地。李振声（1995）强调"将增产潜力变成现实"，对耕地质量提升与农业生产力提升具有重要指导意义。随着土地利用类型的变化，群落组成发生较大变化，优势种更替明显。在北屯绿洲选择 3 组不同年限的次生盐渍化弃耕农田，分别计算样地内每种植物的重要性，采用 Shannon-Wiener 指数、Pielou 指数、Simpson 指数测定了生物多样性。利用耗散结构理论，对北屯绿洲生态系统结构和功能进行分析发现，在绿洲演化过程中，绿洲与荒漠形成既相互矛盾又协调共生的非线性特征，人类活动已成为绿洲扩张、缩小的主要原因。利用能值分析方法，探讨北屯绿洲农业生态系统的能量耗散过程。绿洲农业生态系统是一个能值输入型的生态系统，需要输入能量，引入物质、知识、技术等负熵，增加系统信息量。针对此类特征的生态系统，需要不断地引入负熵流的负反馈策略，使人的主观行为与环境质量、生物生产力水平相统一，构建合理的绿洲生态农业结构，达到生物与环境相协调，发挥生物共生互利优势原则，最终实现绿洲生态、环境、经济的可持续发展（图 1-11，框 A1-2）。

图 1-11　景观格局及生态过程研究

Fig.1-11　Landscape pattern and ecological process

框 A1-2

◆ 景观格局及生态过程是景观生态学研究重要领域，也是探索不同生态机制的热点方向。

◆ 景观生态学理论价值及现实作用巨大。从景观生态学的原理与方法等研究绿洲土地资源的结构、功能与动态，对于系统地认识景观的多样性，科学评价景观的合理性，进行景观规划与实施景观管理，倡导生态文明、维护生态健康具有重要的理论价值与现实意义。

◆ 景观生态学理论探索及应用领域广泛。针对全球变化背景下 MODS 格局及其时空特征，应用反馈机制原理、耦合关系原理、耗散机制原理等，重点从景观生态研究方法及景观生态制图、现代绿洲景观格局特征、景观格局与绿洲土壤理化性状空间变异规律、景观格局与绿洲区植被覆盖动态变化特征、景观格局与能值分析、绿洲景观格局的虚拟实现、景观规划及土地整理等方面揭示景观格局与生态过程内在关系。

1.3.2　典型区景观生态学研究

景观生态学是研究空间格局对生态过程相互作用的交叉学科。关于景观概念的使用，一般基于人类尺度上的具体地域或作为任意尺度上空间异质性的代表。在宏观尺度上，以空间异质性及空间格局为主要研究内容。干旱区景观生态学作为独特的研究领域，具有独特的区域特色。地貌类型的独特性造就了山地景观、绿洲景观、荒漠景观等主体景观类型；水资源形成、转化与消耗规律的独特性孕育了一系列复杂多样的景观生态过程；植被与气候的独特性形成了一系列与之适应的景观动态变化；研究对象的差异性、研究问题的独特性需要科学合理的研究思路、方法与之相适应。在这种背景下，干旱区景观生态学研究成为整个景观生态学体系的重要组成部分，并逐渐展现出自身的特色。景观是具有高度空间异质性的区域，景观的空间组合特征反映了自然因素及人类活动对区域生态环境的影响。自然的作用过程是长期的、决定性的，人类作用改变了景观的自然演变过程，使景观的变化更多地打上了人类印记。干旱区在历史时期人类的活动极少，地形地貌、植被分布、土壤类型等主要受到自然地理过程的制约，特别是受到水文及气候条件的控制，景观更多地表现出自然化的一些特征。干旱区存在的生态环境问题，可以归纳为人类活动强烈干扰自然生态系统的过程中，生态环境体系出现不稳定波动而超出生态安全阈值的显著退化，在区域上出现两种密切相关的不同景观格局变化（图 1-12，A1-3）。

◎ 干旱区景观生态过程与景观管理研究具有独特性

◎ 干旱区景观结构、功能与动态，尺度、过程及格局研究是干旱背景下景观生态学理论的拓展与深化

◎ 景观异质性研究是调整土地利用模式及提高利用效率的基础

◎《中国干旱区景观生态学研究进展》是全面反映中国干旱区景观生态学的创新成果

◎ 该成果对推动我国干旱区景观生态学的研究具有重要意义

图 1-12　中国干旱区景观生态学研究

Fig.1-12　Landscape ecology in the arid areas of China

框 **A1-3**

♦ 展现了干旱区景观生态学研究的新思想与新途径。同时，预示着干旱区景观生态学研究进入了一个新阶段，标志着中国干旱区景观生态学研究取得新进展。

♦ 反映了干旱区景观生态学研究的理论与方法创新。干旱区景观生态学研究方法全面地反映了干旱区景观生态学研究的多样化方法与途径；干旱区景观生态学的应用与实践综合性地展示了景观生态信息或获取分析，干旱区景观生态类型监测与评估、景观生态规划与管理，以及景观生态工程建设与综合效应评价的典型案例。

♦ 突出了干旱区景观生态学理论及现实问题的独特性。景观生态学理论体系中的景观动态与演进、景观变化与稳定性、景观多样性、景观规划与建设以及景观生态保护等都是现阶段干旱区生态环境研究中所面临的核心问题。其一，采用景观空间的理论与方法对荒漠-绿洲系统的景观格局进行分析；其二，以典型区（内陆河流域等）为重点，分析干旱区景观生态的空间格局；其三，分析干旱区景观生态特征，提出干旱区景观生态建设的策略。

1.4　生态规划学

1.4.1　生态规划研究概况

随着绿色低碳发展的不断推进，生态规划成为保护生态环境、促进高质量发展的重要基础。在创新、协调、绿色、开放、共享的新发展理念指引下，创建生态和谐、环境优美、社会经济繁荣的新时代，需要生态规划学科领域理念与方法的全面支撑。生态规划就是通过生态辨识和系统调控，运用生态学原理、方法和系统科学手段去辨识、模拟、设计生态系统内部各种生态关系，确定资源开发利用和保护的生态适宜性，探讨改善系统结构和功能的生态建设对策，促进人与环境系统协调和持续发展的一种规划方法。通过探索不同地理环境背景下最适宜的土地利用模式，把资源禀赋状况、环境承载能力、经济发展水平与社会文明进步等有机地联系起来，制定最佳的生态保护策略与社会经济发展方案，是生态规划的重要思想。基于生态学以及相关学科的理念，运用生态信息获取、处理、分析的方法，结合定量计算与模型模拟，设定科学合理的生态空间，制定开发建设的重点地域，突出生态保育的有效策略，均是生态规划至关重要的科学内涵。

生态规划学是以生态学、美学、规划设计学、生态经济学等学科原理为基础，为了协调人类活动与自然资源利用的关系，实现可持续发展而迅速发展的一门交叉学科，是生态学理论与生态工程之间的桥梁与纽带，也是生态学理论与实践的综合性体现。当前，生态规划学受到了越来越多的研究者和决策者的高度重视，被人们广泛地应用于不同尺度与不同类型的生态规划设计中，指导生态建设的理论与实践，推进生态文明建设的不断创新与发展。针对具体的生态景观设计，要强调人-地关系协调原则、保护与开发协调原则、结构与功能协调原则、审美与现实协调原则、发展与经济协调原则，要在完善生态因子规划、生态关系规划、生态功能规划等生态规划的基础上，保障生态景观的空间、时间、数量、结构等特征，并重点考虑生态景观设计与区域总体规划的关系、生态景观设计与经济发展规划的关系、生态景观设计与环境保护的关系、生态景观设计与社会发展规划的关系；同时，把生态工程规划与生态管理规划有机地结合起来，注重我国"三区四带"及其生态功能区建设，严守"生态红线"，通过多措并举，共同保障生态规划的实施，实现生态、经济高质量发展目标。

作为生态系统和自然资源合理管理与持续利用的基础，生态规划的目的是为产业布局、生态环境保护与建设规划提供科学依据。不同类型的生态规划，需要采取不同的规划方法。依据生态功能区划的原理、原则与方法，借鉴 RS、GIS 方法对极端干旱区生态功能区划进行研究。生态功能区划通过揭示生态系统空间分异规律，对生态地域和生态单元进行划分和合并，重点分析各功能小区在可持续发展中的地位与作用，提出协调发展的途径。

不同学科和研究领域对生态规划的界定存在一定的差异性。早期的生态规划多关注于土地利用空间结构和布局优化，随着复合生态系统理论不断完善，生态规划已经从土地空间结构布局和土地利用规划，逐步拓展到环境、资源、经济、社会等多个领域。不同学者对生态规划的概念有不同的认识，生态规划强调人与自然环境和谐，体现的是一种和谐的规划思想已基本达成共识。现代生态规划奠基人伊安·麦克哈格指出，生态规划是在没有任何有害的情况下，或多数无害条件下，对土地的某种可能用途，确定其最适宜的地区。符合此种标准的地区便被认定为适宜于所考虑的土地利用。利用生态学原理制定的符合生态学要求的土地利用规划称为生态规划。

随着可持续发展理论、生态系统评估、低碳理念及应对气候变化行动计划的实施，生态规划的理论与实践得到了新突破。诸多理论为科学规划发挥着积极作用。钱学森于20 世纪 90 年代提出"山水城市"概念，在中国传统的山水自然哲学观基础上提出未来城市构想，要让城市有足够的森林绿地、足够的自然生态，要让城市富有良好的自然环境与宜居环境。追求人工艺术与自然景观"共生、共荣、共存、共乐、共雅"，体现中国文化元素，将城市中的人工与自然环境相融合，走出一条具有中国特色的城市可持续发展之路。生态规划是在人类生产、非生产活动和自然生态之间进行平衡的综合性计划。从现阶段而言，主要包括了 5 方面的计划和策略：保证可再生资源不断恢复、稳定增长、提高质量和永续利用的计划和策略，保护自然系统生物完整性的计划和策略，合理有效地利用土地、矿产、能源和水等不可再生资源的计划和策略，治理污染和防治污染的计划和策略，提升人类环境质量的计划和策略。总体实现生态价值、经济价值、美学价值与社会价值的协调。中国生态规划研究起步较晚，但形成了自身特色，强调生态规划理论研究与规划建设同步进行，注重规划过程整体性与系统性。中国的生态规划建设尚处于初级阶段，城市规划及建设中有诸多难题急需解决。

1.4.2 生态规划研究范式

随着地理国情分析（陈俊勇，2014）、国土空间规划、重点生态功能区建设与生态文明建设的不断深入，生态规划的地位与作用不断显现。可以将生态规划理解为以可持续发展理论为基础，以生态学原理和城乡规划原理为指导，应用系统科学、环境科学等多学科的研究手段辨识、模拟和设计复合生态系统内的各种生态关系，确定资源开发利用和保护的生态适宜性，探讨改善系统结构和功能的生态建设对策，促进

图 1-13　生态规划研究

Fig.1-13　Ecological planning research

人与环境系统协调和持续发展的一种规划方法（王让会，2012）。一定程度上而言，生态规划是以生态学原理为代表的理论运用，是理论对特定土地利用方向的指导，也是连接生态学理论与生态工程实践的桥梁。科学合理的生态规划有赖于生态学等学科理论的指导，而合理有效的生态规划又需要生态工程的具体落实。通过生态工程实践，才可能在生态创新理念指导下，将运用现代规划方法所设计的满足当前及未来发展的生态规划落到实处。再通过监测、分析与评估，界定生态规划的合理性与适用性，并通过生态工程的调整与改进，实现生态规划的理想目标。生态规划在新时代高质量发展中愈加重要（图 1-13，框 A1-4）。

框 A1-4
- 构建生态规划理论体系。基于生态规划的概念、产生和发展过程，重点阐述生态规划的理论基础、生态规划的内涵与原则。
- 明确生态规划过程及特点。阐述生态规划的主要程序、内容和方法，强调景观生态

规划及管理的作用，介绍生态功能区划的步骤和途径以及生态分析和调控原理。

◆ 突出生态创新理念及技术。阐述生态文明理念、生态哲学、生态伦理、生态美学、生态产品、低碳经济、应对气候变化、可持续发展、RS、GIS 等新理念、新方法、新技术与生态规划的联系。

◆ 拓展应用领域及范例。基于中国三大地理区域，分析中国相关省份和城市生态规划的案例；蕴含低碳生态规划、工业园区生态规划与实现应对气候变化及实现低碳目标新路径；分析生态规划与资源科学、环境科学、地理科学等学科以及诸多行业应用范式。

1.5 生态工程学

1.5.1 生态工程学一般情况

生态工程学作为快速发展的一门新兴交叉学科，是科技发展与社会需求相结合的产物。生态工程及其效应评价是一项复杂的系统工程，需要多学科、多角度、多途径、多方法的联合与协同，共同为相关理论问题及技术问题的深化提供支撑。

随着人们对生态系统结构与功能的日益重视，关于生态风险、生态健康、生态安全、生态适宜性、生态合理性、生态效应分析等问题也备受关注。目前，围绕湿地生态工程、城市园林工程、干旱区生态工程、生态园区建设工程以及重要产业发展中的生态工程等，许多专家开展了卓有成效的研发工作，为生态工程学科体系的完善以及工程效能的发挥起到了重要作用。与此同时，一些学者及工程技术人员，把生态科学理念与工程技术有机地结合起来，与农业、林业、牧业、水利等产业相联系，并在农田生态工程、水土保持工程（关君蔚，1966）、污染治理工程、地质防护工程、气象减灾工程、城市优化工程等方面进行了大量实践探索，逐渐形成了具有中国特色的生态工程模式，并发挥了重大的生态效益、经济效益及社会效益。

目前，国际合作与生物多样性研究与保护的意义重大（张亚平，2003）。2022 年 12 月，COP15 第 2 阶段大会在加拿大蒙特利尔举行，"中国山水工程"获评首批十大"世界生态恢复十年旗舰项目"。该工程采取将所有生态系统视为"生命共同体"的系统方法，通过不懈努力恢复了中国数百万公顷的土地。截至目前，"中国山水工程"在助力落实"联合国 2030 年可持续发展目标"，促进履行《联合国生物多样性公约》《联合国防治荒漠化公约》《联合国气候变化框架公约》等方面取得了显著成效。

1.5.2 生态工程的生态效应

生态工程从系统思想出发，按照生态学、经济学和工程学的原理，运用现代科学技术成果、现代管理手段和专业技术，以期获得较高的经济、社会、生态效益。生态工程是指应用生态系统中物质循环原理，结合系统工程的最优化方法设计的分层多级利用物质的生产工艺系统（王让会，2014）。生态工程是生态建设的具体形式，是实现生态理念与生态规划方案的重要途径。从学科角度而言，生态工程学是通过模拟自然生态系统中物质能量转换原理，并运用系统工程技术分析、设计、规划和调整人工生态系统的结构要素、工艺流程、信息反馈关系及控制机制，以获得尽可能大的经济效益和生态效益的一门学科。它是建立在生物工艺、物理工艺及化学工艺基础上的一门系统工艺学。目前，"两山思想"与新发展理念助推了诸多生态工程的理念创新、方法创新与技术创新，孕育了一系列适用不同自然地理背景、生态环境状况与社会发展水平的生态工程，值得在实践中进一步推广、应用与提升，如物质能量的多层利用工程、水陆交互补偿工程、废物再生利用工程、污水多功能的自净工程。同时，从环境要素的角度而言，一系列生态工程，如土壤质量提升工程、植被维护修复工程、水体健康修复工程等，在当前生态建设实践中也具有重要的指导价值。从行业的角度而言，节水增效农业工程、防风固沙林业工程、水土保持复合工程、多功能养殖工程等均在实践中发挥着重要作用（图 1-14，框 A1-5）。

图 1-14　生态工程的生态效应研究

Fig.1-14　Ecological effects of ecological engineering

框 A1-5

- 提出生态工程学理论框架。阐述生态工程学的内涵及特点、生态工程学的学科地位与作用，分析生态工程规划设计、实施与评价的原理与方法。

- 突出生态工程学关注热点。重点研究生物多样性、景观结构与功能、自然地理分异规律、工程造价及工程材料原理在相关类型生态工程中的应用。

- 阐述重大生态工程效应。针对中国沿海开发工程、二氧化碳减排工程、飞播造林工程、流域治理工程以及城市景观工程等不同地域、不同规模、不同类型生态工程的特点，应用生态资产估算方法、NPP 估算方法、碳储量估算方法、水土耦合分析方法、生态风险评价方法、数字模拟方法以及信息图谱方法等，分析生态工程的特征及变化规律。

- 研发工程合理性评价系统。开发生态安全评价及生态景观格局合理性评价系统，为准确把握生态工程变化及其效应提供科学化、信息化管理平台。

不同的生态工程具有不同的目的，一般而言生态工程将生物群落内不同物种共生、物质与能量多级利用、环境自净和物质循环再生等原理与系统工程的优化方法相结合，以达到资源多层次和循环利用的目的（王让会，2014）。随着生态哲学理念的发展、材料学的拓展应用以及工程效益多元化思想的普及，生态工程在当代生态文明建设中发挥着不可替代的作用。

第 2 章

环境科学研究

2.1 环境科学研究背景

　　环境科学（environmental science）是一门研究环境中地理、物理、化学、生物四个部分的学科，它通过一系列综合、定量和跨学科的方法开展研究。环境科学同时也是研究人类与环境关系的学科，特别是研究人类生存的环境质量及如何保护与提升环境质量的科学。环境科学研究的环境，是以人类为主体的外部世界，即人类赖以生存和发展的物质条件的综合体，包括自然环境和人文环境。自然环境是直接或间接影响到人类的一切自然形成的物质及其能量的总体。因此，可以说环境科学是一门研究人类活动与环境之间相互作用关系，寻求人类社会与环境协同演化、持续发展的途径与方法。

　　环境具有多种层次及多种结构特征。随着划分原则的不同，环境要素有着不同的类型，直接影响人们对环境问题的认识角度及其特点。按照环境要素可分为大气、水、土壤、生物等环境，按照人类活动范围可分为城市、村落、区域、全球、宇宙等环境。环境科学往往把环境作为一个整体进行综合研究。对环境问题的系统研究，要运用相关学科，如地学、生物学、数学、物理学、化学以及经济学、法学等多种学科的知识。因此，环境科学是一门综合性很强的学科。它在宏观尺度研究人类同环境之间的相互作用的关系，揭示社会经济发展和环境保护之间的基本规律；在微观尺度研究环境中的物质，尤其是人类活动排放的污染物的分子、原子等微小粒子在有机体内迁移、转化和蓄积的过程及其运动规律，探索它们对生命的影响及其作用机理等。环境科学的分支体系亦多样化。环境科学作为一个整体是物理科学、生物科学与社会科学有关部分交叉形成的。随着人们对环境问题的日益关注，环境科学及其问题的研究得到了进一步拓展与深化。

2.1.1 环境科学的理论特点

环境科学内容丰富，涉及面广泛。对特定自然地理背景，经济发展条件与生态状况下的环境系统而言，认识与把握环境容量至关重要。一般而言，环境系统的环境容量具有特殊性，环境容量是有限的、变化的及可调控的。环境系统的环境容量在特定条件下是一个定值，狭义环境问题的实质是人类活动的干扰使环境系统结构或功能发生改变，当改变量超出了环境系统所能承受的阈限时，就可能产生一系列的环境负效应，环境系统就会对人类造成危害。即环境问题的出现是人类活动所导致的环境系统的改变突破了环境容量造成的。环境系统在不发生质变的前提下，接纳外来污染物的最大能力或者为外界供应物质和能量的最大能力就是环境容量。也就是说，环境容量是指在不改变环境质量的前提下，人类活动向环境系统排放外来物质或者从环境中开发某种物质的最大量。环境容量的大小是由特定环境系统的组成和结构决定的，是环境系统功能的重要表现形式。影响环境容量的要素较多，环境容量的科学界定依赖于人们对环境问题的认识水平，依赖于环境法规及环境标准的现实状况，依赖于环境方法学研究的进展。

环境系统内部包括众多的环境要素及环境子系统。不论什么级别或层次的环境系统，都具有一个相同性质和原理，即环境系统性原理。环境系统的整体性、多样性、开放性和动态性共同构成了环境系统性原理，它们相互联系，从不同方面刻画了环境系统稳定性特征。环境系统的稳定性是其在干扰要素的胁迫下保持不变的能力，以及受干扰要素影响下，发生了改变并恢复到原有状态的可能性。抗干扰能力与可塑性是衡量环境系统稳定性的两个重要方面。一般来说，多样性明显的环境系统，由于系统内部各要素之间以及系统与外部环境之间的物质、能量和信息联系广泛，抗干扰能力强大，系统就表现出明显的整体性和开放性，而其动态性则不明显，环境系统就处于原有的状态。相反，环境系统就可能处于变化状态，并可能出现不稳定态势。

环境承载能力分析有助于把握环境稳定性的特征。环境承载能力分析的基本原理是许多环境和经济系统中存在固有界限或阈值，主要从识别潜在限制因素开始，根据各种限制因素的数值限制（阈值）列出数学方程，描述资源或系统承载能力。通过这种分析，可以根据限制因素的剩余能力系统地评估一个规划施加于资源所能够允许的总体影响（图 2-1）。

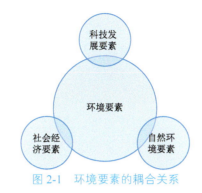

图 2-1　环境要素的耦合关系

Fig.2-1　Coupling of environmental elements

2.1.2　环境科学研究新方向

环境要素以及环境问题，与其时空尺度特征及其变化密切相关，脱离了尺度问题谈及环境问题具有一定的局限性。尺度效应是一种客观存在而用时间及空间尺度表示的限度效应，尺度选择对许多学科的再界定具有重要意义。环境要素及环境问题在时空尺度上所表现出来的一系列特征是随着尺度的变化而变化的，环境要素随时空特征变化所表现出来的尺度上的特征，对于人们认识环境变化规律、揭示环境问题的实质，具有重要指导价值。

界面特征及界面过程是界面生态学等学科的研究重要方向，在环境科学中，环境界面也被人们所关注。大气环境中，水面、地表以及大气颗粒物与大气之间所构成的界面；土壤环境中，土壤、植物根际与其间填充的介质之间构成的界面；水环境中，悬浮物、底泥与水之间构成的界面；在环境要素及环境问题的变化过程中发挥着重要作用。同时，环境界面过程也是环境污染控制方法，包括化学、物理和生物方法在内的研究基础，环境界面过程是环境污染控制以及环境演化过程研究的重要内容。环境信息的产生、变化、类型、特征、过程、应用等方面的关系及特征如图 2-2 所示。

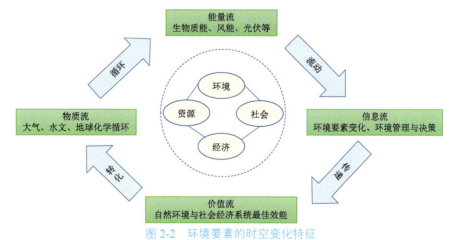

图 2-2　环境要素的时空变化特征

Fig.2-2　The spatiotemporal variation characteristics of environmental factors

环境空间数据可分为点状、线状和面状 3 类要素，现实中对 3 类要素的空间数据按一定的规律进行科学合理分层，提取出行政区、利用类型的各个层次数据，满足最基本的现实应用。数据挖掘（data mining，DM）是数据库（data base，DB）知识发现（knowledge-discovery in databases，KDD）中的重要途径，是从大数据中通过算法搜索隐藏于其中信息的过程。DM 通常通过统计分析、在线处理、情报检索、机器学习（龚健雅等，2022）、AI、ES 和模式识别等方法来实现。如前文所述，环境要素包含了大气、土壤、水体、噪声、固废等来源的污染信息，也包含了遥感监测、在线检测、化验分析等获取的信息，同时还包括科学研究、文献记录、模型模拟、统计分析、现实经验所得的信息。数据来源及结构复杂，用途广泛，通过 DM 形成的新信息，又进一步丰富了信息的功能，借助于信息的共享机制，有利于实现环境信息的再利用，完成环境科学研究、客观实践以及综合管理功能。

环境问题复杂多样，不同区域的环境问题也不尽相同，全球性的环境问题及新冠疫情等相关的环境问题都是人们的主要关注点。2022 年 9 月，科技部等五部门印发的《"十四五"生态环境领域科技创新专项规划》指出，我国生态环境领域科技创新面临一系列新挑战。其一，生态环境监测、多污染物协同综合防治技术水平尚无法支撑更高效率、更加精准地深入打好污染防治攻坚战。其二，传统生态环境修复技术难以满足山水林田湖草沙系统治理的要求。其三，常规污染物和新污染物问题叠加，环境健康和重大公共卫生事件环境应对等研究需加强（江桂斌，1999）。其四，部分环保装备国产化水平不高，环保技术装备产业竞争力不强。其五，生态环境新材料、新技术整体处于跟跑阶段，新技术与生态环境领域融合不足。其六，温室气体减排压力空前突出，支撑碳达峰碳中和目标如期实现和应对气候变化面临重大技术挑战（白春礼，2023）。显然，上述领域的研究自然成为近期环境相关领域研究的热点。目前，低碳环保、大气污染防治、水环境保护、绿色 GDP 核算方法等生态环境领域的热点问题，反映了我国生态环境科技领域前沿发展动态，在引领生态环境领域技术创新、鼓励环境科学研究、营造社会创新氛围、提高公众环保意识方面起到了积极的作用。总之，环境监测及其环境信息化、环境伦理与生态文明建设、环境治理及公共环境安全是环境科学领域的发展热点方向，必将对持续提升环境质量发挥重要作用。

2.2 环境危机管理

2.2.1 环境危机研究概要

城市作为当今社会人类主要的聚居地，是社会经济和文化的主要载体，同时又是人与环境矛盾最为集中的地域，是当代人类活动的中心。目前，城市所面临的一系列重大问题，很大程度上与人类活动具有密切关系（Ariken, et al.，2020），直接影响了城市生态系统的功能的发挥。城市化是人类社会文明发展的重要标志，从世界范围来看，城市的环境危机已经严重威胁人类社会的可持续发展，已有的城市管理或环境保护的措施正面临着严峻的挑战。中国迈向社会主义现代化新征程的战略目标以及宏伟战略，迫切需要大力推进城市化的进程，并以此带动现代化的发展。但是，目前城市所出现的一些生态环境与社会问题，在一定程度上又背离了人们所追求的健康与安全的目标。处理好城市化过程中环境污染控制和防止生态退化等问题，是城市资源、环境与社会经济可持续发展的关键，也是和谐社会与生态文明建设的重要内容。探索生态资产评估与环境危机管理的科学内涵、分析生态资产评估与环境危机管理的原理与方法、建立城市环境危机管理的模式与框架，对于构建和谐社会具有重要的理论价值与现实意义。研究探索生态资产问题是目前生态产品理论与实践的重要内容，该问题的深化研究与生态补偿以及环境损害赔偿等研究密切相关。生态资产评估与环境危机管理也是倡导资源价值观与实现生态文明的重要举措。

环境危机是我国面临的重大问题之一，提升生态环境质量、保障公众健康需要依靠科技创新提升生态环境健康风险应对水平。目前，针对有毒有害化学物质危害性数据、暴露评估和绿色替代技术、新污染物评估分类方法不足等问题，要推进化学污染物、病原微生物、耐药细菌等生态环境风险识别与管控技术创新，要研发化学品生态环境健康风险评估与控制技术方法，要提升危险废弃物、有毒有害化学物质生态环境监管和风险防范能力，要强化重大公共卫生事件生态环境应对策略，支撑健康中国建设，推进人地和谐发展。城市作为人口高度集中的地区，经济活动十分频繁，对自然环境的干扰也更为明显（Maheng, et al., 2021），各类环境问题交叉叠加，城市环境保护工作面临着巨大的压力和挑战。在这种背景下，探讨城市环境危机与管理问题显得十分重要，希望通过全社会的共同协作与努力，找到应对城市环境危机与保障城市生态安全问题的科学解决方案。围绕城市发展中的问题，关注当代城市多元化发展中的城市规划、城市管理、生态城市、人居城市、和谐城市以及可持续城市发展等重大议题，对于促进城市和谐发展具有重要现实意义。

2.2.2 环境危机管理模式

快速城市化进程对于促进现代化发展发挥了重要作用（Ariken,et al.,2020），但城市发展中的资源利用、生态建设、环境治理与人们不断增长的物质与文化需求，始终具有一定的差异性。如何科学认识城市生态系统的时空特征，合理规划城市生态系统结构，发挥生态系统功能，维护生态系统健康，成为当代城市发展的迫切问题（王让会等，

2008a）。而应用现代科技的理念与方法，最大限度地减少城市环境风险，增强城市应对各类环境危机的能力，也是提升城市治理能力现代化的重要基础。

全球变化背景下，植被对CO_2的减排正得到广泛关注。生态系统具有诸多功能，不同功能的货币化基准难以统一，是进行总体生态资产价值定量核算的制约要素。在资源、环境与生态经济原理指导下，分析相关方法评估生态系统生态资产的可行性，选择量化评估参数，通过多种模式与方法进生态资产估算，并分析其生态效应，探索环境问题及其环境危机防范策略及模式（图 2-3，框 A2-1）。

城市生态资产评估的原理与方法
◎ 生态资产研究背景概况
◎ 生态资产评估研究动态
◎ 城市生态资产研究方法
◎ 生态系统生态资产核算
◎ 生态资产时空特征分析
◎ 环境风险及其补偿策略

城市环境危机识别及管理模式
◎ 城市环境危机管理概况
◎ 环境危机风险防范技术
◎ 城市生态安全及其评价
◎ 城市环境危机诊断分析
◎ 城市环境危机定量评估
◎ 城市环境危机预测预警
◎ 城市环境管理系统开发
◎ 城市环境危机管理模式

蒋有绪院士作序

图 2-3　城市生态资产评估与环境危机管理

Fig.2-3　Urban ecological assets assessment and environmental crisis management

框 A2-1

◆ 关注城市发展热点问题。在全球变化背景下，围绕城市高质量发展议题，城市资源、环境、生态、能源、安全等问题备受关注。

◆ 突出生态系统服务功能。在倡导生态文明建设理念的社会背景下，研究城市生态系统结构，分析生态系统功能，特别是探索生态系统服务功能评价的原理与方法，并探索城市生态安全与城市危机管理的关系，是城市相关领域研究的热点。

◆ 定量估算生态资产价值。基于城市生态资产评价原理及方法，针对亚洲大陆地理中心城市的自然地理背景与社会经济状况，定量估算城市湿地、森林、草地、城郊农田生态系统以及城市游憩类生态资产的价值，为全面提升城市生态产品质量及效益提供依据。

◆ 构建环境风险防范模式。结合环境危机风险防范与应急技术以及生态安全评价方法，阐述城市环境危机诊断与分析的思路。针对城市环境危机预测及预警问题，构建城市环境管理信息系统及开发框架，综合性地提出城市环境危机管理模式。

生态资产是能给人类带来服务效益和福利的生态资源,是在一定的时间和空间内,自然资产和生态系统服务能够增加的以货币计量的人类福利。科学评价城市生态系统的生态资产,是认识城市生态系统结构与功能,揭示生态过程特征与规律的重要途径,也对于评价城市环境问题、认识城市环境效应、应对城市环境危机具有重要作用。在全球变化背景下,森林涵养水源类生态资产、生物多样性维持类生态资产、净化空气类生态资产、保护土壤类生态资产以及大气调节类生态资产,都不同程度地体现了森林生态系统的重要功能与现实价值。

统筹推进山水林田湖草沙一体化保护和系统治理,强化生态环境各领域各要素协同治理,面向国家重大发展战略和深入打好污染防治攻坚战要求,围绕重点区域、流域、海域和热点难点问题,系统部署环境危机管理与生态资产评估领域的科技创新,将成为我们实施生态优先、协调发展的必然选择。在经济全球化的背景下,人们越来越渴望回归自然,人们也不断追求城市绿色生活目标。人们在享受和追求绿色生活的同时,必将推动城市环境质量的持续提升。日趋严重的城市环境问题已经引起了各级政府的全面关注,倡导美丽城市建设目标、动态监测评估城市环境问题、预测城市环境风险、遏制城市环境危机,是应对各类环境危机的重要途径;而探索切实可行的环境危机管理模式并采取科学的应对策略,将是人们长期不懈的奋斗目标。

2.2.3　环境危机管理态势

围绕环境危机问题,重点对城市生态安全与环境质量进行综合评价,分析城市可持续发展的资源环境与社会基础;从城市生态资产评估研究现状、生态资产定量研究方法、生态资产状况分析、应对环境风险的生态补偿策略等方面,阐述了生态资产评估的原理与途径。在此基础上,针对环境危机管理的模式与途径问题,主要从环境危机监测技术、环境危机诊断与评价技术、环境危机预测及预警技术、环境危机风险防范与应急技术、城市环境管理信息系统开发等方面,进行系统分析与综合探讨,突出生态资产、生态补偿、环境危机及生态安全等诸多方面的典型性与内在联系。在目前倡导应对气候变化,实现绿色低碳发展的背景下,探索各类污染控制技术,提升资源化利用效率(任洪强和王晓蓉,2003;陈坚等,2001),提升生态产品类型及质量,扩大生态服务功能,成为高质量发展的重要途径。该研究拓展了环境科学、环境工程学、环境经济学、环境管理学等领域的研究范畴,具有重要理论价值与应用价值(框 B2-1)。

框 B2-1

☐ 环境问题具有固有的一系列特征。它是人类自身活动对人类赖以生存和发展的自然物质条件所造成的负面效应，具有危害性、人为性、普遍性，及持久性等特征。

☐ 自然环境与人文环境相互共存。按属性，环境可分为自然环境和人文环境。人生活在一定的环境中，人类是环境的产物又是环境的创造者与改造者，人与环境的关系是相辅相成的。

☐ 环境危机（environmental crisis）反映了环境的极端效应。它是人类在追求生存和发展的过程中，由人类活动引起的环境污染与破坏，乃至整个环境退化的趋势和资源、能源面临枯竭的趋势。

☐ 环境危机是人类的严重失范行为。环境危机在全球或区域尺度上，导致生态过程即生态系统结构与功能损害，生命保障系统瓦解，最终危及人类利益，威胁人类生存与发展。

☐ 环境危机管理理念提升科学管理能力。当代社会发展中，诸多环境污染以及环境安全风险问题频发，如何防止和化解环境危机，需要环境学、管理学、灾害学、信息学、工程学、社会学、运筹学等学科理论与方法的支撑。遏制及减少环境危机风险，是中国式现代化进程中的重要议题。

第 3 章

地理学研究

3.1 地理学研究背景

传统地理学（geography）是研究地球及其生命的科学，它研究陆地表层地理要素发生、发展规律及其区域分异规律，更多地关注土壤、水文、植被、气候、人文等单一要素在区域上的演进规律及区域之间的差别，研究方法以记述为主。现代地理学在继承传统地理学思想的基础上，借鉴相关学科，强化过程研究，不断向综合性和定量化发展（冷疏影等，2016）。全球热点问题为地理科学研究提供了新的切入点。目前全球变化或全球气候变化研究均在地理科学的自然地理学、人文地理学、地理信息科学和环境地理学等相关分支学科内得到高度关注，尤其是全球变化与陆地生态系统（terrestrial ecosystem，TES）（石玉林等，2015）、陆地水循环与水资源（姚檀栋等，2022）、土地变化、遥感建模与参数反演、空间信息分析与参数模拟、污染物空间过程与模拟、城镇化过程与机理、生态系统服务（ecosystem serves，ESS）、国际河流与跨界资源环境、地表敏感要素变化的检测与归因、空间信息与空间分析的不确定性、区域可持续发展等是地理科学战略问题研究的重要方向。在"一带一路"（B&R）倡议涉及国家所在地区，上述问题仍然备受关注。这里要重点提及的是，自然地理学研究地球表层自然环境的特征、演变过程及其地域分异规律，其研究对象包括大气圈的对流层、水圈、生物圈和岩石圈上部。自然地理学研究既可针对地貌、水文、气候、生物、土壤等某一环境要素，也可以针对景观、土地等自然综合体。自然地理学下设地貌学、水文学、应用气候学、生物地理学、冰冻圈地理学和综合自然地理学，同时，景观地理学、环境变化与预测也主要在自然地理学体系下开展研究，区域环境质量与安全、自然资源管理与环境地理学及自然地理学的联系也很密切。地域分异规律的提出促进了 TES 格局和过程研究，人地关系研究深化了 TES 响应的驱动力研究，生物地理模型和空间分析技术推动了未来 TES 动态预测，并帮助人们科学认识与评价区域资源特征、环境状况与社会经济发展态势。

目前，地理学理论与实践都得到了快速发展。地表差异性原理、空间竞争和相互依存、人类活动的外部性及其协调性等理论，随着新的实践场景与环境的变化，得到了空前的创新与发展（郑度和杨勤业，2015）。全球气候变化的后果越来越被人们所认知，政府间气候变化专门委员会（Intergovernmental Panel on Climate Change，IPCC）发布的一系列评估报告，对人类树立共同的气候变化理念、应对气候变化具有重要价值。从大气与海洋、海洋与陆地、陆地与大气的耦合关系而言，地球系统相关要素固有特征与演变规律无不受到强烈人类活动的影响，发生变化；借鉴遥感监测、站点监测、实地调查、统计评估、模型模拟等获得的各类地理大数据，从全球、区域及地方尺度，把地理学的新理念与各类复杂问题相结合，探索地理现象、了解地理过程、把握人地关系更具现实意义。随着科学技术的进步以及社会文明进程的发展，地理学的概念、内涵、研究对象、学科特点等也发生了变化，并赋予了新的时代内涵（王让会，2002）。总之，地理特学具有综合性、区域性等特点。综合思想对陆地水循环模拟和水资源管理的指导作用（丑纪范，2003；Katusiime and Schütt，2020），地理科学方法和手段对陆地水资源的多尺度与多过程研究的促进作用，地理信息技术对土地变化探测及格局变化研究的支撑作用，架设了人文与自然综合研究的桥梁，促进了土地变化效应研究，引入区域响应为理解全球化进程中的区域发展奠定了理论基础。

3.2　全球变化与区域响应

目前，全球正处于一系列的变化之中。全球变化的研究对象包括发生在地球系统各部分之间的各种现象、过程以及各部分之间的相互作用（王会军等，2014）。全球变化的过程主要涉及物理过程、化学过程和生物过程，三者之间也存在着相互作用。尽管不同的学科对区域有不同的解读，许多学者认为区域是具有一定的面积、形状、范围或界线，其内部的特定性质或功能相对一致，有别于外部的地域空间。目前，全球变化已在不同时空尺度上引起了一系列生态后果（秦大河，2014），中国学者在该领域开展了一系列前瞻性研究，并结合中国气象事业发展与能力提升，在国际上展示了中国学者应对气候变化的智慧与策略（陈联寿等，2004）。"全球变化"和"区域响应"两个概念也备受世界各国关注（Woolway, et al., 2020；Arora, 2019）。学科的交叉与融合，以及地球系统的复杂性致使全球变化研究方向众多。就其本身而言，IPCC 不同时期的报告已宏观地揭示了主要特征及规律，"全球变化是不争的事实""人为活动是主要诱因"等观点也为诸多学者所认同。但目前人类的认知水平仍然有限，不足以回答涉及气候变化的所有问题，尤其是气候变化科学中不断出现的新现象和变化，无论是现在还是未来，这都是一个重大挑战（丁一汇，2009；2016a；2016b）。在地球系统极端事件日益频发的背景下，探讨"区域响应"更具有理论价值与现实意义。

全球变化对区域资源环境的分布格局与时空变化造成了一定程度的影响（Kubiak-Wójcicka and Machula, 2020；Sýs, et al.,2021），制约了 LUCC 的趋势与过程，并通过水热状况、景观带谱、气候效应、土地利用与人类活动表现出来。系统耦合原理、自组织与生物放大原理、连锁反应与量变引起质变原理、复杂性原理、多样性原理、温室效应原理、BGC 原理等，能够帮助人们理解或解析地球系统的相关特征，更好地服务于人类社会的发展（王让会等，2008b）。

不同区域的地貌与气候过程不同，生态过程及其演变趋势具有一定的差异性，这种响应机制制约了不同生态系统的特征与规律。而系统的界面特征与界面过程，特别是水资源的形成、转化与消耗规律直接反映了干旱区 MODS 对全球变化的响应过程。MODS 的空间格局、动态变化、时空特点以及尺度转换与耦合模式问题，反映了系统之间及其内部的生态学机制。全球变化的区域响应问题是一个极其复杂的重大命题，不同的研究受到多种因素的影响，不同程度地具有一定的局限性，全球变化背景下的节能减排、低碳环保、发展经济（Ray, et al., 2019；Raza, et al., 2019），将是人类社会发展的重要议题（图 3-1，框 A3-1）。

图 3-1　全球变化的区域响应

Fig.3-1　Regional response to global change

框 A3-1

- 全球气候变化效应十分严峻。全球变化特别是全球气候变化，是人类面临的严峻问题；目前出现的一系列重大气象灾害与环境问题，直接或间接地与气候变化相关联；气候变化已经给人类社会发展带来了严峻挑战。
- 全球气候变化科学体系亟须拓展。在阐述全球变化研究的背景、学科地位、主要领域的基础上，系统地阐述全球气候变化及区域响应等领域研究的理论体系；并从尺度、过程、模型等方面进行系统分析。
- 全球气候变化方法体系需要完善。从卫星遥感方法的应用、数值模拟方法的应用、理论分析和交叉科学集成研究等方面，阐述全球变化研究的理论与方法。
- 区域响应问题各具特色。从全球变化背景下干旱区 MODS 特征与规律、MODS 格局下典型区域 LUCC 特征，及流域生态系统、湿地生态系统、绿洲生态系统的特征等方面，反映生态系统对全球变化的区域响应。

区域研究是全球变化研究的重要组成部分，也是全球变化研究的重要途径（李家洋等，2006）。全球变化背景下，生态系统结构与功能也发生了一系列变化。不同生态系统对全球变化的响应特征，成为科学辨识与认识不同时空尺度生态过程及其机制的重要基础（图 3-2）。

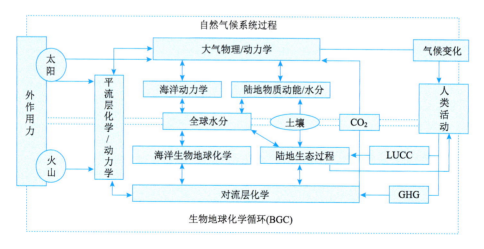

图 3-2 全球变化的区域响应概念模式

Fig.3-2 Conceptual model of regional response to global change

3.3　气候变化的评估研究

全球气候变化已给地球环境及人类生存与发展提出了严峻挑战。IPCC 是 1988 年由世界气象组织（WMO）及联合国环境规划署（UNEP）联合建立的政府间机构。目前，IPCC 下设三个工作组和一个专题组，第一工作组（WG I）评估气候系统和气候变化的科学问题，第二工作组（WG II）评估社会经济体系和自然系统对气候变化的脆弱性、气候变化正负两方面的后果和适应气候变化的选择方案，第三工作组（WG III）评估限制温室气体排放并减缓气候变化的选择方案；还有一个国家温室气体清单专题组，负责 IPCC《国家温室气体清单》计划。大部分科学家认为气候变化会造成严重的或不可逆转的破坏风险。IPCC 的作用是在全面、客观、公开和透明的基础上，对当前世界上有关全球气候变化最好的科学、技术和社会经济信息进行评估。IPCC 的任务是提供可用的科学信息和证据，为全世界的气候行动和决策提供信息。IPCC 于 1990 年、1995 年、2001年、2007 年、2013 年、2022 年相继完成了六次评估报告。这些报告已成为国际社会认识和了解气候变化问题的主要科学依据。联合国气候变化大会（United Nations Climate Change Conference）是联合国主办的会议，该会议于 1995 年起每年在世界不同地区轮换举行。联合国气候变化框架公约（United Nations Framework Convention on Climate Change，UNFCCC）缔约方会议第二十七届会议（COP27）于 2022 年 11 月在埃及沙姆沙伊赫（Sharm elSheikh）举行。WMO 发布的《2022 年全球气候状况》报告表明，2022年的极端热浪、干旱和破坏性洪水影响了数以百万计的人，并造成数十亿美元的损失，人类的命运正面临着更加严峻的挑战。

基于 IPCC 的评估模式，中国在国家层面也开展了一系列气候评估工作，为参与全球气候治理提供了重要支持。针对区域气候变化问题，中国气象局（CMA）指导开展了相关的气候变化评估，特别是在长三角地区，对气候变化对社会、经济的潜在影响，以及如何适应和减缓气候变化的可能对策进行了多次评估；基本从气候变化的科学基础、气候变化的影响与适应对策，以及气候变化的社会经济评价等方面，形成了《华东区域气候变化评估报告》及《江苏省气候变化评估报告》，两份报告的出版为长三角地区和建设"强富美高"新江苏发展提供科学决策依据，为中国参与气候变化领域的国际行动提供科技支撑（图 3-3 和图 3-4）。

♦ 开展区域气候变化评估创新实践。基于华东区域内的气候变化基本事实、影响与对策和分省（市）情况，开展气候变化科学评估，是我国首部区域级气候变化评估成果。
♦ 凝练区域气候变化特征及演变规律。其一，描述华东区域气候变化的基本事实、主要特征和可能原因，并对未来华东区域气候变化趋势进行了预估。其二，针对不同领域对气候变化的影响进行评估。其三，阐述华东地区的分省（市）气候变化特征；满足区域适应气候变化需求目标，为区域应对气候变化提供科学认识和基础支撑。
♦ 实施多行业领域及问题的气候评估。评估气候变化在农业、水资源、能源、人体健康等领域的影响并分别提出适应性对策。

图 3-3　华东区域的气候变化研究

Fig.3-3　Study on regional climate change in East China

♦ 分析江苏省近50年的气候变化特征及其未来的可能趋势，评估其对江苏经济社会、环境生态等重要领域的影响，并提出适应性对策。
♦ 系统地分析江苏省气候变化事实。基于多年气候变化数据，应用多种模式与方法评价江苏气候变化时空特征。
♦ 重点分析多行业气候变化特点及规律。分析气候变化对农业、水资源、能源活动、交通、生态系统和人体健康的影响，以及应对气候变化的途径与模式。
♦ 提出区域重点行业应对气候变化策略。分析气候变化对太湖蓝藻、沿江城市带、海岸带、江淮之间特色农业、淮北旱作物的影响，提出应对策略。

图 3-4　江苏的气候变化研究

Fig.3-4　Climate change research in Jiangsu Province

　　IPCC 第 6 次评估报告指出，全球平均气温自 1951 年以来已经上升了 0.85℃。中国的陆地平均温度升高幅度大于全球平均温度，且降水变化具有明显的空间差异。中国西北地区地处欧亚大陆腹地，是受气候影响敏感地区之一，气候变化背景下，降水不确定性增加，干旱事件加剧。干旱/半干旱区气候变化研究一直是受广泛关注的前沿科学问题，尤其是气候干湿变化规律及未来的发展趋势。过去大量的研究揭示了全球不同干旱/半干旱区的干湿变化事实和机理，取得了一系列重要进展，IPCC 第 6 次评估报告明确指出未来全球干旱化将加剧，但也存在诸多问题没有得到一致的认识（符淙斌和马柱国，2023）。20 世纪 90 年代以来，中国干旱/半干旱区的农业干旱受灾面积扩大，成灾面积增加，每年因干旱所造成的经济损失远高于中国其他地区。研究全球变化背景下土地生产力及农业发展相关问题，对于保障粮食安全意义重大（刘兴土和阎百兴，2009；袁隆平，2015）。

　　气候变化背景下，西北地区极端气温、极端降水和干、湿事件发生的不确定性增加。

多种要素对西北地区作物生长的影响进一步复杂化，并直接影响着农业气象灾害的特点和时空发生规律。基于北极涛动（AO）、北大西洋涛动（NAO）、多元 ENSO 指数（MEI）、太平洋十年际振荡（PDO）和西太平洋副高强度指数（WPSHII）等大气环流指数与区域干旱/湿润演化特征之间的耦合关系，确定了影响西北地区气候的主要大气环流类型，为农业气象灾害预警研究提供借鉴（Li，et al., 2018）。

全球气候变化正在直接或间接地对自然生态系统和人类经济社会产生影响（李崇银，2019）。IPCC 发布的气候变化报告表明，全球变暖是不争的事实。而在中国，气候变化的总体效应为弊大于利。人类必须通过共同努力，应对气候变化的负面效应。在全球变化背景下，生态系统中的生物与环境要素如何变化，相关生态现象与生态过程机制如何，生态问题及其机制如何，均需要全面监测及综合评价，才可能通过构建模型、建立基准进行风险预警。这也是目前生态环境损害赔偿及维护生态稳定性的客观需要。生态要素影响并制约着区域气候特征，而特定气候也不同程度地反馈于生态过程，产生不同的生态效果，这些问题的本质就是生态要素与气象要素耦合关系问题。未来生态气象监测评估及预警将全面展开，生态科学研究与气象业务服务也将紧密融合，生态气象评估方法趋于规范化与标准化，"物联网"（李甲和吴一戎，2011）与"互联网+"理念将促进"生态物联网（ecological internet of things，ECOIOT）"的不断创新与发展，并促进美丽中国及生态文明建设的健康发展。

第 4 章

信息科学研究

4.1 信息科学研究背景

  信息科学（information science）是研究信息运动规律和应用方法的科学，是由信息论、控制论、计算机理论、人工智能理论和系统论相互渗透、相互结合而成的一门新兴综合性科学（谭铁牛，2019）。工科（工程学）是指如材料科学、计算机、信息、电子、机械、电气、建筑、水利、汽车、仪器等研究应用技术和工艺的学科。新工科是指为适应高技术发展的需要而在有关理科基础上发展起来的学科。信息科学的起源主要是信息及其计算，而本质上是数学，它来源于数学的统计学、集合论、群论、离散数学、几何计算、数理逻辑等。信息科学推动了最基础的学科内容——信息论，进而推动了信息技术的发展，引发了许多学科向信息学方向交叉与融合。地理信息科学、生态信息科学与环境信息科学就是相关学科交叉融合发展的前瞻性领域。

  实施国家大数据战略，加快建设数字中国，要推动大数据技术产业创新发展，构建以数据为关键要素的数字经济，运用大数据提升国家治理现代化水平。数字中国新愿景必须在万物互联、全国共享的条件下形成"中国方案"，形成万物互联、人机交互，充分利用大数据平台，综合分析风险因素，提高对风险因素的感知、预测、防范能力，形成天地一体的网络空间。网络强国、数字中国、智慧社会正在快速地发展，信息技术发挥着不可替代的作用。时空信息支撑数字化发展，促进高质量发展。为响应国家重大战略，面向以新技术、新业态、新模式、新产业为代表的新经济的发展需求，创新卓越人才培养体系，助力信息产业的超越式发展，2017 年 11 月，信息技术新工科产学研联盟孕育而生。信息工程专业是与现代工程技术密切相关的工科专业，以光电信息科学与技术为核心，学习内容涉及数理基础、工程光学、信息光学、电子技术、光电技术、通信技术、测控技术、计算机等诸多领域。

信息技术应用于农业生产和经营，是对传统和经验性的生产管理实现定量化、规范化、一体化和智能化的重大举措。应用信息技术，实施精准农业，最终必然形成各种农业专家系统或辅助决策系统，大大提高农业生产效率。目前美国、日本、巴西和欧洲一些国家开发出了多种农业信息系统。其中，以色列的绿洲农业模式在世界干旱农业发展中具有重要地位，体现了资源节约型农业现代化的巨大效益和潜力。目前，各国都在以网络为载体，大力发展农业信息技术，实现信息网络与农业专家系统的有机结合，发展现代农业技术。以信息带动农业现代化正是时代的要求。

信息科学技术的飞速发展与广泛应用带动了全社会对空间信息的需求，因此空间信息必将成为国家或全球信息流中的重要组成部分，并逐渐发展成为当今社会最基本的信息服务之一。2023 年 5 月 27 日，中国科学院梅宏院士在中国国际大数据产业博览会"数据要素流通与价值化"论坛提出了著名的"数据十问"，引起广泛关注与极大反响。包括，如何将数据列为资产、如何理解数据权属性质及确权、如何度量评估数据价值、什么是数据要素的基本度量单位、如何构建高效数据流通交易体系、如何合理分配数据收益、如何实现公共数据的真正开放、如何平衡发展与安全、如何为数据要素化提供技术支撑、数据要素如何加入生产函数。对于上述问题的理解与认识，必将促进数据及相关领域研究、应用及管理的深化，也必将促进信息领域的全面发展。

随着数字化、信息化、网络化以及人工智能（artificial intelligence，AI）、物联云（cloud of things）、大数据（big data，BD）、云计算（cloud computing，CC）、元宇宙（metaverse）、区块链（block chain）等理念与技术的发展，数字孪生（digital twin）、泛在网络（ubiquitous）、地理空间智能（geospatial AI、geo AI）极大地促进了信息工科的发展。"AI+"以及"互联网+"理念，特别是数据-信息-知识-智慧（data-information-knowledge-wisdom，DIKW）的发展模式，成为新时期信息科技创新发展的新理念。而信息科学技术与相关理科的融合发展，也孕育与促进了信息理科的发展，地理信息科学、生态信息科学以及环境信息科学就是其中的代表。

4.2　地理信息科学

地理信息科学（geographical information science）的概念是 1992 年由美国国家科学院院士、艺术与科学院院士、地理信息科学之父 Goodchild 教授提出，目前成为一门备受关注的学科。中国在相关研究领域也取得了一系列新进展，廖克先生的《地球信息科学导论》（廖克等，2007）以及陈述彭院士 6 卷《地学的探索》（陈述彭，1990a；1990b；1990c；1992；2003a；2003b）堪称中国学者在地理信息科学领域研究探索的重要代表性成果。地理信息（geographical information）是表征地理圈或地理环境固有要素或物质的数量、质量、分布特征、联系和规律等的数字、文字、图像和图形等的总称；也可以说是与所研究对象空间地理分布有关的信息，可以表示地物及环境固有的数量、质量、分布特征、联系和规律，属于空间信息，是人类生存和发展的基本信息。地理信息从表现形式上有地图图形信息、图像信息、图片信息、数据信息和文本信息。地理信息具有一系列特点，如区域性、基础性、动态性、多维性和综合性。地理信息科学在自然科学、社会科学及其相关交叉科学与现代技术的基础上发展而来，因此必然与地理信息的获取、传输、处理与转换，以及共享规律的研究密切相关。它是地理科学的重要组成部分，是在信息科学、地理科学、空间科学和系统工程科学等学科相互融合发展背景下产生的交叉学科，并按照自身特点和规律快速发展和完善。地理信息科学是以地理系统为研究对象，以人-地关系调控为目的，研究的核心为地理信息机理，涉及地理系统的信息流、信息场、能量信息、图形信息及存贮信息等方面，并与信息产生、变化、加工、应用等密切关联，蕴含了地理问题相互影响与相互制约的内在关系与外在特点，反映了不同的地理要素及其过程的特征及变化规律，体现了地理系统物质、能量的综合特征以及演变的驱动力与可能状态。它是研究地理系统信息的理论、方法、技术与应用的学科。

随着相关学科的发展，地理信息科学也在快速发展中。地理信息科学强调地理信息机理和信息分析方法的研究，强调发展地理信息科学的技术体系——遥感（remote sensing，RS）、全球导航卫星系统（global navigation satellite system，GNSS）、GIS、云计算、物联网等，以支持人类对于地理系统发生、发展及其演化规律的研究，从而实现对地理系统的综合调控。地理信息科学的理论基础核心是地理信息机理研究，重点研究地理信息的结构、性质、分类与表达，地理信息空间认知机理及其过程，地理信息模拟及时空转换特征，地理信息获取与处理的基础理论等问题，全球变化和区域可持续发展是主要应用领域。

4.2.1　地理信息空间数据流模式

地理信息的时空变化成为把握地理要素耦合关系、地表水文过程、BGC 过程以及人-地关系的重要途径，地理信息的空间数据流如图 4-1 所示。

地理信息科学作为一门新兴的学科，具有巨大的发展潜力，在理论与应用研究中，已逐渐地形成了地理系统间的关系，如图 4-2 所示。

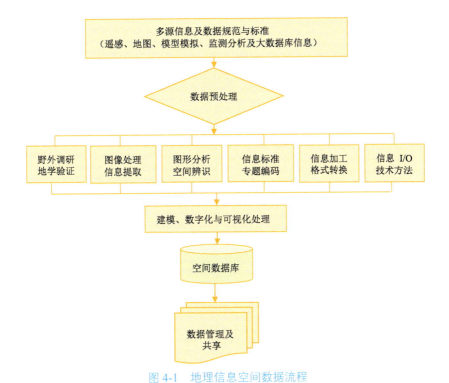

图 4-1　地理信息空间数据流程

Fig.4-1　Flow chart of geographical information spatial data

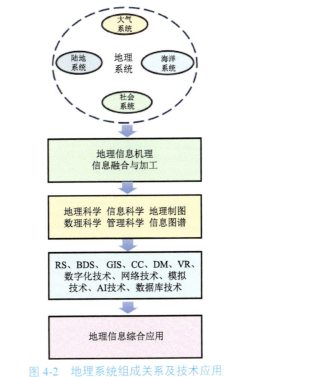

图 4-2　地理系统组成关系及技术应用

Fig.4-2　Geographical system composition and technical applications

4.2.2 地理信息科学的研究范式

地理问题是人们赖以生存与发展的重要基础性问题之一，地理信息概念的提出又深化了人们对传统地理问题探索的理解。而在一系列创新理念、方法与技术融合发展形成的地理信息科学指导下，人们对地理相关问题的认识理念得到了进一步的激发与增进（王让会，2002）（图4-3，框A4-1）。目前，地理信息科学发展的新领域与热点层出不穷，空间智能（spatial intelligence）就是其理论与实践的重要创新方向。空间智能强调发现与应用的空间模式，以增强大数据、大模型、大算法解决复杂地理信息问题的能力。空间智能技术体系包括了空间分析技术、空间优化技术和空间模拟技术，其技术基础包括了空间统计、智能模拟、机器学习、AI以及数学算法等现代化智能技术；同时，也包括了信息科学、计算机科学、网络技术等多个学科理论与技术。随着空间智能体系的完善和技术的进一步创新发展，地理信息科学的发展将得到不断深化，并在探索及解决地理问题中发挥更大作用。

图 4-3　地理信息科学的理论与方法

Fig.4-3　Theories and methods of geographical information science

框 A4-1

◆ 提出地理信息科学学科构架。论述地理信息科学的基本概念、学科地位、学科体系，阐明地理信息的获取、处理、分析、管理与更新的方法及途径，介绍信息方法、模型模拟方法以及 RS、GNSS、GIS 等在地理信息科学研究中的理论与方法，揭示 GITP、

VR 的原理及其在数字制图及地理分析中的模式与特点。

◆ 突出地理信息工程的特点。阐述数字地球的发展动态及地理信息数字化工程的基本思路,强调合理利用互联网的地理信息科学资源,在信息时代科学研究中的特点及潜力。

◆ 构建地理信息管理模式。应用 RS、GNSS、GIS 技术及相关学科的原理与方法,特别是 GIS 的方法与途径,通过对典型区域的气候、水文、土壤、植被、土地荒漠化等资源与环境问题研究,构建地理信息管理框架及模式。

4.2.3 地理信息科学的研究内容

地理信息科学的理论与应用在实践中得到了快速发展与不断完善,核心是地理信息机理(郭华东,2001),其理论体系及应用领域如表 4-1 所示。

表 4-1 地理信息科学的理论体系及应用领域

Tab.4-1 The theoretic system and application fields of geographical information science

学科领域	内　涵	特　征
理论	地理信息机理的研究是其理论核心	地理信息的结构特征及科学表达 地理信息的科学认知机理及过程 地理信息的模拟及时空转换特征 地理信息获取与处理的基础理论
方法	空间数据辨识、分类、处理方法	信息编码体系　投影坐标转换 元数据的表达　空间数据采集 空间信息建模　空间决策模式
技术	地理信息获取、模拟及管理技术	空间数据获取传输技术(RS、GNSS、互联网、IH) 地理信息模拟分析技术(GIS、VR、AR、GITP、CC) 空间信息辅助决策技术(SDS、ANN、AI)
应用	主要包括全球变化与区域可持续发展,如气候变化、自然变化、人类活动以及生态环境变化;区域农业、工业、林草业、信息技术产业以及区域经济与社会发展等	

GIS 与地理学的结合,有助于地理学家分析区域性或全球性一系列的地理问题,研究大气圈、水圈、岩石圈、生物圈等圈层内部的结构特征、分布规律、演化过程以及彼此之间物质流、能量流、信息流的传递方式及动力学机制。虚拟 GIS、网络 GIS、开放

GIS 的发展，使地理学家可以通过所建立的虚拟环境，或者在相关技术支撑下所构建的元宇宙，感受和体会复杂的关于地质、地貌、水文、气象、土壤、植被等数据的空间关系和物理关系，深化对其内部机理的认识，探索数值模拟及定量化研究的方法及途径，推动数字地球理论及数量地理学研究的发展（图 4-4）。

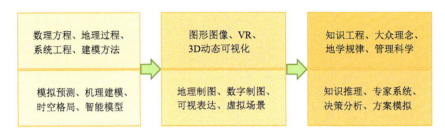

图 4-4　信息技术方法与地理问题的认知过程

Fig.4-4　IT methods and cognitive processes of geographical problems

4.3　生态信息科学

生态信息科学（ecological information science、ecological informatics）是以研究生态信息机理及生态信息的识别、获取、处理及应用等为一体的一门新兴学科，其中以生态信息管理和生态元数据技术研发为重要研究方向。随着学科的快速发展，生态信息科学已经逐步形成了充分利用现代生态学原理及信息技术，综合研究生态信息提取、生态信息分析和生态信息管理的科学。它集生态系统地面定位观测、对地遥感观测系统、数据库管理系统、数字网络传输、GIS、数据挖掘、云计算、AI、虚拟现实（virtual reality，VR）、增强现实（augmented reality，AR）等一系列现代信息技术于一体，成为相关学科共同发展的新领域。生态信息技术是生态信息科学的重要研究手段，它是以立体监测技术、3S 技术、现代测试技术、模型模拟方法、数据管理方法等多种技术综合应用的集成化技术体系，实现生态信息的获取、处理、分析、管理及应用。人们对生态信息获取技术、生态信息分析技术、生态信息传输技术、生态信息管理技术以及生态信息应用技术不断探索，极大地促进了生态信息科学的发展。

目前，生态信息表达成为认识生态要素、把握生态现象与生态问题、调控与管理生态系统的重要途径。生态信息表达研究的重要目的在于揭示和认识复杂的生态学规律，而尺度问题是理解生态环境复杂性的关键，生态信息表达中尺度研究的重点是尺度选择和尺度转换方法。生态现象和过程具有复杂性，要揭示和掌握其中的变化规律需要开展多尺度的研究。不同学者利用已知的多尺度的格局和过程，不断完善已有的尺度选择和转换方法，寻找新的尺度转换方法，尺度研究的进展必将会推动生态信息科学理论研究和实践应用的新发展。

在图谱及信息图谱等基础上发展起来的生态信息图谱，是生态信息表达的重要方式，具有重要的理论价值与现实意义。把握生态现象及生态规律，不仅需要研究生态系统的表现形式，信息获取、分析、综合和解译的模式方法，信息的发生、判识、传输、认知的机理，还要了解数理解析方法和机理之间的内在关系。因此，生态信息图谱是有关自然地理、生态要素、资源环境信息的形、数、理一体化理论与方法的高度集成。利用不同时相、不同波段、不同平台遥感信息源，综合各种属性数据和统计数据，在 GIS 软件平台上，进行信息识别、专题分类、图谱表达，利用 GIS 的空间分析功能建立不同生态系统类型或者生态景观变化信息图谱，并创立属性数据库。以 RS 和数字高程模型（digital elevation model，DEM）数据为基本数据，结合生态景观特征进行生态景观类型划分，发挥多元数据在建立生态信息图谱中的基础性作用。生态系统管理作为生态信息科学重要组成部分，是认识生态系统耦合关系与演变规律、调控物质循环与能量转换过程、维护生态系统健康、提升生态系统服务功能特别是生物固碳减排能力的重要内容，为人们应对气候变化、保护生物多样性和促进可持续发展，提供了有效的科学依据。

生态信息科学作为信息时代生态学发展的新领域，使得生态信息表达的数字化、可视化、图形数量化、模型模拟及信息化管理等方面得以全面深化，生态要素的时空特征得到了进一步强化。随着"数字地球"及"智慧地球"等研究领域的快速发展，借助于生态大数据以及相关算法，进行信息分析、管理和应用，反演过去、预测未来不同情景下的生态特征及其演变规律，成为人们认知复杂生态问题的重要发展方向，生态信息科学将大有作为。

4.3.1　生态信息的内涵及特点

生态信息是反映生态问题各种信息的总称，是表征生态现象及生态过程的数字、文字、图像、图形的总称，主要包括物理信息、化学信息、生物信息、环境信息等不同类型。依据不同角度、原则进行分类，生态信息可以划分为众多类型，并在不同尺度上与信息来源、信息加工、信息传输、信息应用等相联系。生态信息机理是指对生态信息产生、采集、表达、存储、传输、分析和应用全过程产生影响的各种因素，以及这些因素影响信息过程的机理。把握信息机理成为认识生态信息科学问题的基础。生态信息的获取、处理、分析及共享，对研究生态问题、认识生态规律、实施生态管理、保障生态可持续发展具有重要理论价值与重大现实意义。生态信息之间的联系如图 4-5 所示。

图 4-5　生态信息之间的联系

Fig.4-5　Information connection in ecological information science

前文已述及，生态信息科学是应用信息技术研究生态问题的新型交叉学科，是生态学与信息科学技术融合发展的产物。特别是应用 RS、DB、GIS、VR、CC、人工神经网络（artificial neural network，ANN）、互联网+、元宇宙、模型模拟、信息图谱等理念方法与技术，对生态问题进行监测、分析、评估及预警等，开阔了对生态问题的认识视野，深化了生态管理的方法途径。一般来讲，生态信息具有多源性、尺度性、复合性、多维性、复杂性、系统性等特点，生态信息科学的机理主要围绕相关特点展开。无论是生态信息类型的多样性、可表达性，还是可传递性、海量性，均不同尺度地体现在生态信息的复杂性方面，形成了数量庞大的生态信息，通过挖掘成为生态数据，为认识生态规律与实施生态调控服务（表 4-2）。

表 4-2　生态信息相关要素之间的联系

Tab.4-2　Relationships among relevant elements of ecological information

信息源	信息整合				信息决策
生态信息 （生物数据-生境数据-地理数据-气候数据）	信息获取 遥感监测 统计调查 实际观测 在线模拟	信息传递 元数据语言 互联网+ 数据库技术	信息分析与综合 大数据分析 云计算 时空序列分析 数据驱动和处理 模型模拟等	信息可视化 GIS VR AR 元宇宙 时空图谱	决策支持 管理信息系统 模型模拟 计算机仿真 情景模拟
生态知识 （学科体系）	植物生态学、动物生态学、微生物生态学、生态系统生态学、景观生态学、修复生态学、可持续生态学				

4.3.2　生态信息科学研究范式

在信息科技快速发展的背景下，人们应用信息获取、融合、加工、共享等技术方法，特别是研发生态大数据、生态大模型、生态大算法，促进了对生态及环境问题的新认识。生态信息传输过程、生态信息内涵特征、生态信息演变规律等一系列生态信息科学问题的研究得以深化。

在生态信息科学研究中，生态信息表达是把握生态要素、认识生态规律、管理生态系统的重要基础，生态信息表达的原理与方法也成为生态科学研究的重要理论依据与途径。一般而言，生态信息表达就是借助信息技术及图像图形学的原理与方法，对生态信息进行多角度、多层次、多用途的挖掘与处理，形成表征不同生态系统结构与功能的多类型生态属性的过程。人们通过多源生态属性特征，不断地获得对于复杂生态现象及生态过程的新认识，为提升生态系统生产力与稳定性服务。生态信息表达的核心在于揭示复杂的生态学规律。在揭示生态规律的过程中，生态信息之间的尺度转换问题、时空动态问题、耦合关系问题、演变过程问题极其复杂多样，不同生态对象及问题或者不同生态系统的客观状况不尽相同，又为人们认识其特征及规律增加了难度，无论是水文过程、土壤过程、大气过程及生物过程，都涉及生态信息的表达与反演，都涉及生态信息综合效应特征，研究范式为认识相关问题提供了可借鉴的思路与途径。

生态信息科学的理论体系、方法体系以及应用领域在实践中已经得到了全面的发展，逐步形成了一门具有独立学科特点的新学科（王让会等，2011）（图 4-6，框 A4-2）。

图 4-6　生态信息科学研究

Fig.4-6　Ecological information science research

框 **A4-2**

◆ 系统提出生态信息科学学科构架。论述生态信息科学的发展现状、学科框架、原理与方法以及趋势和动态等问题，重点介绍生态信息表达的理论基础与方法及模式。

◆ 重点阐述生态信息多模式表达。基于生态信息的主要特征、表达方法及尺度效应，阐述生态信息的概念及表达途径。从图谱的基本理论与方法以及生态信息图谱的特征等方面，探讨生态信息的时空变化规律、信息化时代的城市生态空间布局与规划、信息图谱在城市生态信息表达中的应用等热点问题。

◆ 全面突出生态信息图谱研究特色。探索城市大气环境污染点源数据的空间插值方法以及城市相关生态信息的表达等问题，剖析生态系统中要素之间的信息联系，从生态要素表达模式设计、景观生态信息图谱建立以及图谱特征分析等方面，阐述了生态信息图谱的模式与方法及其生态信息表达的特色与创新。

4.4　环境信息科学

环境信息科学（environmental information science）由多学科交叉构成，以计算机技术与信息技术为依托，重点解决复杂环境问题。环境信息科学是为加强对不同复杂程度的环境现象的理解，集成生物学、环境学、物理学、信息科学等多学科理论与技术研发、实验和应用的一门学科，特别集成了环境科学、生态科学、可持续发展理论及信息科学等多学科理论，加强了对不同复杂环境现象的理解，实施科学合理的环境保护策略，是联系信息技术和环境问题的重要桥梁。环境信息科学研究内容涉及环境现象与环境问题的诸多方面，包括环境信息的采集与挖掘、环境信息的数字化处理、环境信息模型与数值模拟、环境信息分析、环境信息传播、环境信息管理、环境信息的调控机制、环境信息的共享利用等多方面。而针对大气污染、水体污染、土壤污染过程的监测与评价，以及各类污染风险危害及预警内容，均是环境信息科学关注的重要内容（任阵海等，1998；曾庆存和吴琳，2022），逐渐形成一系列具有特色的研究方向。在现实中，大气污染、水体污染、土壤污染、噪声污染、固体废物等一系列环境问题的核心是自然环境的熵平衡被扰动或打破。因此，熵原理是环境信息科学的重要原理之一。了解环境要素与环境问题信息熵的状况特征及变化规律，就是把握环境信息特征及规律的重要切入点，也是科学认识环境信息机理的关键。

环境信息类型多样、特征各异，具有复杂性。实现环境信息的辨识、获取、处理、储存、共享及应用，是把握环境信息机理的客观要求。环境大数据背景下，如何对环境信息进行分类、加工及信息提取，需要特定硬件及软件的支持。快速发展的各种大数据处理软件平台为环境数据挖掘提供了便利条件，同时，云计算也为环境大数据的内涵解析提供了技术支撑。而"互联网"理念及"互联网+"模式，又极大地促进了环境信息科学技术与方法的创新与发展。多维立体监测的各类信息获取及传输手段，为环境问题的解决提供了不可或缺的客观条件；复杂系统建模以及环境模型可视化技术，又提升了人类的环境认知能力。当前，AI 及一系列信息技术发展迅速，大数据、物联网、云计算、3D 打印等技术也在许多领域得到应用。"互联网+"理念的发展，又为智慧环保注入了活力。信息获取及传输技术的发展，极大地促进了环境信息科学领域研究的深化，促进了环保技术的创新以及应用领域的拓展。

环境信息科学是一门新兴的交叉学科，蕴含了环境科学、环境工程、生态科学、信息科学、地理科学，涉及水、土、气、生等学科的原理与方法，也包含了 RS 与 GIS 技术、大数据挖掘技术、物联网技术等领域的新突破。对于诸多环境问题的研究与探索需要多学科、多角度、多途径、多方法的联合与协同，共同为环境信息科学相关理论及技术问题的深化研究提供支撑。环境信息科学更多地关注环境信息传输过程及其变化，以及环境信息变化的效应等问题。环境信息科学作为一门新兴交叉学科，随着信息化、网络化、数字化的快速发展以及环境保护事业的进步，具备了产生的技术条件与行业基础。同时，环境科学原理、信息科学理论对于环境信息科学在中国的发展，也产生了重要的指导作用。

随着科技的快速发展，创新环保科技得以广泛应用，未来环保领域将汇聚环境业务数据、物联网监测数据（水、大气、土壤、辐射、污染源、机动车环保检测等）、互联网数据、遥感数据、数值模型数据等不同来源及类型的数据，为科学认识环境质量状况与环境保护水平，不断提升环境质量满足人民群众不断增长的环保需求提供更为有效的支撑。在"互联网+"的背景下，不断探索具有创新意义的环境信息科学领域及研究前沿，始终是人们追求科学的方向。

4.4.1　环境信息科学研究一般范式

在国家进一步加强环境治理与生态文明建设的背景下，技术领域的信息化、数字化、网络化、智能化得到快速发展与广泛应用，环境信息科学是在相关技术融合发展下，环境科学、环境工程、环境管理、环境经济、环境伦理等学科交叉与融合的产物（王让会等，2019）（图 4-7，框 A4-3）。

环境信息科学研究导论	环境信息科学技术与实践
◎ 环境信息科学的学科地位	◎ 基于GIS的环境监测及应急响应
◎ 环境信息科学的原理与方法	◎ 大气污染特征及预报预警
◎ 环境信息监测与分析技术	◎ 宜居健康生态气象监测与评估
◎ 环境信息的表达与重现技术	◎ ECC与环境信息技术应用
◎ 环境信息智能化管理技术	

图 4-7　环境信息科学的理论、方法与技术

Fig.4-7　Theory, method and technology of environmental information science

---

框 A4-3

♦ 提出环境信息科学学科体系。在阐述环境信息科学产生与发展、学科特点及内涵、未来发展趋势的基础上，重点论述环境信息科学主要原理与方法、环境信息监测与分析技术、表达与重现技术以及管理技术，并基于 GIS 技术，研发环境监测及应急响应系统。

♦ 突出环境现象现实问题。针对大气污染特征及预报预警、宜居健康生态气象指标体系以及环境监测与评估等问题，开展典型分析与案例研究，梳理生态文明建设与环境信息技术的关系。

♦ 探索环境信息科学创新方向。关于环境信息分类，环境遥感监测，生态物联网，环境信息可视化，环境数据挖掘，环境信息图谱，环境信息管理的理念、方法与技术，对于拓展环境信息机理、模拟以及智慧环保与"互联网+"应用研究，丰富环境信息科学体系，具有重要的理论价值与现实意义。

4.4.2　环境信息科学研究体系构架

环境信息科学已经逐渐地形成了独特的理论体系、方法体系与应用领域，并形成了研究的主要内容及其发展方向，构成了完整的体系框架，如图 4-8 所示。

环境信息学科是多学科交叉融合的产物，多学科的理论基础、技术方法共同支撑了环境信息科学的学科体系，如图 4-9 所示。

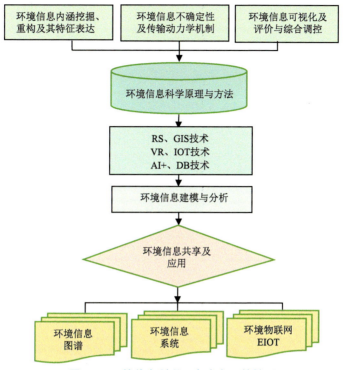

图 4-8　环境信息科学研究内容及其关系

Fig.4-8　Research content and relationship of environmental information science

图 4-9　环境信息科学理论基础与技术方法

Fig.4-9　Theoretical basis and technical method of environmental information science

4.4.3 多源环境信息时空耦合关系

环境信息来源广泛，数据结构复杂，形成了不同类型、不同用途的环境大数据。基于数据挖掘的理念与方法，对多源环境信息进行深层次挖掘，可以拓展环境信息的作用与功能，更好地为环境信息机理研究以及环境信息管理提供支撑。借鉴《生态信息科学研究导论》（王让会等，2011）提出的信息之间的关系模式，结合新时代低碳绿色发展的客观需求，以及环境信息产生、演变、融合、共享的机制，凝练环境信息之间的耦合关系，如图 4-10 所示。

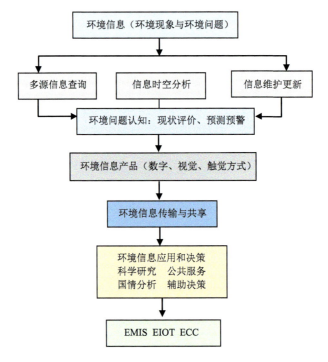

图 4-10　环境信息及其管理决策

Fig.4-10　Environmental information and its management decisions

环境信息的获取、传递、分析与表达具有特定的内涵及规律，彼此之间具有一定的逻辑关系。各类与环境现象、环境问题相关的信息具有丰富的内涵特征。环境信息侧重于水体、土壤、大气污染等方面的信息，生境信息侧重于生物生存环境方面的各类信息，地理信息侧重于地形、土壤、水文、气象等方面的信息，社会信息侧重于产业、能源、交通、城镇、乡村等方面的信息。在把握环境变化机理、减少环境风险、维护环境健康、实现环境安全的过程中，安全科学研究具有重要意义（冯长根等，2018）。同时，环境信息的整合过程也至关重要（图 4-11 和图 4-12）。

环境信息获取	环境信息传递	环境信息分析	环境信息表达
现场调查 实验检测 模型模拟 遥感监测	环境元数据 网络数据库	信息排序和重组 时空多序列分析 数据融合和处理 情景仿真及预测	信息系统 用户界面 信息图谱 共享平台

图 4-11　环境信息整合的内涵及其过程

Fig.4-11　Connotation and process of environment information integration

综合服务体系	基础支撑体系	标准规范体系	安全保障体系	重点业务体系
• 环境数据基础平台 • 环境协同管理平台 • 移动应用支撑平台 • 公共环保服务平台	• 环境基础设施 • 云计算平台设施 • 网络支撑平台 • 业务运行平台	• 环境信息标准 • 水体污染标准 • 土壤污染标准 • 大气污染标准	• 环境评价机制 • 信息安全水平 • 系统运营状态 • 环境保障能力	• 环境网络监测 • 环境风险策略 • 环境执法效率 • 环境应急能力

图 4-12　"互联网+"与环境信息技术体系

Fig.4-12　"Internet +" and environmental information technical system

　　本书作者及研究团队在环境信息科学研究领域取得了一系列新进展。《环境信息科学：理论、方法与技术》重点阐述了环境信息科学的原理与方法，介绍了环境信息监测与分析技术、表达与重现技术以及管理技术，并基于 GIS 技术，研发了环境监测及应急响应系统。成果所涉及的环境信息分类、环境遥感监测、环境物联网（environmental internet of things，EIOT）、环境信息可视化、环境数据挖掘、环境信息图谱、环境信息管理等理念、方法与技术，对于拓展环境信息机理、模拟以及智慧环保与"互联网+"应用研究，丰富环境信息科学体系具有重要的理论价值与现实意义。"环境信息科学""地理信息科学""生态信息科学"系列研究成果，已成为信息学科领域新的增长点（图 4-13）。

图 4-13　相关信息科学的理论与方法

Fig.4-13　Theories and methods of related information science

第2篇
融合发展

第 5 章

交叉学科研究

5.1　交叉学科研究背景

如前所述，学科（discipline）是按照学问的性质，依据学术的性质而划分的科学门类。学科是与知识相联系的一个学术概念，是自然科学、农业科学、医药科学、工程与技术科学、人文与社会科学五大科学知识系统（也有自然、社会、人文三大科学学科之说）知识子系统的集合概念。交叉学科（interdisciplinary）是指不同学科之间相互交叉、融合、渗透而出现的新兴学科。交叉学科可以是自然科学与人文社会科学之间的交叉形成的新兴学科，也可以是自然科学和人文社会科学内部不同分支学科之间的交叉形成的新兴学科，还可以是技术科学和人文社会科学内部不同分支学科交叉形成的新兴学科。陆大道院士（2018）比较系统地研究了学科发展与服务需求问题，这对于学科体系建设具有重要意义。韩启德和胡珉琦（2020）分析了决定学科交叉成败的要素及其机制等问题。2020 年 8 月，"交叉学科"成为继哲学、经济学、法学、教育学、文学、历史学、理学、工学、农学、医学、军事学、管理学和艺术学之后的第 14 个学科门类。如化学与物理学的交叉形成了物理化学和化学物理学，化学与生物学的交叉形成了生物化学和化学生物学，物理学与生物学交叉形成了生物物理学等。这些交叉学科的不断发展极大地推动了科学进步，因此，学科交叉研究（interdisciplinary research）体现了科学向综合性发展的趋势。中国的学科发展已取得了巨大进步，随着科技的不断发展，学科也必将进一步得以创新发展（路甬祥，1994）。

科学是由实践的主体及其形成的共同体、实践的客体对象、主体所持的信念背景、所使用的方法、所形成的理论成果、具体的运行机制等要素组成的复杂系统。科学分类是认识科学之间相互关系的一种方式。随着人们认识的逐渐深入，人们在考察各门科学之间的区别和联系、确定每门科学在科学整体范畴中的地位、揭示整个科学内部结构的过程中，建立了相应的分类体系（又称科学体系），并在不同时代形成了各种不同的科学分类理论。恩格斯继承了圣西门和黑格尔的科学分类及思想，把科学分类的客观原则和发展原则统一起来，提出了按照物质运动形式的区别及其固有秩序分类和排列的原则，并按机械运动、物理运动、化学运动、生物运动和人类社会五种形态的发展秩序分类。这是哲学意义上的科学分类，比较系统地把各门科学排列成一个科学体系结构。科学分类极其复杂，一些学者按照三维分类，把科学分为自然科学、人文科学和思维科学；也有学者把科学分为自然科学、社会科学、人文科学；还有学者把科学按照二维分类为大科学与小科学（陈竺，2008）、软科学与硬科学或者纯科学与应用科学。还有四维及五维的科学分类方法。无论哪种分类，似乎都难以涵盖复杂多样的客观世界。人类在探索未知世界的过程中，通过总结前人经验与方式，积累了对相关事物的感悟、知识及定量与定性的认知，并不断拓展知识体系。人类之所以对客观世界的认识逐步深化，就是智慧发展与科学认知能力不断提升的结果。

在探索自然的过程中，不同的学科发挥着不同的指导作用，不同学科的交叉融合形成了诸多新的学科门类，支撑着人们探索自然的进程。自然科学、社会科学、人文科学每一次变革，都是人类知识体系的重大创新，不同基础学科及应用学科的交叉融合，促生的新观点、新方法甚至新学科，除了对各自研究领域可能带来意想不到的启示与促进之外，还必然拓宽人们的知识视野，成为当代人们认知世界的重要理论依据与可能途径。学科之间交叉融合对科技进步与人类认识自然能力提升的作用毋庸置疑。

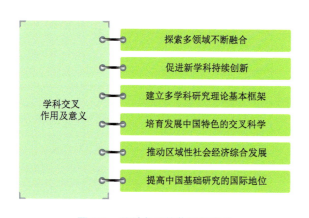

无论是地理学、生态学、环境学、信息学，还是资源学、经济学、社会学、法学，都不同程度地在相关问题的研究中得到了体现，相关研究内包含了交叉领域研究的进展。如黄建平等（2022）探索了 21 世纪交叉学科的新方向，强调了气候变化与重大疫情监测预警及人类安康福祉的关系。学科交叉是知识创新的重要源泉（图 5-1），本章主要反映地理学、生态学、资源科学、环境科学等学科领域学习、探索、研究的一些进展。

图 5-1　学科交叉的作用及意义

Fig.5-1　The role and significance of interdisciplinary studies

5.2 生态水文与区域地理

5.2.1 流域研究热点

流域是以分水岭为界的一个河流、湖泊或海洋等的所有水系所覆盖的区域，以及由水系构成的集水区。地面上以分水岭为界的区域称为流域，分地面集水区和地下集水区两类。平常所称的流域，一般都指地面集水区。每条河流都有自己的流域，一个大流域可以按照水系等级再分成数个小流域，小流域又可以分成更小的流域等。另外，也可以截取河道的一段，单独划分为一个流域。流域属性表征的要素及指标较多，包括流域面积、河网密度、流域形状、流域高度、流域方向或干流方向等，这些指标是认识流域的最为重要的几个指标。

从学科的角度而言，流域生态学以流域为研究单元，应用等级嵌块动态（hierarchial patch dynamics）理论，研究流域内高地、沿岸带、水体间的信息、能量、物质变化规律。有学者将生态系统中的几个互相联系的基本部分（即数据采集与处理，信息分析、解释，建模与预测，专家系统与优化管理系统）所组成的有机整体称为生态信息系统。而流域生态学作为淡水生态学、系统生态学和景观生态学间的交叉学科，亦应包括基本的信息生态学内容。

流域研究涉及诸多热点方向。如流域水资源形成、转化与消耗规律；流域气候演变与水热耦合关系；流域景观的结构、功能与动态，尺度、过程与格局；流域人为活动与土地利用变化；流域生态环境整治及重大生态工程效应；流域生物多样性与环境变化；流域资源开发与环境保护；流域生态系统服务功能与生态产品开发；流域产业经济与能源消耗；流域环境地理格局与人文社会效应等，它们均在一定程度上可归结为流域生态学、流域地理学、流域资源学、流域经济学等学科的理论研究与应用研究，并归纳为流域资源、环境、社会、经济的高质量发展，顺应当前绿色低碳可持续发展的客观需求。

对于流域水资源形成、转化与消耗规律，水资源高效利用、水质时空演变、植被退化等问题的研究，是生态修复的重要基础，也是内陆河流域研究的重点。与此同时，流域水盐耦合关系、水热时空特征、生态用水规律、BGC 过程、荒漠河岸林碳收支、土地利用时空变化、沙漠化演变规律、植被演变规律、景观格局演变、生态脆弱性评价、生态风险评价、生态补偿机制模式、流域荒漠化损害赔偿机制、流域信息化管理等研究方向，不但具有重要的理论价值，也具有极大的现实意义，对于现阶段人们认识流域、开发流域、保护流域、维护流域长治久安意义重大。

水是干旱地区生态系统中最重要的生态要素之一（刘昌明和何希吾,1998；李佩成，2012），水资源的消长变化直接制约着水域生态系统及其他相关生态系统的发育过程及演变趋势。水分在不同媒介之间的传输过程及其机理，是评价水分效应的重要基础（雷志栋等，1988）。基于环境指标的 PSR 模型，选取反映区域水安全的指标，采用 AHP 确定权重系数，建立了类型识别的物元评判模型。评价与水资源实际情况相符，表明物元评判模型在区域水安全评价中的应用是可行的。这为中国"一带一路"倡议实施和全面迈向中国式现代化新征程提供水资源保障。水域生态系统作为干旱区独具特色的生态系统类型，也是干旱区生物多样性比较富集的生态景观和人类最重要的生存环境。水域生态系统在蓄洪防旱、调节气候、控制土壤侵蚀、维持生物繁衍、降解环境污染等方面起着极其重要的作用。面积的减少、水质的劣变、生物多样性的丧失，已成为水域生态系统退化的主要特点。水域生态系统是干旱区人类赖以生存与发展的重要场所，研究生态水文特征及变化规律是维持水域生态系统稳定的重要基础（程国栋等，2010）（框 B5-1）。

框 B5-1

☐ 生态水文基于生态及水文领域的基础知识，以认识生态系统与水文特性之间相互影响的关系，把维持生态系统稳定与提升生态系统功能作为水资源可持续利用的管理目标。

☐ 生态水文学是将水文学理念应用于生态建设和生态系统管理的一门科学。主要探索生态系统内水文循环、转化和平衡的规律，分析生态建设及生态系统管理中的水问题。

☐ 生态水文学是基于生态学与水文学的一门交叉学科。通过生态学及水文学知识的融合发展，进一步揭示水与生态系统的相互作用过程与规律。

☐ 生态水文学也是揭示生态系统中生态格局和生态过程水文学机制的科学。重点研究生态系统中植物对水文过程的影响以及水文过程对植物生长和分布作用；以植物与水分关系为学科研究基础，以土壤水分及植被蒸散为核心研究内容，以生态过程和水文过程耦合机制的尺度效应为学科关键点，以水资源可持续利用、维持生态系统健康和实现可持续发展目标为学科研究目标。

☐ 生态水文过程是认识诸多生态过程及功能的桥梁。土壤-植物-大气连续体（soil-plant-atmosphere continum，SPAC）是以水分要素为核心的生态过程的重要模式，生态系统结构变化对水文系统中水质、水量、水文要素的平衡与转化过程的影响，生态系统中水质与水量的变化规律及其预测预报方法，水文水资源空间分异与生态系统耦合关系，均是生态水文过程与 BGC 的重要研究内容。

☐ 生态水文是生态用水的重要理论基础。生态需水、生态用水、生态耗水是维护生态健康的重要水资源基础。协调好生活用水、生产用水和生态用水的关系是生态规划理念与生态工程实践的重要研究体现。

受人类活动干扰，水域的时空特征已经发生了一些重大变化。流域的水域生态系统，如河流、湖泊、低位沼泽、河缘湿地等，对于维系整个区域生态环境的稳定性具有不可替代的作用。长期以来，由于干旱的气候条件和多发的自然灾害，加之人们对自然资源，特别是水资源利用不够合理，水资源供需矛盾日益明显。有限的水资源与恶化的水环境、贫瘠的土地和稀疏植被的不稳定性造成了干旱区生态系统的不稳定性，也直接影响着水域生态系统的演变格局。干旱区内陆河流域因其干旱、风沙及盐碱的自然环境，加之盲目开垦荒地、不合理利用水资源等人为因素的影响，改变了原有的生态稳定性，形成了脆弱的生态环境和特殊的景观格局。其景观呈现出以荒漠为基质、河流廊道为核心，对称分布的水域湿地-林（草）地-荒漠的宏观格局，是山水林田湖草沙一体化的重要范例。同时，组成荒漠河岸林的植被及其生境，在群落、生态系统与景观不同尺度上表现出了一系列复杂特征，也是中国荒漠森林的典型代表。以荒漠河岸林为研究对象，可发现不同学科交叉具有重要的研究价值（蒋有绪等，2018）。由于水是干旱区内陆河流域的关键因素，为了合理利用水资源，积极发挥人的作用，从景观生态学理论与方法的角度，提出以河流廊道建设、植被景观建设、绿洲景观建设为核心的生态建设方案，以增加内陆河流域整个生态体系的承载力和稳定性。

5.2.2　塔里木河研究

位于新疆塔里木盆地的塔里木河是中国最长内陆河，在世界内陆河流中也具有重要地位。人们对塔里木河流域的关注源远流长，近一个世纪以来，斯文·赫定《游移的湖》以及《罗布泊探秘》的问世，把塔里木河推向了世界。

2000 年之前的约 30 年间，塔里木河下游河道断流，地下水水位剧烈下降，天然植被衰退，土地的沙质荒漠化问题十分严峻。通过对下游退化荒漠生态系统的脆弱性、不稳定性以及干扰体驱动力的分析，阐述了生态系统退化的机制；并在此基础上，提出了退化荒漠生态系统的恢复对策。流域生态系统的内在脆弱性特征决定了其抗干扰的可塑性能力差，退化后恢复能力小，强烈的人为干扰体是系统退化的重要驱动力。下游荒漠生态系统的退化是系统内在特性和外在干扰体综合作用的结果。在干旱区严酷的生态环境下，荒漠生态系统的人为干扰结果值得重视。2000年5月以来的塔里木河下游生态输水，使系统的退化形势得到了一定程度的遏制，但作为具有一定结构与功能的生态系统的恢复是有限的。植被的恢复必须遵循干旱区植物的生态学性质，密切结合植物发生、发育与发展所需的环境条件，特别是干旱区植被分布格局与地下水的关系。目前，生态脆弱区的一系列生态工程行为对缓解塔里木河流域生态质量恶化、维持绿色走廊生机、改善生态环境水平、提高农牧民生活水平、发展当地经济已发挥了积极的作用和深远的影响，塔里木河流域生态环境综合治理工作仍然在持续开展。

无论是在历史时期，还是在现代，塔里木河流域的开发建设在不同阶段产生了不同问题，特别是水资源、土地资源与人类社会发展的矛盾，在20世纪末达到了严峻的程度。缓解与改善塔里木河流域生态环境，成为人们极大的理想与期望。塔里木河治理源于20世纪末，黄河、黑河以及塔里木河面临严峻形势，国家对生态环境问题开始高度重视。流域水资源短缺、植被退化、荒漠化频繁发生等问题，困扰着流域生态安全、资源环境与社会经济的可持续发展（王让会，2006）。塔里木河流域的生态环境问题，是人类不合理地开发和利用水土资源，导致相关生态因子作用失衡，生态系统结构紊乱、功能失调、稳定性降低的复杂过程。塔里木河流域的治水理论与实践对于流域发展具有重要现实意义（邓铭江，2009）。塔里木河流域实施大规模综合整治后，流域基础设施建设、产业发展格局、生态环境状况、人民生活水平得到了极大的改善，可以说在全球流域治理中具有典型性，也是全球生态保护的典范（图5-2，框A5-1）。

◎ 塔里木河的历史文化
自然地理背景与文化、屯垦历史与文化、生物多样性与文化
◎ 塔里木河流域的生态特征
生态要素的脆弱性，生态系统抗干扰的有限性，景观分布模式的独特性，生态需水保障的艰巨性，生态系统管理的复杂性
◎ 塔里木河流域的资源环境
丰富的资源：社会经济发展的基础，水量及水质演化；可持续发展的困境，生物多样性丧失：人类孤独症的源泉，土地荒漠化：绿洲兴衰的祸患，脆弱的生态环境质量：区域承载力的陷阱
◎ 塔里木河流域的社会经济
发挥生态农业特色优势，培育新兴产业发展业态
◎ 生态建设与环境保护的策略
工程措施：长治久安，应急输水：权宜之计，综合治理：万全之策

石玉林院士作序

图5-2　塔里木河研究

Fig.5-2　Study of Tarim River

框 A5-1

◆ 塔里木河是中国最长的内陆河。塔里木河在中亚乃至世界成千上万条的河流中,以其悠远而磅礴的气势和神奇而不息的魅力成为内陆河的典型代表。

◆ 塔里木河体现干旱区河流的特色。塔里木河流域具有丰富的自然资源与独具特色的自然环境,形成了众多类型的生态系统,表现出了特征迥异的景观外貌。

◆ 塔里木河是新疆南疆各族人民的母亲河。塔里木河流域生息繁衍着勤劳智慧的多民族人民,在漫长的社会发展过程中,各民族团结友好,共同创造与发展了中华民族的历史文化。

5.2.3 生态脆弱性评价

1. 生态脆弱性概念内涵特点

生态脆弱性是生态系统在特定时空尺度相对于外界干扰所具有的敏感反应和自我恢复能力,是生态系统的固有属性。关于生态脆弱性的研究,可追溯到 20 世纪初,美国生态学家 Clements 提出了生态过渡带(ecotone),20 世纪 80 年代以来,该领域成为生态学研究的一个热点。干旱内陆河流域气候条件,尤其是水热条件和地貌特征,是植被生态、土壤环境及水环境形成与分异的主要控制性因素,环境要素之间相互联系、相互制约,形成内陆河流域生态环境空间分布规律和生态系统功能在空间不同地带上的差异性,并表现出不同程度的脆弱性。敏感性是脆弱性必不可分的组成部分,脆弱性是敏感性和自我恢复能力叠加的结果(Boori, et al.,2021)。随着人类活动范围的扩大与多样化,人类与环境的关系问题越来越突出。通过分析生态脆弱性的内涵特征,辨识生态脆弱性驱动要素间的耦合关系,凝练生态脆弱性研究科学原理,构建生态脆弱性评价指标体系,制定生态脆弱性评价标准,解析生态脆弱性区域特征,全面地从理论、方法及途径等角度,建立了生态脆弱性综合评价体系,具有原创性。塔里木河流域是中国生态环境脆弱地区之一,流域内的不同区域,由于物质及能量匹配上不够协调,宏观上表现出不同的脆弱性特征。通过研究,对于流域生态脆弱性有一系列新认识。自然及人为驱动下,水热、水土及水盐平衡失调,导致了流域能量转换、物质循环及信息传输过程受阻,是生态环境脆弱性的主要驱动要素。在系统论、信息论、控制论及复杂性科学原理指导下,把生态学、地理学、环境学、经济学、数学等学科的原理有机结合,阐述生态脆弱性的本质特征及其演变规律,探索生态脆弱性驱动机制。

2. 生态脆弱性研究方法体系

脆弱生态环境评价方法、生态用水量估算方法、地理信息（土地利用、土地沙漠化、植被变化）图谱表达方法、生态风险评价方法、荒漠化演变趋势分析方法、荒漠河岸林碳储量估算方法、生态补偿方法、荒漠化环境损害赔偿方法，构成了流域研究的重要方法体系。特别是生态脆弱性评价指标体系法具有重要创新价值。依据生态环境质量评价的有关原则，结合塔里木河流域生态环境的实际情况，筛选出 20 个指标，建立生态脆弱性评价指数体系（表 5-1）。通过构建生态脆弱性指数，综合地反映塔里木河流域生态环境质量的优劣程度。

表 5-1　生态脆弱性评价指数体系

Tab.5-1　Ecological fragility assessment index system

水资源系统						土地资源系统					生物资源系统					环境系统				
感性指数	灌溉水资源保证率 I_1	灌溉水质恶化程度 I_2	地下水亏缺指数 I_3	主河长缩减率 I_4	湖泊水面缩减率 I_5	人工绿洲面积 II_1	盐渍化指数 II_2	盐渍化地区地下水矿化度 II_3	盐渍化地区土壤含盐量 II_4	耕地指数 II_5	人工植被指数 III_1	天然林（胡杨）减少率 III_2	天然草场生产能力减少程度 III_3	天然草场面积退缩比 III_4	珍稀濒危动物种类减少程度 III_5	沙化指数 IV_1	沙化强度 IV_2	沙化面积扩大率 IV_3	沙化区地下水位埋深 IV_4	大风和沙尘暴日数 IV_5

5.2.4　流域生态脆弱性定量评价

构建生态脆弱性评价原理与技术途径，首次从生态脆弱性角度评价了干旱区内陆河流域生态环境质量特征。基于构建的生态脆弱性指数（ecological fragility index，EFI）展开评价，结果表明阿克苏河流域 EFI 为 0.08，属于轻微脆弱区；叶尔羌河流域及塔里木河上游 EFI 分别为 0.23 和 0.25，属于一般脆弱区；和田河流域及塔里木河中游 EFI 分别为 0.32 和 0.49，属于中等脆弱区；而塔里木河下游 EFI 为 0.87，属于严重脆弱区。进一步研究表明，阿克苏河流域属于生态环境改善区，叶尔羌河流域及塔里木河上游属于生态环境基本平衡区，和田河流域及塔里木河中游属于生态环境失调区，而塔里木河下游属于生态环境严重受损区，如图 5-3 所示。评价结果符合实际情况，对指导流域生态环境建设具有重要意义。

图 5-3　中国塔里木河流域生态脆弱性评价结果

Fig.5-3　Evaluation results of ecological fragility of Tarim River Basin in China

总之，塔里木河流域上游段水资源供给量相对平稳，水资源对环境不构成明显威胁，生态系统稳定性较强，属于绿色生态区。塔里木河流域中游段及下游段水资源均不能满足生产及生态的需要，水质也逐渐变差。中游段虽较下游段状况稍好一些，但生态问题仍十分突出，不采取有效的调控策略，生态风险可能增大，生态将进一步退化，从生态环境演变的角度而言，属于黄色生态区。塔里木河流域下游段植被衰败明显，沙漠化扩大，生态风险严峻，属于红色生态区，这与该区的脆弱性程度为严重脆弱是一致的。

5.2.5　流域研究的特色

如前文所述，流域指由分水线所包围的河流集水区，流域强调一个水系的干流和支流流经的整个地区。塔里木河流域自然资源丰富，是中国重要的战略资源储备和开发基地，也是具有巨大经济潜力的地区。同时，塔里木河流域是中国生态环境脆弱、修复治理艰巨的地区，在"一带一路"倡议实施及大力推进"三区四带"生态功能区建设背景下，对全国生态建设的全局具有重大影响。面对新时代全球资源、环境问题的严峻性，全球可持续发展的共同观念正在成为促进区域绿色低碳高质量发展的强大推动力。

干旱区水资源合理利用及生态环境保护是一项世界性的重大问题，是干旱地区水资源科学与生态环境科学研究的前沿。以系统科学思想为指导，以过程研究（水、土、生物过程）为主线，统筹山水林田湖草沙系统治理，通过定性研究与定量分析结合，运用信息技术及建模手段，开展塔里木河水资源形成转化和消耗规律，塔里木河水资源开发利用与生态环境耦合关系，塔里木河水资源、生态环境和社会经济协调发展研究，为塔里木河整治及生态环境保护提供理论依据及科技支撑，为流域生态学、环境地理学、区域经济学以及相关学科发展提供理论与实践依据。

2022 年 12 月 13 日，联合国《生物多样性公约》第十五次缔约方大会（COP15）第 2 阶段大会在加拿大蒙特利尔举行高级别会议，这是继 2021 年 10 月中国作为主席国，在昆明召开第 1 阶段大会的后续。会议期间正式发布首批十大"世界生态恢复十年旗舰项目（World Restoration Flagship）"，以大规模扭转生态系统退化状况，遏制生物多样性的丧失，提升生态系统自我恢复能力，增强生态系统稳定性为目标的"中国山水工程（Shan-Shui Initiative in China）"项目获选。"中国山水工程"在国土空间规划体系引领下开展生态保护修复，构建多主体、多学科、跨部门的协同机制，注重一定区域内各类自然生态要素的整体保护、系统修复、综合治理，创新多元化投融资机制，动员社会力量共同参与，为本地居民创造替代生计，推动生态产品价值实现，既传承传统生态智慧，又借鉴国际先进理念等。新疆塔里木河重要源流区（阿克苏河流域）山水林田湖草沙一体化保护和修复工程位列其中。

1. 生态安全网络体系构建

生态网络是由特定地域背景及其之间的连线所组成的有机系统，这些有机系统将破碎的自然系统连贯起来。相对非连接状态的生态系统而言，生态网络能够支持更加多样化的生物。一般而言，生态网络由核心区域（core area）、缓冲带（buffer zones）和生态廊道（ecological corridors）组成。景观生态学、景观地理学相关原理，以及土地科学、资源科学相关原理指导人们对生态网络开展研究，促使在实践中把资源战略与土地利用方式联系起来，并将生态安全理念融合到土地利用政策和空间规划中去。国内外公认的生态安全网络构建的基本模式为"识别源地-建立廊道"。该模式主要应用"源-汇"景观理论，探究不同景观类型的数量特征和在空间上的布局对生态过程的影响，从而寻求适合的景观空间格局。国内外生态网络构建的方法和模型有：以耗费成本距离量化生态过程的最小积累阻力（minimum cumulative resistance，MCR）模型、基于图论的廊道识别、形态学空间格局分析（morphological spatial pattern analysis，MSPA）方法、InVEST 模型、电路理论等。目前主要利用 MCR 模型和 MSPA 方法，其中，MCR 模型可综合分析地形、植被、人为活动等因素，且数据容易获得、图像可视化。不同学者将此模型应用于不同区域，还通过特定参数对模型进行了修正；而 MSPA 方法从像元单元直接提取景观要素，

避免了直接选择面积较大且生态效益高的自然保护区或森林公园等，源地选择也弥补了
MCR 模型的不足。以干旱区阿克苏河流域为研究区，基于 MSPA、MCR 和电路理论等
手段，对比分析不同时期生态源地、生态阻力面和生态廊道的变化，并根据生态夹点和
生态障碍点提出流域生态修复模式及策略（图 5-4）。

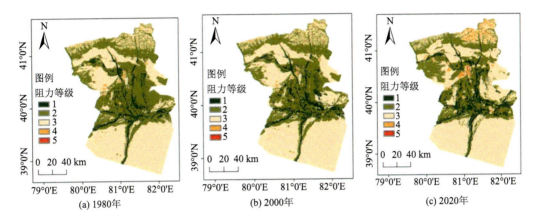

图 5-4　阿克苏河流域生态阻力空间分布
Fig.5-4　Spatial distribution of ecological resistance in Akesu River Basin

　　生态系统是一个具有自组织能力的复杂网络系统。生态网络是模拟表征生态系统中
不同子系统间物质循环、能量流动与信息传递规律的重要空间体系。为了更好地保护生
物多样性，促进景观以及景观要素之间的连接度，维护生态安全，生态网络将多种要素
整合到土地利用策略和空间整体规划，促使人们尽可能地构建与维护没有分离、破碎化
和退化现象的场景，最终实现人和自然的和谐。基于上述理念与方法，研究发现阿克苏
河流域 1980～2020 年间流域生态源地面积上升 6%，但空间上存在一定程度的破碎化问
题，源地主要集中在流域的中部和北部。流域生态阻力值空间分布差异明显，高阻力值
区主要分布在阿克苏市城镇建设聚集地和温宿县北部高海拔地区。1980～2020 年间新增
加 6 条生态廊道，流域中部形成了密集的生态网络，生态系统更加稳定，生态环境逐渐
向好。2020 年，阿克苏河流域存在 12 处生态夹点和 7 处生态障碍点。基于上述认识，
未来应当根据不同时空尺度背景下的不同景观类型，采取富有针对性的生态保护和修复
策略。

2. 生态水文要素耦合关系

　　流域生态水文特征及其规律性明显。基于生态水文学原理与方法，水资源与生态问
题是核心。天然植被蒸散耗水量小，水分有效利用程度高，生态需水可塑性及水质变幅
较大等是生态需水的主要特点。保护塔里木河下游绿色走廊的生态需水量，主要是指保

护大西海子以下流域自然植被的需水量，即地下水位恢复总水量和全河段生态维持总水量，前者主要包括水位恢复水量、侧向排泄量及河道蒸发水量。生态用水受制于 SPAC 中水分循环与转化的效率，并与植被特征、土壤理化性状、地形特点、水资源利用水平具有密切的相关性。干旱区生态用水的水质与水量具有较大的可塑性，生态用水的方式比较灵活，水分的供给状况影响生物的生产力。同时，生态用水量的估算有许多参数与模型需要率定（冯起等，2014）。生态用水观念的确立，对于完善生态水文学的学科体系，指导水资源的科学管理和生态实践，促进生态产业发展，具有重要的理论价值和现实意义。

在长期的自然演变与人为活动的共同作用下，塔里木河流域水分与盐分状况表现出一系列特征，而地表径流的时空变化是水盐耦合关系发生变化的主要原因。20 世纪 50 年代末，塔里木河河水由上游至进入尾闾台特玛湖以前，矿化度均小于 $10g·L^{-1}$。2000 年前后，上游阿拉尔断面河水矿化度除 7 月、8 月和 10 月小于 $10g·L^{-1}$ 外，其余各月矿化度超过了 $30 g·L^{-1}$。下游卡拉断面除了 3 月河水矿化度小于 $10g·L^{-1}$ 外，其余各月河水矿化度均超过了 $10 g·L^{-1}$，7 月和 12 月矿化度达到 $50 g·L^{-1}$ 左右。针对流域水盐状况监测及评价表明，干流阿拉尔断面、新渠满断面和英巴扎断面全年平均为 V 类重污染水，卡拉断面全年为 IV 类中污染水。干旱区的河流在没有受到人类活动干扰时，一般随着流程的增加，水量递减，加之河水蒸发，矿化度逐渐升高。但受人类活动的影响，改变了自然状况下的水量平衡、水热平衡与水盐平衡，使河水的矿化度发生了更为复杂的变化。监测结果说明了这种观点的合理性。流域水化学的构成是水盐耦合关系及其脆弱性的重要标志，水质特征决定耦合类型。农田排水对塔里木河水质具有明显影响，并造成了流域水盐耦合关系的改变，影响了河流、湖泊、低地沼泽、河缘湿地等功能的正常发挥。以水为核心的水盐关系的紊乱制约了水域生态系统结构的稳定性和功能的有效性。

中国艾比湖流域是西部干旱区的重要内陆流域，艾比湖流域的精河沙区土壤酶分布特征及其对土壤理化性状的响应，在一定程度上反映了土壤微生物及其环境相互作用的特征。监测分析结果表明，蔗糖酶活性、脲酶活性及过氧化氢酶活性，各自具有一定的时空分布特征。酶活性随时空动态变化，是人类活动、土壤环境、水文条件等因素综合作用的结果。酶活性的垂直分布受土壤通透性、酶属性等因素影响，大多情况下出现酶活性随土层深度增加而减弱的趋势，少部分样地在人类活动影响下出现随土层深度增加而增强的趋势。依据通径分析原理，与过氧化氢酶活性相关性由大到小依次为 pH、容重、温度、土壤有机质（soil organic matter，SOM）；与蔗糖酶活性相关性由大到小的顺序为温度、容重、pH、SOM；与脲酶活性相关性由大到小的顺序为 pH、SOM、容重、温度。SOM、温度及容重主要通过 pH 间接地对过氧化氢酶活性及脲酶活性产生轻微影响，

SOM、温度、pH 则通过容重来间接影响蔗糖酶活性。

3. 工程行为及其生态效应

生态工程是权衡自然及人为要素影响的产物，是人们力图发挥生态正效应的举措。2000 年以来，塔里木河下游实施了多次应急输水。受输水效应的影响，河道两侧新萌发的胡杨与柽柳等植物的幼苗，以及原来处于衰弱状态的天然植被逐渐地恢复了活力。这种响应过程体现了要素合理配置对系统生物多样性影响的规律性，同时也反映了干旱缺水对生态系统的胁迫效应。塔里木河下游首次输水之后，过水河道两侧的地下水得到一定程度的补充，地下水埋深（groundwater depth，GWD）普遍回升，这种效应对于植被恢复具有不可替代的正效应。同时，这也是水分等生态要素在人类活动干预下反馈机制的直接体现。在河道干涸 30 年之后，塔里木河流域地形地貌、土壤水分、土壤盐分、SOM、GWD 以及植被组成与生长状况，均发生了不利于生态系统实现正常反馈过程的明显变化。土壤自净能力减弱，地下水盐分富集，以水为驱动力的流水地貌逐渐被以风为驱动力的风沙地貌所取代，以胡杨为建群种的荒漠河岸林的群落组成趋于简单并向更为单一化的方向演化。这是水盐耦合关系改变导致的必然后果。人为输水行为之后的监测与研究表明，不同断面或节点的 GWD 普遍升高，这是受损生态系统在人为对水分要素调控下的负反馈过程，有利于降低原有系统的高熵值，增强系统的稳定性。

通过对比 2002 年 10 月和 2003 年 10 月下游断流河道英苏、阿拉干、罗布庄 3 个植被样带的两次实地监测，分析河岸林对生态输水的响应规律。生态输水虽对于修复退化植被及其生境具有极其重要的作用，但却忽视了季节性的洪水泛滥支配胡杨林在河漫滩裸地的侵移过程。需要指出的是，缺乏漫溢的输水方式偏离了河岸林生存和发展的内在规律，抑制了河岸林的自然更新。河岸乔灌木植物响应范围十分狭窄，多数地段河岸林群落结构难以得到优化。受多种因素的影响，输水未能结合河岸林植物生理生态学特性进行规划。生态输水后，近河道地段河岸林植被变化，仅体现了中生性植物类型对地下水水位变化的响应。实现种群的天然更新，还需要进行生态水文理论创新与生态修复的客观实践。

4. 生态景观格局时空特征

应用景观生态学、自然地理学等学科原理与方法，构建流域景观类型分类体系。在遥感、GIS、地统计学和景观格局分析软件的支持下，对流域景观格局的变化特征进行分析。时间尺度上，包括从 20 世纪 80 年代到生态输水前的 1999 年，再到多次生态输水后的 2005 年间的景观格局变化特征；空间尺度上，不但在宏观空间尺度上分析了流域的景观格局变化，而且根据流域不同的生态系统特征，从上游、中游及下游各段的较小尺度对景观变化特征进行分析，丰富了流域景观生态学中多尺度下的景观格局变化的理论与实践。与此同时，开展了流域生态水文过程的基本特征分析，主要包括干流的径流动态变化、干流地下水特征、干流水化学变化及水质特征，以及干流水文过程的生态效应，特别是分析水文格局变化对水盐耦合关系的影响及水文过程对植被的影响，生态水文过程中的景观地球化学特征和景观地球化学演变的影响因素。上述研究在一定程度上，是景观生态学和生态水文学研究的深化。

5. 土地荒漠化的变化规律

荒漠化是干旱及半干旱背景下人为强烈活动与脆弱生态环境相互作用的产物，是人地关系不和谐的结果。通过 1959 年、1983 年、1992 年及 1996 年 4 个时相遥感信息制图定量研究表明，20 世纪 50 年代至 90 年代，培里木河流域阿拉平地区荒漠化面积年均增长率达 0.24%，其面积扩大的同时，程度也在加剧，自然景观也发生了一系列变化。应用 GM（1,1）模型、非线性回归模型及多元线性回归模型趋势分析表明，以土地沙漠化为主的环境问题十分突出。塔里木河流域水、土、光、热、生物及油气资源丰富，是中国重要的水土开发区、棉花基地和能源基地。科学整治上、中游河道，合理利用流域水资源，保障下游生态及生产与生活用水是遏制流域荒漠化扩展、维护流域生态协调发展的基本思路。把 RS 和 GIS 相结合，通过 GIS 数据库提供的资源环境定量数据，应用地理分异规律及要素耦合的观点分析阿拉干地区沙漠化的演化过程，预测阿拉干地区土地沙漠化的发展趋势，分析环境因子与土地沙漠化的关系，建立演变过程模型，预测预警荒漠化演变过程及特征，强调生态治理是遏制荒漠化过程的重要基础。同时，基于气候变化背景下，自然及人类活动对荒漠化过程的影响，揭示整个流域生态环境演变的趋势及其规律。

6. 生态环境综合演变特征

生态环境演变模型研究的总体思路与建模技术，对于干旱区生态环境问题研究具有重要理论价值。特别是 GM 模型、马尔可夫模型、拉格朗日方程以及多变量回归模型与生态环境要素的结合，对于把握水资源变化规律、沙漠化演变规律、土地利用变化规律，模拟流域生态环境演变过程发挥了重要作用。以遥感影像资料为基础信息源，以 GIS 及 Fragstats 景观格局分析软件为数据处理工具，在分析塔里木河上游 2000 年和 2005 年景观格局变化的总体特征的基础上，选择景观斑块密度指数、景观斑块数量破碎化指数、景观斑块形状破碎化指数、景观分离度指数等指标，对塔里木河上游不同年度景观破碎化程度进行分析。就整个景观而言,景观斑块数量减少而平均斑块面积扩大,景观分布趋于连片,景观破碎化程度趋于稳定和减小。同时由于绿洲内部城镇化、农田水利设施的发展及绿洲外围的不断扩张,局部地区景观破碎化现象也存在。

流域生态环境具有固有的演变特征及其变化规律。流域的气候条件,尤其是水热条件和地貌特征,是植被生态、土壤环境及水环境形成与分异的主要控制性因素。环境要素之间相互制约,形成流域生态环境时空分布的差异性,表现出不同程度的脆弱性特征。基于多维视觉,利用多源数据,采取多种方法,研究多种要素,探索多种问题,构建基于物联网的生态保护辅助决策系统,形成流域水与生态问题研究的概念框架(图 5-5)。

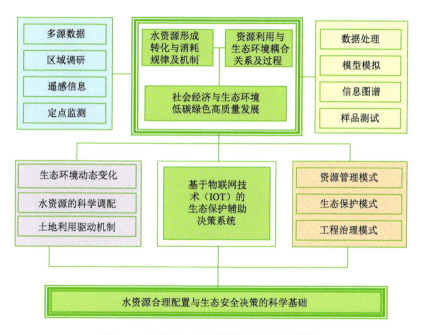

图 5-5 流域水与生态问题研究的概念框架

Fig.5-5 Conceptual framework of research on water and ecology in a basin

通过多学科交叉与融合的原理与方法,能够提升人们对流域复杂系统的认识。遵循水资源演变规律与地貌和植被特征,把流域生态系统类型划分为山地、水域湿地、人工绿洲、自然绿洲和荒漠 5 种生态系统类型,是 MODS 理念在流域的具体体现。在荒漠背景下,山地为基础,水域为主导,人工绿洲是核心,自然绿洲是屏障。图 5-6 概括了流域生态系统的整治策略。图 5-7 为基于地貌景观格局的干旱区 MODS 模式。

图 5-6　流域生态系统整治策略

Fig.5-6　Remediation strategies for watershed ecosystems

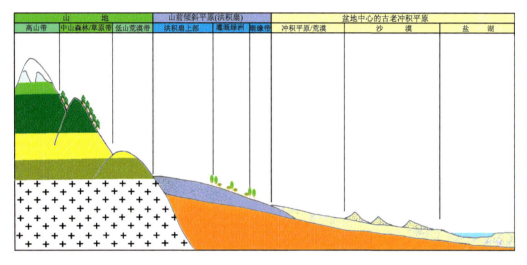

图 5-7　基于地貌景观格局的干旱区 MODS 模式（引自国家 973 计划 G19990435 报告）

Fig.5-7　MODS model in arid area based on geomorphic landscape pattern

　　建立 GWD 与土壤水含量相关模型，提出 GWD 与植物生长的关系模式。应用水质评价模型分析流域水盐耦合关系。

　　对中国内陆河等流域为代表的水资源、生态环境及管理等领域的问题研究，在中亚及全球类似地区具有代表性，其成果亦具创新性和前瞻性。通过对国内外文献联机检索，结果表明相关研究进展系统全面地阐述了塔里木河流域水资源的形成、转化和消耗规律，水资源开发利用与生态环境的定量关系，水资源、生态环境与社会协调发展的策略和措施，并采用 RS、GIS 技术实现流域动态监测、辅助决策，为现代管理提供了科学依据和技术条件。

5.3　低碳发展与生态安全

5.3.1　低碳及其碳减排研究背景

世界上有 1880 多万种化合物，其中大多和碳具有密切联系。碳是生命基石氨基酸的骨架，没有碳就没有地球上的万物。在漫长的地球演化过程中，由于 CO_2 存在，形成了适宜的温室效应，使地球成为生物的家园。在人类诞生前后的漫长岁月，CO_2 与 O_2 在植物界的介入保持着相互转化与平衡。工业革命后，这一平衡被人类过度的活动所干扰，植被的锐减更让 CO_2 和 O_2 的转化失去了介质，导致了气候变暖。目前，发达国家正试图把"碳排放"与"碳标准"演化为一种垄断资本和新兴资源，打压发展中国家，挤占市场空间。现在已有个别国家或地区实施"碳关税"新政，筑起新的贸易壁垒。围绕碳排放，未来可能形成国际上新的利益集团和新的国际争端。

人类社会的快速发展造成了资源环境的消耗愈加明显。全球变化背景下，人类面临着一系列重大问题，成为可持续发展的严峻挑战（安芷生等，2017）。针对日益严峻的环境与发展问题，倡导人类命运共同体理念，坚持山水林田湖草沙一体化保护和系统治理，成为应对气候变化、提升环境质量、实现绿色低碳发展的重要途径。人类越来越受到自身发展需求带来的严峻环境挑战，为此必须遵循可持续发展共识，维护人类赖以生存的地球环境。中国国家公园建设为生态环境保护注入了新的活力，为践行"绿水青山就是金山银山"理念，促进生态文明建设提供了新机遇。随着应对气候变化《巴黎协定》的实施，人们感悟到应对气候变化的艰巨性。"一带一路"倡议的广泛认同，也为人类命运共同体理念的共识提出了中国方案。

随着世界工业经济的发展、人口的剧增、人类欲望的无限上升和生产生活方式的无节制，世界气候面临越来越严重的问题。CO_2 排放量越来越大，地球臭氧层也遭受着前所未有的危机，全球灾难性气候变化屡屡出现，人类的生存环境和健康安全已受到严重危害，即使人类曾经引以为豪的高速增长或膨胀的 GDP 也因为环境污染、气候变化而大打折扣。低碳指较低（更低）的 GHG 排放（CO_2 为主），提倡通过零碳和低碳技术研发及其在发展中的推广应用，节约和集约利用能源，有效地减少碳排放。低碳生态规划就是要基于低碳理念，通过生态辨识和系统规划，运用生态学原理、方法和系统科学手段去辨识、模拟、设计人工复合生态系统内部各种生态关系，探讨改善系统生态功能，确定资源开发利用与保护的生态适宜度，促进人与环境持续协调发展的可行的调控政策。低碳生态规划的本质是一种系统认识和重新安排人与环境关系的复合生态系统规划。在现阶段，低碳生态规划主要包括生态现状分析、建立低碳生态指标体系、制定低碳目标的专项规划，以及为实施、控制、评估、预测生态提供手段等。基于我国现有相关的法律法规，应用生态学、地理学、环境学、气象学等学科原理，结合复杂过程与模型模拟，遵循低碳生态区域发展思路，提出具体规划指标体系，是发挥规划的公共政策效用，有效引导低碳生态发展思路的政策手段（框 B5-2）。

框 B5-2

☐ 低碳发展具有特定的内涵特点。主要体现在低污染、低排放、低能耗、高效能、高效率、高效益为特征的新型发展模式，也体现在资源节约、环境友好、居住适宜、运行安全、经济健康发展和民生持续改善等方面。

☐ 碳达峰与碳中和是实现减排的基础。碳中和（carbon neutrality）指企业、团体或个人测算在一定时间内，直接或间接产生的 GHG 排放总量，通过植树造林、节能减排等形式，抵消自身产生的 CO_2 排放，实现 CO_2 的零排放，即 CO_2 排放量收支相抵。碳达峰（peak carbon dioxide emissions）则指碳排放进入平台期后，进入平稳下降阶段。制定碳标准，实施碳交易，促进碳减排，维护碳公平，是全方位的博弈，我们任重而道远。

☐ 实现绿色低碳势在必行。推进绿色低碳发展，是中国应对气候变化，节能减排，高质量发展的重要目标。以经济社会发展全面绿色转型为引领，以能源绿色低碳发展为关键，加快形成节约资源和保护环境的产业结构、生产方式、生活方式与空间格局，探索生态优先、绿色低碳的可持续发展之路。

为实现高质量发展目标，中国将建立健全绿色低碳循环发展的经济体系，并纳入生态文明建设总体布局（石元春，2022）。目前，我国重点规划实施多项行动，主要包括能源绿色低碳转型行动、节能降碳增效行动、交通运输绿色低碳行动、循环经济助力降碳行动、绿色低碳科技创新行动、碳汇能力巩固提升行动、绿色低碳全民行动以及相关政策保障，确保低碳绿色目标的逐步实现。

科技的发展，特别是 AI 的发展，超出人们的想象。在人类与自然博弈的过程中，善待自然与自然和谐相处，永远是人类资源开发与社会发展的基础，也是低碳与碳减排的根本出发点。在大数据、云计算、物联网、AI、AR 快速发展的新时代，资源环境、社会经济都打下了技术发展的烙印。科技进步是时代的重要特征，科学技术的快速发展极大地改变了人们认识世界的理念，也提升了人们认识世界的能力。资源及能源如何做到可持续发展，森林如何持续保持固碳释氧功能，生态环境如何实现绿色低碳，社会经济如何稳步提升,自然及人为要素如何配置才能实现山水林田湖草沙一体化的和谐统一,现代信息技术、AI、"互联网+"等技术如何助推科技创新,人类如何适应自然与技术进步的挑战……一切都蕴含着新时代的特点,也都打下了新时代的烙印。要解决上述问题,需要人类的聪明智慧共同应对一切不确定性所带来的挑战。在这种背景下,人们所关注的全球气候变化问题,探讨的水资源合理利用、植被与水碳耦合关系与生态安全问题,都是生态环境领域及应对气候变化领域的热点,也是全球变化科学、生态学、地理学、环境学以及水文学、土壤学、植物学等诸多学科领域研究的热点。关注它们对于人们理性评价自身行为、合理约束自身行为、不断规范自身行为具有重要理论价值与重大现实意义。

针对目前碳减排领域存在的问题,国外数十位学者澄清若干认识误区,特别强调不能以"负排放"技术代替减排。气候变化对全世界人民、国家、儿童和弱势群体构成了生存威胁,迅速和持续的减排对于应对气候危机和履行《巴黎协定》中的承诺至关重要。英国皇家学会提出了加快实现温室气体净零排放、提高应对气候变化能力的 12 个科学技术问题,组织协调了 20 多个国家的 120 多位不同学科专家参与,针对 12 个技术领域,概述了到 2050 年实现净零排放技术研发的优先事项,为政府决策提供参考。2021 年 4 月,国家自然科学基金委员会(NSFC)发布了有关碳减排研究领域的重大基础科学问题指南,引导我国科学开展低碳理论与技术研究,逐步推进降碳增效绿色发展进程。目前,低碳生态规划尚缺少全方位的战略规划。城市化发展目前处于高耗能阶段,产业结构向以工业为主转变,人均耗能快速增加;城市能源消耗结构不合理,低碳可再生资源开发不充分;建筑市场存在建筑能耗总量大、能效低、污染重等问题;居民低碳意识不强。未来通过不同规模、不同类型的低碳试点示范,在影响发展的关键领域实施相关的战略、政策及技术,探索通向低碳的可持续发展模式,并在区域层面开展模式推广,逐步促进中国低碳发展之路的整体实现。碳排放与社会发展关系密切(方精云等,2018),实现碳减排目标有着极其复杂的途径,既是科学问题、经济问题,也是社会问题与政治问题,防止运动式减碳是国家对该问题的重要要求(图 5-8)。

5.3.2　水碳耦合关系与植被减排

水是生态环境保护与社会经济发展不可替代的重要自然资源和环境要素。在全球范围内,水资源不合理利用及水污染等问题严重地影响了社会经济的发展,威胁着人类的福祉(孙铁珩,2004)。在这种背景下,水土耦合关系、水热耦合关系、水碳耦合关系以及与之密切关联的生态安全等问题备受学者们关注。

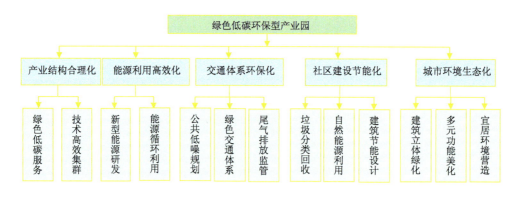

图 5-8　低碳产业园建设模式

Fig.5-8　Low-carbon industrial park construction model

提及植物固碳减排问题，需要了解碳汇造林及其相关问题。碳汇造林是指在特定的土地上，以增加碳汇为主要目的，对造林及其林分生长过程实施碳汇计量和监测而开展的有特殊要求的造林活动。与普通的造林相比，碳汇造林突出森林的碳汇功能，具有碳汇计量与监测等特殊技术要求，强调森林的多重效益。生物固碳技术主要包括三个方面：其一，保护现有碳库，即通过生态系统管理技术，加强农业和林业的管理，从而保持生态系统的长期固碳能力；其二，扩大碳库、增加固碳，主要是改变土地利用方式，并通过选种、育种和种植技术，增加植物的生产力，增加固碳能力；其三，可持续地生产生物产品，如用生物质能替代化石能源等。植物减排与生态安全也具有一定的联系。生态安全的本质集中在生态风险与生态脆弱性等方面，生态安全研究是低碳绿色发展的热点方向，对于优化景观生态空间结构与维护生态可持续性具有重要理论价值与现实意义。全球气候变化背景下，碳减排受到各国政府的关注。在认识水碳耦合关系、植被减排与生态安全过程中，应用地理学、生态学以及遥感、GIS 等多学科交叉与融合的原理与方法，研究气候变化与景观格局的特征与规律、气候变化与生态过程的耦合关系、景观格局与功能特征；分析景观格局、气候要素与生态系统中土壤、水文过程及植被过程的关系，气候变化对碳储量、NPP 以及生态系统服务功能的影响；揭示气候变化对生态过程的影响规律。

目前，人们已认识到气候要素影响生态安全的表现特征及其变化，也注意到了减排与经济的关系等问题（Kikstra, et al.，2021）。景观格局是制约区域生态安全的基础，气候变化与景观格局对生态安全机制的影响具有复杂性，并影响到生态系统中植物的减排效应。气候变化及景观格局与生态系统的结构、功能及动态变化密切相关。基于多元数据，运用 RS 及 GIS 技术，结合 InVEST 模型及 GeoSOS-FLUS 模型，探索碳储存估算技术（carbon storage estimation technology, CSET）与方法，实现对祁连山生态系统（Qilian Mountain ecosystem,QLME）碳储存的估算。定量估算及分析表明不同生态景观类型背景下，碳储存特征具有明显的时空差异性。QLME 碳储存最高为草地及林地景观，其次为裸地，而耕地、湿地、建设用地以及农村居民点景观的碳储存较小。具体而言，1985～2018 年，QLME 碳储存变化总体呈增长趋势，增加了 4.8×10^8t，年增长率为 38.43%。草地景观碳储存占研究区总碳储的 50%以上，其碳储存呈先增后减趋势；林地景观碳储存占总碳储存的 11.31%～36.16%，变化幅度较大。气候变化背景下，生态系统生物与环境相互作用出现一系列不确定性及其复杂性。基于未来 RCP4.5 及 RCP8.5 气候变化情景，QLME 碳储存趋于增加，2050 年平均碳储存量为 3813.38 $t \cdot km^{-2}$，较 2018 年增长了 8.69%。该研究对于进一步认识碳循环规律及其生态系统碳减排特征具有重要意义。

天山北坡经济带是"一带一路"倡议涉及的重要区域，减缓及控制工业碳排放对于"双碳"目标的实现具有重要现实意义。在分析天山北麓 9 个州（市、地区）2002～2011 年工业能源消费量、人口等数据基础上，利用 LMDI 法对该地区工业碳排放影响因素进行实证研究。结果表明经济发展水平、工业化水平、人口规模是天山北坡经济带工业碳排放增加的重要影响要素。工业能源强度和工业能源消费结构的变化是天山北坡经济带工业碳排放增加的抑制因素。总体而言，该地区抑制因素的抑制作用远小于增加效应的影响要素，工业碳排放量也呈现增加趋势。

植被是吸收 CO_2、维护生态系统健康的重要基础，人工植被在 CO_2 减排方面具有重要的作用。通过实地调查分析干旱区减排林区 28 个采样点植被数据和 50 个土样的盐分与养分，研究地下水、水盐、土壤养分和生物因素对减排林生长状况的影响，结果表明 GWD 与减排林生长有很强的相关性，GWD 较浅的林区比 GWD 较深的林区林分生长状况较好。林区土壤 TN、TP、TK、SOM 含量和分布与林分的生长状况呈正相关关系，以柽柳为主的林分结构生长状况比俄罗斯杨林好。以不同土地类型的土壤垂直剖面为研究对象，对其土壤盐分、可溶性离子进行测定，运用统计特征值、趋势面等方法进行分析，凝练区域土壤盐分的分布特征。碳汇林土壤中盐类主要为硫酸盐-氯化物型及氯化物型，其中阳离子主要是 Na^+、K^+ 和 Ca^{2+}，阴离子主要有 CO_3^{2-}、Cl^- 和 SO_4^{2-}；CO_3^{2-} 变异系数高达 292.91，Cl^- 的变异系数为 265.56。土壤可溶性总盐在 0～100 cm 土层中变化趋势不显著，土层中的含量较稳定。该研究为加快对土壤盐渍化的动态监测，寻找有效的盐渍化控制途径奠定基础。同时，基于减排林区的土壤和地下水取样分析结果，应用 ESS 的原理与方法，分析干旱区减排林区的土地开发效应。已开发土地 SOM、AN 和 AK 的质量分数均高于未开发用地，土地开发明显地改善了土壤的养分状况；土壤浅层总盐量降低 67.5%，土壤盐渍化现象得到有效控制；林地 ESS 高达 1.5417×10^9 元 $\cdot a^{-1}$。同时，土地开发也产生了一些负效应。地下水 pH、电导率、矿化度和全盐量均高于未开发用地，减排林区地下水化学特征不利于区域减排林效应的持续发挥。土壤有效 P 质量分数偏低，也不利于林区植被的生长。干旱区人工植被在大气 CO_2 吸收减排中具有重要的现实意义。基于对干旱区人工减排林地土壤水分、土壤盐分、GWD、地下水化学特征的监测与分析，揭示了人工减排林区域的生态特征。结果表明减排林标准土壤剖面 20 cm、40 cm、60 cm、80 cm 及 100 cm 层次的平均土壤水分绝对含量呈现规律性的变化，而 GWD 普遍升高，同时，减排林区地下水的矿化度在同期平均由 22.67 g·L^{-1} 演变为 5.35 g·L^{-1}。水土效应直接影响林分的生长状况及减排效果。进一步研究表明，生态合理 GWD 以 2.55 m 为宜，地下水中的全盐 Mg^{2+} 和 Cl$^-$ 的变化最为明显，通过布设样地取样、监测及实验室分析，揭示水盐动态变化及互馈关系。从减排林区生态安全预警风险分析及水土资源合理利用的模式等方面，探讨减排林区可持续发展的若干问题具有迫切性。基于森林生态工程体系理论与方法，将可持续经营理念运用到生态工程实践，构建出适合 CO_2 减排林区可持续发展的生态工程模式。同时，基于 CO_2 减排林区自然地理与环境背景，以 SPAC 系统理念，重点研究减排林水盐耦合规律、生态安全机制以及减排林生态效应等问题，特别是从减排林区合理生态水位界定、水环境监测与人工调控等方面研究减排林区水资源的时空变化特征。基于 2009 年 8 月 TM 数据，提取减排林区的生态景观格局信息，并应用 NDVI 指数估算植被碳密度。通过测定乔木层及草本层生物量，估算植被乔木层及草本层的碳密度。结果表明减排林区乔木层的平均碳密度为 37.04 mg·hm^{-2}，1 m×1 m 样方内草本层的平均碳密度为 59.65 g·m^{-2}，地上植被碳密度约为 37.64 mg·hm^{-2}，植被层碳储量为 250 915.5 mg；随着植被的生长发育及生物量累积效应的发挥，人工植被的碳汇功能还将进一步增强。

5.3.3 减排林生态系统安全机制

森林植被在固碳释氧方面发挥着重要作用，研究森林碳收支、碳循环、碳储量等问题，对于提升森林生态系统固碳能力具有重要意义（方精云等，2021）。《二氧化碳减排林水土耦合关系及生态安全研究》中的研究成果受国家重点基础研究发展计划（973 计划）"温室气体提高石油采收率的资源化利用及地下埋存"项目"二氧化碳植物吸收减排的基础研究"课题支撑（图 5-9），同时得到其他相关国家级研究计划的大力支持，经过研究与总结，凝练集成而成（王让会等，2021）。在大力倡导新发展理念，践行"两山理论"的新形势下，该书的出版对于探索碳达峰与碳中和的途径与模式，应对气候变化、促进高质量发展具有一定的借鉴价值（框 A5-2）。

◎水土耦合与生态安全评价研究
研究背景及目标
取得的主要进展
未来的研究趋势
◎水土耦合关系及其环境效应
植被水分利用及其固碳问题
水土耦合关系研究主要问题
CDRF自然地理及其环境背景
◎基于信息图谱分析的CDRF特征
基础性要素信息图谱
碳密度分布信息图谱
MDDV仿真信息图谱

◎CDRFA盐渍化土壤的植被修复
盐渍化土壤的一般研究方法
盐渍化土壤信息提取与分析
植被修复模式与盐渍化控制
◎水资源时空变化及生态安全研究方法
水资源时空变化特征
水资源与生态安全关系
CDRFA景观格局分析
◎二氧化碳减排林区生态安全评价
生态安全评价理论依据
生态安全评价指标体系
指标分析及估算
评价过程与分析
信息化界面设计

图 5-9　二氧化碳减排林水土耦合关系及生态安全研究

Fig.5-9　Study on the coupling relationship between soil and water, and ecological security of carbon dioxide reduction forest (CDRF)

框 A5-2

◆ 提出生物减排理念及生态安全理论基础。阐述了全球变化背景下，干旱区水资源合理利用与生态安全等问题。在探讨水土、水盐、水碳耦合关系的基础上，重点从植被水分利用、土壤水分变化、水碳足迹、生态系统 C 循环与 N 循环、生态系统 NPP 等方面，阐述了维护 CDRF 稳定性的特征与机制。

◆ 构建生态安全评价体系及生态修复模式。基于生态系统耦合及信息图谱的原理与方法，分析 CDRF 变化驱动要素的时空特征，探索盐渍化土壤生物修复途径及模式，并基于 GIS 平台，构建 CDRF 生态安全评价体系及信息管理系统。

5.4　资源环境效应与生态环境修复

在山水林田湖草沙一体化保护和系统治理的理念指引下，国家"十三五"规划实施以来，中国政府已在"三区四带"重要生态屏障区域部署并实施了 44 个山水工程项目。山水工程实施过程中，根据生态系统退化、受损程度和恢复力，因地制宜地选择保护保育、自然恢复、辅助再生、生态重建的技术模式，保护恢复了多种类型的生态系统，包括温带森林、灌丛、荒漠与半荒漠区、沼泽、河流、湿地、湖泊、海岸带等自然生态系统，以及矿山、农田、城市等高强度土地利用系统。随着生态理念的进一步提升与多项山水工程的逐步实施，中国还将围绕"三区四带"重要生态安全屏障区域的关键节点和重大发展战略支撑区域，持续推进山水林田湖草沙一体化保护和修复，通过实施山水工程，为联合国"世界生态恢复旗舰项目"贡献中国智慧与中国力量。

2022 年，"西准噶尔盆地植被建设关键技术研发集成与示范推广"项目获得了新疆维吾尔自治区科技进步奖二等奖。该成果针对中国干旱区准噶尔盆地西缘生态系统脆弱、天然植被退化、造林树种和模式单一、减排林可持续经营管理能力减弱等问题，以水土资源可持续利用和植被建设为主线，开展植物资源选育和评价、植被修复和保育关键技术研发及 CO_2 减排林区生态安全评价等研究，在荒漠区、荒漠绿洲过渡区、绿洲内部、风沙路径区、CO_2 减排林区进行了关键技术研发、集成、示范、推广，形成了西准噶尔盆地生态修复和植被建设关键技术体系，为干旱区植被保育、生态修复提供了科学范式和技术途径，为植被建设信息化管理提供了科技支撑，对实现"双碳"目标、实践创新节能减排理论具有重要指导价值。

2023 年 5 月 19 日，习近平在中国-中亚峰会上的主旨讲话中指出："中方愿同中亚国家在盐碱地治理开发、节水灌溉等领域开展合作，共同建设旱区农业联合实验室，推动解决咸海生态危机，支持在中亚建立高技术企业、信息技术产业园。中方欢迎中亚国家参与可持续发展技术、创新创业、空间信息科技等'一带一路'专项合作计划。"上述论述对于中国与中亚各国不断深化资源开发利用与生态环境整治合作，提供了战略引领与指导。2023 年 10 月 18 日，习近平在第三届"一带一路"国际合作高峰论坛开幕式上的主旨演讲中指出："10 年来，我们致力于构建以经济走廊为引领，以大通道和信息高速公路为骨架，以铁路、公路、机场、港口、管网为依托，涵盖陆、海、天、网的全球互联互通网络，有效促进了各国商品、资金、技术、人员的大流通，推动绵亘千年的古丝绸之路在新时代焕发新活力。"深化"一带一路"国际合作，迎接共建"一带一路"更高质量、更高水平的新发展，推动实现世界各国现代化是我国当前需要勇于承担的历史重任。作者及其团队的相关研究在一定程度上是山水林田湖草沙系统治理和绿色低碳高质量发展理念的创新与具体实践（图 5-10～图 5-12，框 A5-3）（王让会等，2022）。

图 5-10　资源环境效应及生态修复技术

Fig.5-10　Resource environmental effects and eco-restoration technologies

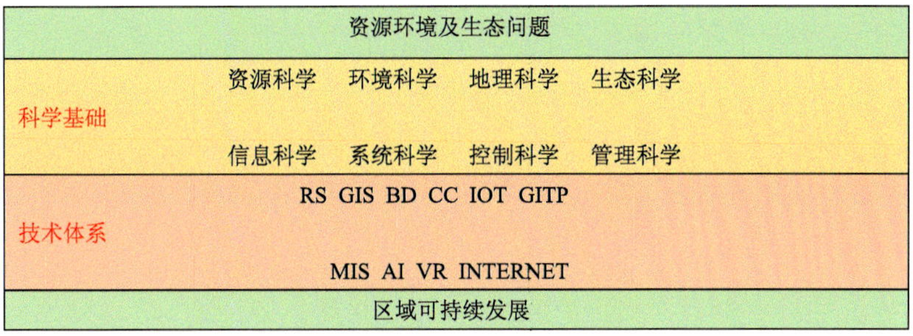

资源环境及生态问题				
科学基础	资源科学　环境科学　地理科学　生态科学			
	信息科学　系统科学　控制科学　管理科学			
技术体系	RS GIS BD CC IOT GITP			
	MIS AI VR INTERNET			
区域可持续发展				

图 5-11　资源环境及生态问题研究的科学基础与技术体系

Fig.5-11　Scientific basis and technological system of research on resources, environment and ecology

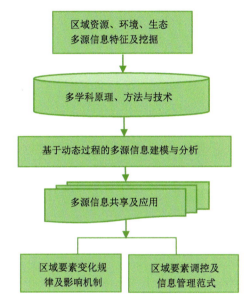

图 5-12　区域资源环境及生态综合性研究的理念模式

Fig.5-12　The conceptual model of comprehensive research on regional resources, environment and ecology

---

框 A5-3

◆ 提出中亚资源环境研究科学问题。基于"一带一路"倡议沿线的中亚地区资源环境研究现状，重点阐述气候变化背景下，中亚资源环境研究的科学问题及其应对策略。

◆ 阐述资源环境科学研究理论框架。以中亚地区 MODS 为背景，基于多源遥感影像、实际监测与统计分析等多源数据，从土地、气候、植被以及碳水要素耦合等视角，探索中亚资源环境研究的理论体系与一般方法。

◆ 揭示中亚资源环境综合效应。重点分析景观格局与 ESS 特征、气候与植被要素的变化、碳水要素的时空演变规律、碳水足迹的变化特征与资源环境承载能力，揭示未来情景下中亚干旱区碳水耦合关系及其效应。针对自然及人为要素对中亚荒漠化过程影响的特征及规律，揭示荒漠化驱动机制。

◆ 提出中亚生态修复模式。基于大量监测及试验，原创性地分析中亚荒漠环境下植物演替规律；凝练出土地资源有效利用的理念与途径，以及人为调控荒漠环境的策略与模式。

◆ 在智慧环保、"互联网+"及信息图谱理念与方法指导下，提出了区域低碳绿色高质量发展及提升生态系统服务功能与适应气候变化的策略。

5.5 绿洲体系建设与荒漠资源利用

5.5.1 绿洲防护体系研究

1. 绿洲概念内涵及其类型划分

绿洲（oasis）是干旱区的地理单元，具有丰富的内涵特征。不同的学科对绿洲的概念界定不尽相同，从景观地理学、景观生态学的角度而言，绿洲指大尺度荒漠背景基质上，以小尺度范围，但具有相当规模的生物群落为基础，所构成的能够相对稳定维持的、具有明显小气候效应的异质性生态景观。从土地科学或者自然地理学的角度而言，绿洲指荒漠背景下具有水草的绿地。它多呈带状分布在河流或井、泉附近，以及有冰雪融水灌溉的山麓地带。绿洲土壤肥沃、灌溉条件便利，往往是干旱地区农牧业发达的地域。中国新疆塔里木盆地和准噶尔盆地边缘的高山山麓地带、甘肃的河西走廊、宁夏平原与内蒙古河套平原都有不少绿洲分布。绿洲系统特殊的自然地理特征必然与特殊的地球化学过程相联系，并导致了一系列生态效应。绿洲是干旱区内人类活动的核心区域，也是物质、能量和信息转换的重要区域。水是绿洲赖以存在的物质基础，绿洲内的水文变化直接影响着一系列产业的发展格局。绿洲生产力的提高，对于促进绿洲经济的发展具有重要作用。随着人类活动加剧，全球环境发生了重大变化。干旱区绿洲对于全球变化的响应也表现出一系列的特征。绿洲系统是干旱区生产力最高的生态系统类型之一，但受自然及人为因素的影响，各种绿洲的生产力也不尽相同。防止绿洲生产力的衰退是发展绿洲经济的重要问题。针对绿洲普遍存在的问题，一般意义上而言，科学揭示绿洲生产力衰退的因素，对于从根本上充分应用市场机制，大力调整绿洲产业结构，实现绿洲经济可持续发展具有极其重要的现实意义。正因为绿洲在干旱区的经济发展中具有重要地位，以绿洲的现状与存在问题为出发点，从生态系统的角度阐明绿洲的成分、结构、功能及相互关系，并应用协同学及耗散结构理论探讨绿洲生态系统的稳定性，强调人在系统中的特殊作用，就显得十分必要与迫切。同时，应用遥感及信息化、数字化等新技术宏观地研究绿洲结构，对认识绿洲、协调人与自然的关系，对维持绿洲经济持续稳定的发展具有重要作用。

　　绿洲的分类方法具有多样性，所依据的原则不同，划分出的类型就有所不同。依据形成和开发利用历史，绿洲可以划分为古绿洲、老绿洲与新绿洲；依据形成和人为扰动状况，绿洲又可以划分为天然绿洲、半人工绿洲及人工绿洲等。从人们力图创建的绿洲学的角度而言，绿洲类型划分更具有复杂性。依据绿洲的功能、历史、区域、土壤、水文条件、形成方式等不同原则，可以划分出不同类型的绿洲（黄盛璋，2003），如图 5-13 所示。

图 5-13　绿洲的类型划分图示

Fig.5-13　Illustration of the oasis classification

　　新疆绿洲的形成与演变是自然与人文因素共同作用的结果，水文条件决定着新疆绿洲的景观格局和规模，地貌条件决定着绿洲的宏观部位，人文活动决定着绿洲的演化方向。建立新疆绿洲的防护保障体系，实行绿洲的综合监控与管理，对维持绿洲的生态安全和协调发展意义重大。

　　绿洲土壤的突出特点是具有一定深度的由冲积或灌溉形成的淤泥层。经过长期的耕作，淤泥层逐渐形成了高肥力、高熟化的古老耕作土壤，富含有机物、氮素和可溶性盐。相当规模的生物群落可以保证绿洲在空间和时间上的稳定性，以及结构上的系统性。其小气候效应则保证了绿洲能够具有人类和其他生物种群活动的适宜气候环境，有利于形成景观生态健康成长的生物链结构（图 5-14，框 A5-4）。

◎ 流沙固定优良抗旱及耐盐植物资源的培育
◎ 流沙固定植被优化配置及水资源合理利用
◎ 流沙固定优良植物种植繁育配套技术研发
◎ 水土开发前期流沙固定措施及效果
◎ 绿洲生态系统及景观格局动态变化
◎ 绿洲多层次整体防护林结构与功能
◎ 绿洲防护林体系安全评价与信息管理

图 5-14　绿洲防风固沙体系研究

Fig.5-14　Study on wind-proof sand fixation system in oasis

框 A5-4

◆ 提出绿洲防护体系建设理念与技术关键。阐述了极端干旱区植物材料选育、植被优化配置、水资源合理利用、防护体系结构模式等重要内容，论述了抗旱和耐盐碱固沙植物材料选育、水资源高效率利用与植被优化配置、活化沙地植被重建、固阻结合流沙固定、绿洲多层次整体防护体系配置中的关键技术点。

◆ 探索干旱区绿洲边缘生态保护和合理开发模式。相关研究为遏制区域生态环境退化、构建生态屏障以及确保生态安全，提供科学依据和技术支撑。

◆ 拓展沙区产业发展途径及综合效应。研究成果对优化沙区产业结构，培育高效沙产业，促进沙区农牧民致富和区域丝绸之路经济带发展具有重要价值。

　　基于荒漠绿洲背景，探索干旱气候背景下的气候效应及其土地利用变化特征，对于认识荒漠绿洲复杂性具有重要现实意义（巢纪平和井宇，2012）。依据新疆墨玉县 1990 年、2009 年 TM 和 2000 年 ETM 多波段遥感影像，通过 ERDAS 与 GIS 空间分析功能，提取墨玉县人工林区 LUCC 信息，分析人工林区各土地覆盖类型的数量变化和空间变化特征；使用 Fragstats 3.3 对人工林的景观格局及景观指数进行分析，并结合景观格局时空变化特征，揭示绿洲人工林的生态效益。墨玉县人工林研究区以沙漠、戈壁为主，约占总面积的 70%；研究期间，土地覆盖类型变化很大，农田与水域面积有所减少；2000～2009 年植被覆盖退化严重，主要是受全球气候变化背景下降水格局的变化、人工林管理方式的变化及开发政策的变化等因素影响；景观分离度、景观破碎化程度在研究时段内呈下降趋势，景观斑块形状越来越多样化，不利于管理；研究区水渠等水利设施的建设为人工林建设提供保障的同时也增大了水资源的消耗，制约了生态系统稳定性。与此同时，基于对上述多层次防护林区的监测、分析与评价，进行林区 ESS 的估算。研究表明，

首先，多层次防护林体系中，生物多样性保护价值位居第一，总价值为 $2.12×10^6$ 元，占总比例的 43.09%；其次是净化大气环境价值，价值 $1.08×10^6$ 元，占总比例的 21.95%；调节大气组分价值位列第三，为 19.35%；涵养水源价值占总比例的 11.85%；固土保肥价值量最小，仅占 3.76%。在不同治沙工程措施中，与天然稀疏植被封育区、草方格固沙-人工林区和人工林区相比，多种植物配置区的土壤肥力较高，单位面积价值最高。人工林具有防风固沙、改善土壤、涵养水源、维持生物多样性和社会经济效益的作用。

大量典型研究及综合研究表明，干旱区生态环境演变的基本规律是：山前地带引水增加，人工绿洲扩大，生态环境改善，但盐渍化发展；河流中下游水量减少，古代绿洲衰亡，荒漠化扩大，生态环境恶化。景观格局的变化规律表现为"两扩大"与"四缩小"，即在沙漠与绿洲同时扩大的情况下，而处于两者之间过渡带或交错带的自然水域、林地、草地和野生动物种群减少。从生态过程及其演变机制的角度而言，引起干旱区生态环境变化的驱动力主要是社会经济发展改变了水资源的地域分配，同时也与气候波动、河流改道、风沙活跃等自然因素有关（图 5-15 和图 5-16）。

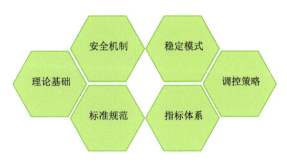

图 5-15　山水林田湖草沙系统治理的安全机制与稳定模式

Fig.5-15　Security mechanism and stability model of mountain, water, forest, farmland, lake, grass, and sand life system

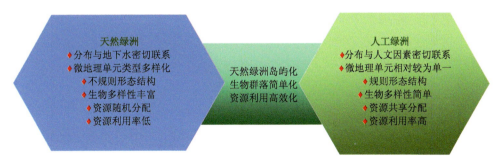

图 5-16　干旱区绿洲演化概念模式

Fig.5-16　Conceptual model of oasis evolution in arid areas

2. 绿洲土壤景观地球化学特征

MODS 的气候、水文、土壤、植被特征，直接反映了全球变化的特征。在分析干旱区 MODS 宏观特征的基础上，从温度与降水变化所反映的气候特征，以及景观多样性、景观优势度、景观均匀度及景观破碎度等景观指数所反映的景观特征，对于认识绿洲土壤景观地球化学特征，把握绿洲生态系统对全球变化的响应过程，具有重要意义。同时，从生态系统要素之间耦合关系、ESS 等方面分析全球变化的区域响应特征（傅伯杰等，2020），并进一步分析绿洲生态系统的耗散机制，有利于提出生态系统调控策略。具体而言，绿洲的气候状况、地形特征、土壤地理特点以及农业耕作与灌溉措施，是影响其景观地球化学特征与土壤水盐关系的重要因素。绿洲土壤水盐关系又与 MODS 关系密切相关。人类活动也自然成为影响干旱区内陆河流域绿洲农田景观地球化学特征与土壤水盐耦合关系的重要因素。监测分析表明，干旱区流域天然土壤水盐耦合类型盐化土壤主要以 $Cl^--SO_4^{2-}$ 型为主，其次是 $SO_4^{2-}-Cl^-$ 型。就阳离子地球化学特征来看，多为 $Ca^{2+}-Na^+$ 型和 $Mg^{2+}-Na^+$ 型，其次是 $Ca^{2+}-Mg^{2+}$ 型。根据分析结果，可估算出盐化土壤的盐分组成是以 Na_2SO_4、$CaSO_4$、$NaCl$ 为主，特别是 $NaCl$ 水溶性极强，$SO_4^{2-}-Cl^-$ 型盐土也就主要分布在 GWD 浅、矿化度高的盐化土壤中。绿洲土壤水盐耦合关系在一定程度上反映了绿洲景观地球化学过程及其变化特征。从土壤化学分析来看，碱解氮、速效磷、SOM 缺乏是造成绿洲土壤肥力不高的主要因素。干旱区流域绿洲土壤盐渍化类型明显受到地下水盐分及其化学类型的影响。地下水盐分是土壤盐分的重要来源（赵其国等，2019），也是绿洲景观地球化学过程的重要环节。

在绿洲水盐耦合关系研究过程中，基于熵权物元模型方法，开展区域土壤养分评价，能够进一步解读其客观特征及规律。针对艾比湖流域人工绿洲特点，并按不同土地利用类型分层采集土样，以 SOM、TN、TP、TK、AN、AP、AK 含量作为土壤养分评价指标，建立熵权物元（EWME）模型评价人工绿洲 15 个不同样地 59 个土样的土壤养分等级。结果表明，人工绿洲土壤养分总体处于极贫乏等级，TK 和 AK 为土壤肥力优势因子，SOM、TN、TP、AN 和 AP 为限制因子，农业施肥应具有针对性。不同土地利用类型土壤养分状况不同，耕地养分含量最高，林地次之，这与人工干扰程度有较大关联性。整体而言，不同土层的养分水平变化不明显。在自然状况下，深层土养分含量高于表层土。在人为种植利用状况下，表层土养分含量高于深层土。相关认识对于开展绿洲质量监测与评价，提升绿洲生态系统生产力来说，具有重要价值。从绿洲环境及其变化机理而言，受水分状况改善的影响，土壤干燥程度减轻，水盐耦合关系也大为改善，盐分的积聚现象和土壤的高盐状况得到缓解，天然植被发生、定居、繁衍的条件也在改善之中。水资源的人为调配，改善了水分因素在生态系统中的时空分布，保障了生态用水，减少了系统熵值，这对于维持生态系统的稳定至关重要。

3. 绿洲生态系统过程及其机制

绿洲生态系统是一个复杂的耗散结构体系。人工绿洲是人类活动的中心，也是区域物质、能量及信息处理、加工、转化的重要场所。天然绿洲有着漫长的发展历史，随着干旱荒漠的出现而产生的。天然绿洲与人工绿洲虽有一些共同的特征，但它更多地受制于自然力的作用。荒漠河岸林生态系统是干旱区内陆河流域的独特景观，也是重要的天然绿洲生态系统，其植被是以胡杨为建群种的群落，在维持天然绿洲的稳定性方面具有重要作用。以胡杨林为代表的荒漠河岸林生态系统的群落组成及结构特征体现了干旱区天然绿洲的独特景观，把握该景观背景下的地表水文过程，是揭示其变化机制的重要途径。一般而言，它们主要依靠洪水泛滥形成的有利自然地理环境生存，气候背景及地形地貌所影响的水盐、水热的时空分布差异是群落演替的主要原因。绿洲的生态安全受区域地貌格局的控制，也受到气候条件的制约。各种物理、化学和生物作用，对于绿洲的发育和演化具有决定性的作用，人类活动对绿洲的演化起着加速和促进的作用。目前，应以保护生物多样性为核心，以水资源的合理利用为基础，保证生态用水，遵循生态学原理和群落演替规律，进行绿洲生态系统高质量建设，保障绿洲生态系统稳定性，提升绿洲生态系统各类产品，特别是生态产品质量。

4. 绿洲生态环境研究支持系统

绿洲生态环境研究支持系统以 GIS 为基础，以遥感手段为其信息的重要来源，通过各种数据的采集与分析，用模型预测生态环境的变化规律，为绿洲资源的合理利用、生态环境的保护以及绿洲经济的持续发展提供决策依据。随着全生命周期管理理念的发展，以及与各类信息技术、AI 技术、DB 技术、IOT 技术的融合发展，绿洲生态环境研究的支持系统将不断完善，并在绿洲土地资源与环境的研究中发挥出更大作用（图 5-17）。

5.5.2　荒漠资源利用研究

节约资源是我国的基本国策，是维护国家资源安全、推进生态文明建设、推动高质量发展的一项重大任务。资源利用的经济学定义在经济学范围内，属于宏观经济学范畴。目前，从理念、技术、政策等方面入手，以能源（严陆光，2010；严陆光等，2012）、工业、建筑、交通等重点领域为着力点，综合运用市场化与法治化手段，加快建立体现资源稀缺程度、生态损害成本、环境污染代价的资源价格形成机制，在"开源"和"节流"

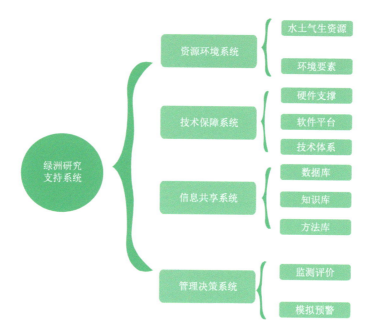

图 5-17　绿洲生态环境研究支持系统一般模式

Fig.5-17　General model of support system for oasis eco-environmental research

方面持续发力，是资源高效利用的重要策略。绿洲的形成与演变受多种因子的控制，它是自然与人文因素共同作用的结果。在绿洲演化的不同阶段，各种要素的作用特点也有所不同。最初的绿洲都是天然绿洲，自然因素主导着绿洲的兴衰；人类出现之后，从适应绿洲、利用绿洲，到改造绿洲，越来越深刻地影响绿洲发育和演化过程。干旱区绿洲生产力提升，成为资源高效利用的重要区域。张福锁院士团队多年来的研究实践证明，未来我国粮食安全完全能以更低的资源环境代价实现，绿色增产增效技术的创新与应用为中国农业走出一条产出高效、产品安全、资源节约、环境友好的现代化农业发展道路绘就了蓝图，为中国农业绿色发展树立了榜样，也为全球可持续集约化现代农业的发展提供了范例（Cui, et al., 2018；张福锁等，2017）。一般而言，水文条件决定着绿洲的景观格局和规模，地貌条件决定着绿洲的宏观部位，土壤、植被是形成绿洲初始经济结构的必备条件，人文活动决定着绿洲的演化方向。在绿洲的演化过程中，绿洲化与荒漠化是相互联系又彼此对立的地理过程，处理好两者关系，对绿洲的协调发展意义重大。

从土地科学、生态科学、环境科学的角度，特别是应用地理信息科学的理论与方法，研究塔里木盆地南缘具有代表性的绿洲的景观类型的空间结构与时间序列变化，提出干旱背景下，类似地区 LUCC 的特征与驱动因素，探讨自然作用与人为活动对 LUCC 影响的差异性与叠加效应。综合自然及社会人文要素，借助遥感等技术手段，应用地理相关分析法、环境本底法以及景观生态学的原理和方法分析发现，绿洲具有物质、能量及信息融合的高效性、景观模式的特殊性、生态环境的脆弱性等特征。绿洲的形成与演变是自然与人文因素共同作用的结果。加强绿洲的基础设施建设，构建绿洲的保障体系，是提升绿洲稳定性的重要途径（图 5-18，框 A5-5）。

◎ 经济型固沙植物的环境响应及抗逆性
◎ 植被与土壤耦合特征及植被保育技术
◎ 水土耦合关系及其生态环境效应
◎ 区域资源时空分布及其开发潜力
◎ 绿色高效生态经济圈层构建模式

图 5-18　沙区绿洲防护体系与资源高效利用研究

Fig.5-18　Study on oasis shelterbelt system and efficient utilization of resources in sandy area

框 A5-5

◆ 提出干旱区资源高效利用新理念。在山盆体系及水资源格局背景下，以古尔班通古特沙漠西南缘为重点研究区域，论述气候、环境、资源、植被以及经济发展现状的时空分布特征，阐明水土耦合、植被-土壤耦合特征，提出植被配置及保育方法。

◆ 评价干旱区资源禀赋状况。选取具有代表性的太阳能资源、土地资源与植被资源，对资源状况及利用潜力和价值进行分析评价。从水资源高效利用和圈层生态农业模式构建出发，构建各圈层低碳发展模式。

◆ 优化区域空间发展途径。从碳排放量、ESS、经济产出、景观格局指数对优化结果进行评价。

◆ 构建沙区资源利用创新模式。为沙区资源合理配置与高效利用，以及产业综合发展提供理论指导和科技支撑。

第 6 章

技术领域研究

　　技术是解决问题的方法及原理，是指人们利用现有事物形成新事物，或是改变现有事物功能、性能的方法。技术具备明确的适用范围和被人们认知的形式和载体，如原材料（输入）、产成品（输出）、工艺、工具、设备、设施、标准、规范、指标、计量方法等。世界知识产权组织（World Intellectual Property Organization，WIPO）于 1977 年指出："技术是制造一种产品的系统知识，所采用的一种工艺或提供的一项服务。"WIPO 把世界上所有能带来经济效益的科学知识都定义为技术。一项技术是关于某一领域有效的科学（理论和研究方法）的全部，以及在该领域为实现公共或个体目标而解决设计问题的规则的全部。依据不同的原则，对技术有不同的分类。根据生产行业的不同，技术可分为农业技术、工业技术、通信技术、交通运输技术等。根据生产内容的不同，技术可分为电子信息技术、生物技术、医药技术、材料技术、先进制造与自动化技术、能源与节能技术、环境保护技术等。各种技术存在互为目的和互为手段的制约关系，全社会的技术系统形成一个庞大的社会技术体系，形成了诸如资源技术、制造技术、传输技术、能源技术、建设技术、信息技术、保健技术、管理技术等技术群；而技术体系的各个门类总是和不同的产业、不同的劳动生产过程相对应和相匹配的（王让会，2002）。目前所强调的高新技术领域，更多是指电子信息微电子技术，包括实时操作系统技术、小型专用操作系统技术、数据库管理系统技术、基于 EFI 的通用或专用 BIOS（basic input output system）技术等。而近年来人们热切关注的航空航天技术、海洋探测技术等，把人们的视野引向了更为广阔的领域。技术具有复杂性、依赖性、多样性、普及性等特点。技术与科学相比，技术更强调实用，而科学更强调研究。技术创新是驱动发展的重要动力（申长雨，2014）。"中国制造 2025（*Made in China 2025*）"，是中国实施制造强国战略第一个十年的行动纲领，是一系列创新制造技术快速发展的战略目标，也为 3D 打印技术、云计算技术、互联网技术、元宇宙与人工智能等一系列新技术发展，提供了无限的发展空间。中国华为（HUAWEI）及其先进通信技术的发展就是这种背景下的产物，5G 向 6G 演进时，会涉及"天地一体化"通信等技术，其技术内涵特征进一步复杂化。资源、环境、生态、地理、信息等领域技术的发展，也必将在国际竞争中得到更快的发展。

在相关研究领域拓展遥感技术、地理信息系统技术、图谱表达技术、信息管理技术、生态补偿技术、环境质量评估技术、碳储量估算技术、人工增雨雪效应评估技术，均体现了学科交叉融合、理论与实践相结合，以及探索新技术、新方法与新途径的进展。

6.1 RS 技术与 GIS 技术

6.1.1 RS 与 GIS 综合研究

随着遥感探测技术的发展，人们对地球系统的认识不断深入（欧阳自远，2008）。RS 与 GIS 的结合，极大地促进了人们对于复杂地物监测、评估及预警的进程。RS 与 GIS 在不同领域的理论及应用研究得到了不断加强，也促进了新兴产业的发展（童庆禧，2023）。大气遥感、陆地遥感、海洋遥感（蒋兴伟等，2019）都具有广阔的发展前景。同时，数量化遥感、遥感模型研究、地理信息融合研究不断深化，微波遥感（姜景山等，2008；金亚秋，2019）、红外遥感（匡定波，1986；骆清铭等，1997）、高光谱遥感（刘银年和薛永祺，2023）潜力巨大，遥感信息机理（薛永祺，1992；相里斌等，2018）、遥感数字图像处理、遥感信息图谱研究日新月异，资源遥感、生态遥感、环境遥感发展迅速（王让会，2004）（图 6-1，框 A6-1）。

图 6-1 RS 与 GIS 的理论与实践

Fig.6-1 Theory and practice of RS and GIS

框 A6-1

- 提出 RS 及 GIS 研究理念与方法。RS 技术与 GIS 技术在资源、环境、生态、地理信息获取、处理及时空分析中，极大地提升了常规理论与方法的综合分析能力，对认识相关生态环境问题的时空特征、演变规律具有重要作用。
- 构建多源遥感多时序专题图编制模式。借助 GNSS 空间定位设定调查样点，利用 1959 年全色片、1983 年全色片、1992 年彩红外片与 1996 年日本 JERS-1 OPS 影像等遥感信息源，在 ARC/INFO 及 MapGIS 支持下，编制完成不同时期的植被类型图及土地沙漠化类型图。
- 研究 RS 与景观生态交叉融合的特点。利用 2000 年 CBERS-1/CCD 4、3、2 波段及 NOAA/AVHRR CH1、CH2、CH4 通道数据，在 IDRISI 软件平台上，进行景观格局制图。利用 RS 和景观生态学的原理和方法，分析景观格局相关要素的耦合关系及其数量特征。
- 探索信息集成技术的资源环境研究潜力。随着遥感信息科学、地理信息科学、卫星导航与位置服务技术的不断创新与融合，RS、GIS 及 GNSS 集成技术潜力不断显现。

2023 年 8 月召开的第二十二届中国遥感大会，是在国家科技创新体系快速发展背景下召开的一次科技盛会。大会以"全球变化与区域响应"为主题，设立碳中和与全球变化遥感、遥感地质与资源环境安全、城市遥感与城市可持续发展、矿区与环境遥感、遥感探测技术、减灾与应急管理遥感、国土资源遥感、生态环境遥感、农业遥感、水环境遥感、大气遥感、高分应用、遥感信息处理、定标与真实性检验、遥感与社会科学以及遥感科学与技术学科发展等论坛和交流会，反映了当前遥感科学技术研究关注的领域及热点。李德仁院士从"珞珈卫星"到"东方慧眼星座"的角度论述了天地互联的智能遥感卫星体系及其应用。周成虎院士强调了"从遥感大数据到遥感大模型"问题，并从图谱耦合思维理念，分析了视觉遥感（地理现象）、地学遥感（地理格局）、定量遥感（地理过程）的特点，并从地理学的四大理论——空间相关性（分区）、空间异质性（分层）、景观相似性（分级）、地理综合体，揭示了目标参数化（图）与定量反演（谱）的逻辑关系，强调了"地理分析（图）+机器学习+遥感机理（谱）"理念，在数据与知识耦合驱动遥感大模型中的地位与作用。郭华东院士介绍了可持续发展目标空间观测与评估问题、第 75 届联合国大会宣布设立可持续发展大数据国际研究中心、可持续发展科学卫星 1 号数据面向全球开放等；强调了未来应进一步发掘空间信息价值，服务数字中国建设。刘文清院士分析了大气成分遥感、超光谱探测等前沿问题。潘德炉院士提出发展人工智能遥感学的创新理念，并指出人工智能多模态遥感大模型的机理与方法的研究势在必行。

中国遥感发展经过了"腾冲""天津""二滩"三大区域遥感综合实验，地理模拟优化系统、AI+RS、计算机视觉、AI 绘画创作、自然语言、3D 建模等均是 AI 的新进展，但同时 AI+RS 也存在一些问题，如地学应用问题因数据样本不足、多模态时空数据、以自然图像为学习对象的通用神经网络无法满足遥感应用场景的特性需求、模型不具有可解释性、大范围应用不够充分、缺少通用平台等。此外，大数据、大算力、大算法、大模型还在研发之中。明确技术定位、明确目标及任务边界、合理选择技术方法，通过数据驱动、数据-知识联合驱动、遥感智能云计算、遥感智能交互式解译等途径，是 AI+RS 应用的基本范式。在万物互联的新时代，遥感正在从经典走向现代。

6.1.2　RS 与 GIS 研究范例

1. 高光谱遥感

按照信号处理的观点，遥感所能区别的地物在光谱空间上应满足两个反射峰值中心点的距离大于每一个反射波的半波宽。由于传统遥感可以看作是在光谱空间的离散采样，因此所能区分的目标物一般是在波谱空间上具有明显的差异性，如水体、植被、裸地等，它们具有完全不同的光学效应，而高光谱遥感（hyperspectral remote sensing，HSRS）由于满足连续性与光谱可分性的要求，能够区别同一种地物的不同类别，无疑为遥感技术在环境调查中的应用提供了更为完整的理论基础和更加有效的方法，同时也引发数据处理与信息分析技术的根本性变化。

针对 HSRS 的现实应用需求，国家设立高分专项工程，列入《国家中长期科学和技术发展规划纲要（2006—2020 年）》16 个重大科技专项，推动 HSRS 的多领域应用。2023 年 8 月，GF-12 号 04 星发射升空，该星主要用于国土普查、城市规划、土地确权、路网设计、农作物估产和防灾减灾等领域，表明中国高分遥感技术发展进程在不断加快。截至 2023 年，中国已有 16 个省级行政区域建立了高分辨率对地观测系统省级数据与应用中心，为促进区域经济发展、提升地方政府现代化治理能力等需求提供服务支撑。HSRS 是用很窄且连续的光谱通道对地物持续遥感成像的技术，从可见光到短波红外波段的光谱分辨率高达纳米（nm）数量级，通常具有波段多的特点，光谱通道数多达数十甚至数百个。HSRS 发展以来，针对不同的研究对象，极大地丰富了遥感研究的深度、广度与精度，促进了定量化遥感的进程。图 6-2 及图 6-3 分别反映了 2021 年滹沱河流域 GF-1 影像以及 2021 年滹沱河流域土地利用 GF-1 分类结果。

图 6-2　2021 年滹沱河流域 GF-1 影像

Fig.6-2　GF-1 Image of Hutuo River Basin in 2021

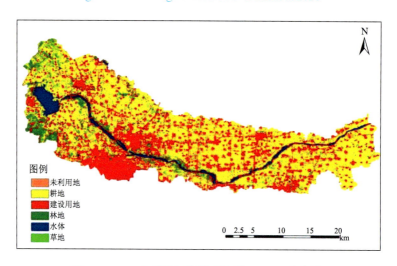

图 6-3　2021 年滹沱河流域土地利用 GF-1 分类结果

Fig.6-3　Classification of land use based on GF-1 in Hutuo River Basin in 2021

　　目前，HSRS 技术具有诸多热点应用领域，并在土壤理化性质、土壤养分等预测研究中得到了良好效果。通过土壤高光谱反射率与 TN 含量的相关性，提取土壤光谱特征波段，采用多元线性逐步回归法（stepwise multiple linear regression，SMLR）和偏最小二乘回归法（partial least squares regression，PLSR）对 TN 含量进行预测分析。结果表明，土壤光谱一阶微分显著提高了 TN 含量与高光谱之间的敏感度；在 SMLR 模型和 PLSR 建立的模型中，两者均能较好地进行预测；但在偏最小二乘模型中，反射率二阶微分的预测模型最高达到 0.956，总 RMSE 最低为 0.045，其模型的稳定性和预测精度优于 SMLR

所建立的模型，可以更好地快速预测 TN，为土壤质量的评价提供数据基础，也为研究土壤退化地区的预测与修复提供信息。随着土壤遥感科学的快速发展，光谱技术及其相关理论分析在农业生产与生态规划领域得到了广泛应用。通过对光谱反射率进行一阶微分与倒数对数形式的变换，选取相关系数较大的波段构建基于 SMLR 与 PLSR 的反演模型，获得了对天山北麓 SOM 等土壤参数的新认识。土壤光谱的一阶微分的变化显著提高了 SOM 含量与光谱间的敏感性。在 SMLR 分析中，反射率一阶微分的多元回归模型的稳定性及预测精度最好；在 PLSR 分析中，反射率倒数对数模型的决定系数达到了最高的 0.962，而总 RMSE 为最低的 1.082，其模型的稳定性及预算精度优于其他模型。总体而言，PLSR 模型的稳定性及预测精度优于 SMLR 模型，能够进一步满足研究区 SOM 含量估算的实际需求。土壤养分是土壤质量的重要特征，也影响着植被、农作物的生长。为快速准确地估测中国艾比湖流域土壤养分状况，以艾比湖流域精河县内不同地表覆盖类型土壤为研究对象，先基于实地采集的 75 个土壤样品的室内 ASD Pro Field-Spec 3 实测光谱数据和 3 种光谱变换形式，利用 10 nm 间隔重采样，进行去噪处理；再结合 SMLR、PLSR、ANN 分别建立土壤养分预测模型，以探索最优模型。结果表明，土壤实测光谱的一阶微分、二阶微分变换形式能显著提高光谱与土壤养分之间的相关性，尤其是一阶微分变换与 SOM、TN 的相关性最高，分别达到了 0.87 和 0.91，光谱变换技术能显著增强土壤养分与高光谱之间的敏感度，获得更好的建模效果。SMLR、PLSR 和 ANN 这 3 种模型都具有良好的预测能力，其中，ANN 建立的模型预测效果最好，二阶微分变换的 ANN 模型对 SOM、TN 的预测决定系数（R^2）分别为 0.886 和 0.984，RMSE 分别为 2.614 和 0.147，PLSR 次之；TN 的预测效果明显优于 SOM 的预测效果，说明高光谱和 TN 之间的敏感性更高。总体而言，光谱二阶微分变换形式的 ANN 模型可以更精确稳定地完成土壤养分含量的快速预测，实现土壤养分空间分布状况和动态变化特征的动态监测。

随着 HSRS 技术的快速发展，通过定量估测土壤化学成分是高光谱土壤研究的重要方向。使用 ASD Pro Field-Spec 3 便携式光谱仪，测量准噶尔盆地人工林地风干土壤样品的可见光-近红外光谱，利用土壤反射光谱值反演全盐的含量。通过皮尔森相关系数分析方法，计算土壤全盐与土壤反射光谱之间的相关性，其中土壤光谱值的二阶导数与土壤全盐的相关系数最高，为 0.806，RMSE 最小，为 1.508。基于光谱反射率，通过多元统计回归分析，表明土壤光谱在 1130 nm、1430 nm 和 1930 nm 波段的全盐反演模型预测效果较好，可以利用这 3 个波段建立回归方程，对土壤全盐进行反演估算。

HSRS 是当前遥感技术的前沿领域，它利用很多、很窄的电磁波波段从感兴趣的物体上获得相关数据，包含了丰富的空间、辐射和光谱三重信息。HSRS 是遥感领域的重大创新，它使本来在宽波段遥感中不可探测的物质能够被探测。随着各类技术手段的融合发展，未来的 HSRS 技术将不断提升。

2. 景观格局遥感

景观生态学中的景观结构、功能、变化，以及尺度、过程、管理等方面的研究，需要创新理论与方法的支撑。生态景观制图的类型划分、表达方式、数据采集、数据分析等过程，综合性地体现了景观生态学的一般方法和途径，对生态景观信息认知、信息识别、信息挖掘与信息分析具有重要提升作用。通过获取遥感信息源，应用图像图形学以及遥感图像模式识别与解译的原理和方法，进行特定尺度和精度条件下的景观分类，编制生态景观图；并借助于 GIS 软件，实现景观专题要素特征属性的量化统计，求算景观生态指数值；应用 NOAA/AVHRR 以及 CBERS-1/CCD 等信息源，结合区域自然、社会和人文、历史等特征，系统分析其数量特征、变化规律以及相互关系，提出生态景观建设的原则与途径。

在景观格局遥感研究领域，有诸多典型范例，不同程度地反映景观研究的特点。利用 RS、GIS 等技术手段，通过对 TM 影像的几何校正、配准处理，应用计算机分类和人工分类相结合的方法，编制生态景观类型图，并计算景观多样性指数、优势度、破碎度和均匀度等指数。对发源于中国天山的三工河流域生态景观格局分析表明，该流域是以草地为基质，依水分条件优劣发育而成的多种植被类型组合的 MODS 复合景观结构。其景观破碎度较低、多样性较小，虽然整体构型较为规整，但由于人类活动对其影响的程度趋于增强，部分地区生态环境退化表现明显。利用遥感信息源，能够辨析复杂地物的空间格局及其特征（周成虎等，1999）。在 IDRISI 软件平台上，依照图像图形学的相关原理，识别合成图像的信息丰富程度，确定用于中国塔里木河干流景观格局分析的基准图像，进一步辨识区域生态景观的时空特征。沙漠石油公路和塔里木河两大廊道呈十字形位于该区域的中部，它们决定了整个系统物质、能量及信息的传播途径。由零星分布的油井组成的小斑块以及连接它们的线路所组成的廊道，代表了石油勘探及开发在该区的发展轨迹；位于主河道两侧的河岸林使河流廊道更富有生态价值；远离主河道的天然植被形成了条形、椭圆形等不规则形状的群落，多以斑块的形式丰富了景观的内涵。该区域的沙丘及其南部和东北部的沙漠，是该区域特色明显的基质，决定了塔里木河中游英巴扎地区生态环境的脆弱性。人类活动是土地分割、景观破碎化的主要原因，生态景观建设在遥感、GIS 等信息技术的支撑下更具有现实价值。IDRISI 软件在提取干旱区内陆河流域宏观生态景观格局信息方面具有重要作用，采用的遥感图像处理的方法及途径能够综合反映塔里木河流域的地形地貌形态、水文空间特征、植被分布规律以及耕地、林草地、道路、渠系、居民点等宏观分布格局。它们的耦合形成了塔里木河流域以河流、道路、渠系廊道为主体，以荒漠基质为背景，并与天然林草地和人工居民点及耕地斑块镶嵌共存的景观格局，这是内陆河流域景观格局的主要特征。景观生态理论与方法、遥感技术与景观生态原理与方法相结合，拓宽了 RS 与 GIS 分析的领域，也改进了景观生态研究的思路与途径，方法上具有较大的创新。以往主要是在土地利用图等专题图的基础上进行一些分析和描述，而借助于遥感信息的宏观性和整体性，有利于揭示生态景观的空间规律。景观生态学的理论，如景观结构和功能原理、生物多样性原理、物质流动原理、能量流动原理、景观变化原理以及景观稳定性原理等，都在一定程度上可以与遥感图像处理的理论及方法结合，或者与 GIS 逐步地结合，发展完善了景观生态学的学科体系和理论基础。受自然及人为因素的干扰影响，特别是水文状况的变化，内陆河流域原有的自然生态格局发生了很大的改变。在对 NOAA/AVHRR 数据进行灰度拉伸、直方图均衡化、多通道合成等方法处理后，应用 IDRISI 软件的空间分析功能。结果表明，塔里木河干流区域景观类型相对简单，各景观自身破碎度低、连通性较好，景观间的均匀度低，是一种典型的脆弱的干旱区内陆河流域生态环境景观。RS、GIS 技术结合后的景观生态学原理与方法研究表明，景观的破碎度和多样性指数仅分别为 0.0035 和 1.276，景观的均匀度为 0.1856，反映出景观较完整，破碎程度低；但景观类型相对较简单，且景观的优势度高达 3.068，反映了几种少数的景观类型占据着整个景观格局的主导地位。这种状况不利于物质、能量以及信息的交流，是内陆河流域一种典型的脆弱生态环境景观。

　　基于多源数据及模型模拟方法，把 RS 与 GIS 有机结合，开展中国艾比湖流域生态系统 NPP 对气候变化及景观动态的响应研究，在一定程度上是景观格局遥感研究的深化。重点在于分析气候变化与人为扰动对生态系统 NPP 的影响，以及未来情景模式下 NPP 的响应机制。在景观动态模拟模型 CA-Markov 模型耦合未来 A1B 情景模式下的区域气候模式数据的基础上，建立 NPP 对气候变化和景观动态响应模型，实现人类活动与气候变化对 NPP 影响的定量分析。中国艾比湖流域 2005～2020 年生态系统 NPP 增长了 223.27 Gg（以 C 计），其中由人类活动直接导致的 NPP 增加为 141.01 Gg（以 C 计），气候变化的贡献为 82.26 Gg（以 C 计）。近期，人类活动的直接影响仍是 NPP 变化的主要因素，气候变化的影响虽然较小，但呈现逐年增长的趋势。生态景观时空信息化表达是 RS 与 GIS 研究的重要方向，而生态景观制图则是实现这种表达的重要途径，其主要特点表现在可以揭示自然要素和人为作用的特点，反映各景观要素的相关性和数量关系。通过 RS 与 GIS 相结合的方法，对生态景观制图的信息识别、信息挖掘、综合分析应用等展开研究，分析地图信息认知、表达、反演等专题制图中的生态景观分类、动态变化问题。生态景观信息图谱作为 GITP 的重要研究方向，一体化理念及多维度表达方式为进行干旱区生态景观格局变化机理研究拓展了新的途径。利用 2000 年 Landsat/TM 及 2005 年 CBERS-2/CCD 影像数据作为主要信息源，综合各种多源数据，在 GIS 平台上，进行模式识别、专题分类、图谱表达，利用 GIS 的空间分析功能，建立中国吐鲁番山地景观、绿洲景观及荒漠景观类型变化信息图谱，并创立属性数据库。以 RS 和 DEM 数据为基本数据，结合生态景观特征进行生态景观类型划分，设计并实现了景观生态信息图谱，凝练出图谱模式，并从 GITP 的角度分析 MODS 生态景观要素时空变化特征。同时，为了精细化地开展景观时空变化与表达研究，对 CBERS-2/CCD 鄯善县连木沁绿洲影像数据进行处理分析，并叠加国家基础地理信息中心 1∶25 万数据库中的 100 m 空间分辨率 DEM。从影像分辨率、几何分辨率、地物识别能力等方面进行了影像质量评价，对各景观类型的特征统计值进行定量化的时空特征分析。分析发现，CBERS-2/CCD 影像比 Landsat/TM 影像具有更高的空间分辨率，更容易反映地物的细节，但同时也具有一定的局限性。同时，依据 MODS 特有的自然景观特征，将景观类型划分为山地景观、绿洲景观、居民地景观、水域景观、荒漠景观，从 GITP 的角度分析鄯善县连木沁绿洲景观要素的时空动态变化，揭示不同景观结构特征，探索其演变过程及规律，指导生态规划与低碳发展。运用遥感制图的原理与方法，采用 1989 年的 Landsat/TM 影像和 2005 年的 CBERS-2/CCD 数据，在 ArcGIS 9.0 软件平台上，对中亚地理中心城市乌鲁木齐两期遥感影像进行景观类型信息辨识与提取，并划分为 6 类生态景观类型。在应用景观基本判别指标的基础上，构建了干扰度指数和景观脆弱度指数；并通过景观与生态环境之间的经验关系，建立景观结构指数与区域生态安全之间的定量化表达模式，分析生态安全的时空分异与动态过程。通过对其进行景观特征和景观生态安全动态分析表明，1989 年和 2005 年乌鲁木齐城市景观生态安全定量指标分别为 0.485 和 0.528，反映了景观格局变化与生态安全的客观特征，同时发现生态安全机制具有复杂性。利用 RS、GIS 手段，通过对中国新疆且末绿洲 1989 年和 1999 年 Landsat/TM 影像和 2004 年 CBERS-2/CCD 数据的几何校正、配准处理、图像增强、计算机分类和人工分类相结合的方法，编制生态景观类型图，并计算景观多样性、优势度、破碎度、分维数和均匀度等指数。对绿洲生态景观格局分析表明，该区域属典型的 MODS 复合景观，其空间格局整体构型是以较大的自然斑块为主，且呈连续状态分布，制约格局主体的景观类型为沙地、盐碱地、草地和耕地 4 类景观，占到了研究区总面积的 92.5%，其余景观零星散布于整个区域内。旱地农田景观在研究期增加了 58.04%，湖泊坑塘等水域呈现减少趋势。

将多时相卫星遥感图像叠加技术与 GIS 空间分析方法相结合，研究中国广西防城港海岸线演变特征及预测海岸线变化趋势，是景观格局遥感在快速城市化领域研究的典型应用。其一，对防城港不同时相 Landsat/TM 影像进行预处理、海岸线特征信息提取及空间分析。其二，根据相关控制因素及相应的邻居规则建立元胞自动机模型（cellular automat, CA），利用蒙特卡罗方法（Monte Carlo method）结合控制因素进行判断，确定元胞的转化状态。具体而言，通过实际海岸线与预测海岸线的叠置分析得知，2010 年预测海岸线的数量精度为 83.65%，空间位置精度为 93.45%，都在误差允许范围内，证明利用蒙特卡罗-CA 模型预测海岸线的方法具有一定的可行性。其三，结合 CA 模型算法以及 Matlab 仿真技术，实现了对 2020 年防城港海岸线的预测。相关研究及景观信息表达反映了自然及人为活动驱动下，海岸带景观格局演变的可能性（王颖，2021），为海岸带生态保育以及景观功能提升提供科学依据。

3. 气象（候）遥感

遥感在气象（候）领域研究，主要在于从信息光谱特征等方面能够快速、便捷地获取水热状况信息，判识不同时空尺度气象（候）特征，为资源环境评估、农林业生产以及人们日常生产、生活与工作提供指导。

水热状况是气象遥感的重要基础，也是遥感地学研究的热点方向（陈述彭和赵英时，1990）。采用 MODIS（moderate resolution imaging spectroradiometer）的 NDVI 和地表温度（land surface temperature，LST）数据产品，分析中国新疆 2000~2015 年生长季 3 阶段 NDVI 与 LST 的时空变化特征及相关关系，合理把握水热特征与植物生长变化。具体而言，利用多元线性回归方法分析不同时期影响 NDVI-LST 相关关系的气象因子，辨识引起植被变化的水热要素及其特征，并按不同 LUCC 类型分析 NDVI-LST 相关关系时空变化特征，从而获得对植物生长季生长变化造成影响的干旱胁迫作用，说明了 NDVI-LST 在干旱监测中的适用性。研究发现，生长季 3 阶段 LST 与 NDVI 均存在显著相关关系，不同阶段气象因子对 NDVI-LST 相关关系影响程度不一，不同 LUCC 类型的 NDVI-LST 相关关系也存在明显差异。在生长季中期，利用植被健康指数（vegetation health index，VHI）进行植被健康和干旱监测具有一定的有效性。

应用遥感技术宏观把握研究区域自然地理特征，基于中国天山北麓 7 个气象站 1963~2010 年逐月 0 cm 最高及最低地温资料，采用线性趋势分析、Mann-Kendall 检验、Morlet 小波等方法，开展天山北麓地温变化特征研究。结果表明，48 年间天山北麓 0 cm 最高地温以精河为高值中心，总体上呈西高东低的特征，0 cm 地温呈显著上升趋势，最低地温增幅尤为显著，达 $0.87℃·(10\,a)^{-1}$；0 cm 最低地温在 2002 年发生突变，而最高地温未出现突变；0 cm 地温异常年份主要发生在 2006 年之后，以偏暖为主。区域气候变化影响着生态系统结构、功能及服务价值的时空变化。为了系统地认识天山地区未来极端气温的变化规律，RS 及 GIS 结合能够提升气象（候）要素尺度效应的综合分析效果。依据天山地区 27 个气象站日最高、最低气温资料及美国国家环境预报中心（National Centers of Environmental Prediction, NCEP）再分析资料，对统计降尺度模型（SDSM）进行率定和验证，确定模型应用的预报因子，并将 Had CM3 输出的 A2、B2 情景分别输入率定后的 SDSM 中，生成未来 3 个时期（2020s、2050s 和 2080s）日最高、最低气温变化情景。分析表明，SDSM 模型对于天山地区日最高、最低气温的模拟效果较为理想。

未来日最高、最低气温总体呈增温趋势，其增幅在 A2 情景下比 B2 情景下高，且日最高气温增幅普遍高于日最低气温。春季增温最大，而冬季增幅最小。日最高、最低气温在未来 3 个时期的空间变化趋势较为一致，两者的空间变化在 A2 和 B2 情景下大体呈现出由北向南逐渐减弱的趋势。随着 RS 及 GIS 与气候模型的结合，在区域及全球气候变化研究中的作用不断得以显现。

气候变化背景下地表反照率（surface albedo，SA）的变化能够深刻影响整个陆-气系统的能量收支平衡，引起不同时空尺度生态环境发生变化。基于 2001～2013 年 16 天合成的 MODIS/MCD43A3 数据，结合均值分析、斜率分析以及相关分析等研究方法，对气候变化背景下中国天山区域地表反照率时空变化特征进行分析，获得反照率与生态环境变化的新认识。在空间分布上，研究时段内天山区域年均地表反照率达到 0.217，伊犁河谷地区及天山北麓地表反照率较高，山区地表反照率较低，空间上呈交叉分布的特点；在时间分布上，研究区年均地表反照率缓慢增加，季节性差异明显，地表反照率秋季最高、春季最低，冬、春两季地表反照率波动强于其他季节；同时，研究时段内地表反照率与气候因子之间存在较为明显的响应关系。年均地表反照率随着 4 月、12 月气温的增加不断减小，随着 7 月、8 月降水的减少而明显增加，与同期气温、滞后 1 月降水之间存在显著相关。基于研究时段 MODIS 地表温度产品及 TM 影像遥感解译的土地利用类型数据，对天山区域地表温度时空特征进行分析，结果表明，研究区地表平均温度达1.73℃，呈东高西低的特点，西北部分地区的地表温度年际变化幅度明显高于其他地区，局部地区在 0.55℃ 以上；地表温度呈逐年缓慢增加趋势，增加率为 0.147℃/a，季节性差异明显，冬季地表温度波动幅度较大，变异系数达 12.7%，地表温度的差异白天大于夜晚，夏季明显高于其他季节；不同土地利用类型的地表温度之间存在差异，与对应像元的 NDVI 之间存在不同的拟合效果。随着植被盖度的增加，林地、草地地表温度下降明显，NDVI 每下降 0.1，林地和草地的地表温度降幅分别为 3.74℃、5.04℃。受人为活动影响较多的城镇用地和农地的地表温度与 NDVI 之间的敏感性,高于其他土地利用类型。

4. 植被遥感

植被是遥感研究的重要地物类型，植被特征及其变化在不同遥感信息源上表现出不同的特征，多源数据融合能够有效地揭示植被空间格局及变化规律（李小文和王锦地，1995；Li, et al., 1995）。目前，基于深度学习的无人航空载具网络多模式遥感图像分类模型集成得以深化（Joshi, et al.，2021），极大地提升了遥感地物分类的效率及其精度。新型遥感平台及传感器结合模型模拟在植被生产力研究中发挥着越来越大的作用（Gaso, et al.，2021）。应用 MODIS-NDVI 遥感数据，反演新疆乌苏地区 2001～2013 年植被覆盖的空间格局和变化规律，结合同期降水量和气温数据，分析乌苏地区不同生态区域植被特征，揭示植被对气候变化的响应。研究发现，天山森林生态区、东南部草原生态区和西北部荒漠生态区的不同植被各自具有一定的生长变化规律，其年际变化和季节变化与气候变化也具有一定的耦合关系。就年际变化而言，研究时段内乌苏地区 NDVI 呈现缓慢降低趋势，平均 NDVI 达到了 0.163；乌苏地区东北部及天山北坡部分 NDVI 较高，西北荒漠地带和中部精河、车排子一线较低，空间分布呈现南北两极分化；就年内变化而言，乌苏 NDVI 变化曲线呈现单峰型，7 月、8 月达到最高，10 月至翌年 2 月植物枯黄NDVI 逐渐降低；就年际水平而言，乌苏地区植被覆盖与气温降水的相关性不高。但在年内水平上，气候因子对植被生长的影响作用明显，气温与月均 NDVI 通过 0.01 的显著性检验，达到了 0.964。说明年内植被生长更依赖于水热组合的作用，而且温度是影响植物生长最直接的因素之一。

为分析区域 NPP 时空格局及其对气候要素的响应机制，以资源平衡的观点和光能利用率的概念为基础，利用改进的光能利用率模型估算不同时相植被 NPP，利用 RS 和 GIS技术逐像元分析植被 NPP 时空分布特征及其与气候要素的相关关系，进而了解研究地区植被 NPP 对气候变化的响应机制。将研究时段新疆 MODIS-NDVI 月产品数据、天山 26个气象台站插值数据和 2005 年 LUCC 数据，通过预处理作为参数输入到 CASA（Carnegie-Ames-Stanford approach）模型中，估算出研究时段内天山地区植被 NPP。结果表明，天山地区植被 NPP 总体呈西高东低、由北向南递减的空间分布特征；研究时段内平均植被 NPP（以 C 计）和 NPP 总量分别为 156.63 $g·m^{-2}·a^{-1}$、93.2 $Tg·a^{-1}$（$1Tg=10^{12}$ g）。同时，天山植被 NPP 总体呈缓慢增长趋势，NPP 快速增长区零星分布在天山北坡的林地和耕地区，增长速率为 2555 $g·m^{-2}·a^{-1}$，草地 NPP 总量波动较为明显，林地和耕地 NPP总量呈缓慢上升趋势，而荒漠 NPP 总量波动趋于平缓。植被 NPP 与年降雨量、年均温的平均相关系数分别为 0.383 和–0.189，天山地区植被 NPP 与年降雨量的相关性更强，年降雨量是影响天山植被 NPP 的重要因子，不同类型植被 NPP 对气候要素的响应特征存在明显差异。天山林地、草地和荒漠植被 NPP 主要受年降雨量影响，而耕地植被 NPP同时受到年降雨量和气温限制。

塔里木河流域以胡杨为建群种的荒漠河岸林是中国及世界上胡杨分布最为集中的地区之一。通过分析土壤含水率、GWD、地形地貌类型与胡杨空间分布、龄级结构、郁闭度关系，探讨胡杨林生长变化状况。同时，分别采用 1983 年全色航片、1992 年彩红外波段航片以及 1996 年日本 JERS-1/VNIR 数字合成影像作为基础信息源，结合监测调查与遥感信息识别与提取过程，编制塔里木河流域中游英巴扎地区植被类型图。在ARC/INFO 平台上，应用制图数据及相关自然及人文数据，分析胡杨林面积变化及演替规律，揭示植被变化的自然及人为因素，凝练 RS 与 GIS 在研究植被变化及其他资源环境问题的特点。

利用改进的 CASA 模型，结合 Landsat/TM 遥感影像及气象数据，估算 2010 年 7 月陕西榆林飞播林 NPP。通过实测植被生物量，验证 CASA 模型的估算结果。CASA 模型估算的不同地区的 NPP 区别明显，榆林市横山县与榆阳区交界处的植被 NPP 值最高，其值为 233.21～414.15g·m^{-2}（以 C 计）。榆林飞播林生态系统属于较低生产力的生态系统，沙柳的 NPP 水平最高，以柠条+沙柳+沙蒿为播种模式的人工林地生物量最高；除沙柳、花棒和沙蒿外，其他飞播植物生物量与含水量无明显的相关性；不同飞播年代的同种植被生物量与含水量、土壤养分以及气候等因素之间具有密切的相关性。干旱荒漠区植被的盖度和空间分布特征是评判该区生态环境状况及荒漠化程度的重要指标。以 Landsat/TM 影像为数据源，利用 NDVI 和线性光谱混合模型（linear spectral mixture model，LSMM）两种方法开展古尔班通古特沙漠西缘植被特征研究。在运用 LSMM 过程中，通过实测数据对混合像元分解结果进行验证。结果表明，NDVI 提取植被的方法受到很多限制，基于最小二乘法，非受限光谱混合分解结果较为理想，植被、盐碱地、裸沙和黑色砂粒等 4 种地物被识别选取出来。LSMM 提取的植被分量与实测植被盖度显著相关，线性相关系数为 0.858，表明干旱荒漠区的植被盖度可以通过遥感影像提取的植被分量间接获得。随着多源信息源的应用以及模型算法的研发，植被遥感的潜力正在不断地得以增强。

5. 环境遥感

目前，环境问题日益严峻，为研究提出了一系列新问题，环境遥感的开拓与发展为相关问题的解决提供了有效方案（王桥，2021）。

京津冀地区曾是大气环境较为严重的地区，国家实施京津冀一体化与大力推进"2+26"城市环境治理以来，对于大气环境污染机理及其控制途径的研究不断深化。城市大气污染监测与评价至关重要（胡建林和张远航，2022），针对河北省石家庄市大气环境污染问题，基于 PM$_{2.5}$ 浓度空间分布数据和遥感数据，应用 GIS 空间分析、广义相加模型和地理加权回归分析等方法，分析 PM$_{2.5}$ 浓度变化对 LUCC 的响应特征。结果表明，2000～2017 年石家庄市 PM$_{2.5}$ 年均质量浓度总体呈升高态势，增幅达 44.5%，2006 年达到污染峰值（83.81μg·m^{-3}），之后呈波动下降趋势。石家庄市 PM$_{2.5}$ 浓度呈西部低、中部和东部高，空间聚集特征表现为热点区增多并有南移趋势。石家庄市土地利用以耕地、建设用地、林地和草地为主，在 PM$_{2.5}$ 浓度变化的多因素 GAM 模型中，方差解释率为 78.6% 和 77.6%，模型拟合度较高；PM$_{2.5}$ 浓度对不同地类面积均呈非线性响应，建设用地和耕地对 PM$_{2.5}$ 浓度有正向促进作用，林地和草地则表现为负效应。GWR 模型中调整后 R^2 分别为 0.86 和 0.8，模型拟合较好，其区域 R^2 高值区为土地利用变化明显区，表明 PM$_{2.5}$ 浓度对地类变化有着显著响应。当林地、草地和耕地转变为建设用地时，PM$_{2.5}$ 质量浓度升高，分别升高了 5.12、2.86、3.54μg·m^{-3}；当建设用地转变为林地和草地时，PM$_{2.5}$质量浓度分别降低了 4.34μg·m^{-3} 和 2.73μg·m^{-3}；而耕地转变为林地时，PM$_{2.5}$ 质量浓度降低了 6.54μg·m^{-3}，转变为草地时，PM$_{2.5}$ 质量浓度降低了 1.32μg·m^{-3}。整体而言，林地和草地面积增加对于降低 PM$_{2.5}$ 浓度具有显著效果。在石家庄市未来城市规划中，可适度增加绿地面积，缓解区域大气污染危害。

基于 BP 神经网络的表层土壤重金属分布模拟，体现了地理信息技术的研究特点。以中国干旱区人工碳汇林为研究对象，利用采样点实测数据及理化试验得出的表层土壤重金属含量数据，借助 Matlab 实现双隐层 BP 神经网络预测模型，并结合 GIS 技术分析模型误差，最终实现研究区域土壤重金属含量的 3D 空间分布格局的可视化表达。结果表明，用双隐层 BP 神经网络模型拟合精度达 90% 左右，检验精度以及实际评价效果均较好。整个研究区中部区域 Cu、Zn、Fe、Mn、Ni 5 种重金属含量相对较低，对环境的负面影响较小；而在研究区周边区域，这 5 种重金属含量相对较高，对环境的负面影响较大。

6. 生态遥感

生态问题的研究离不开对生态信息及生态过程的监测与评估，RS 与 GIS 历来把生态要素及生态现象的认识作为重要研究方向。基于遥感生态指数（remote sensing ecological index，RSEI）开展河北省石家庄市生态环境质量评价，是生态遥感的典型例证。选取 2001～2018 年之间 5 个时间点的 Landsat/TM 和 Landsat-8 OLI 影像，通过提取绿度、湿度、干度和热度 4 项指标，结合 PCA 得到 RSEI，分析石家庄地区生态环境质量时空演变规律。结果表明，2001～2018 年，石家庄 RSEI 略有上升；研究区域 RSEI 等级为良和优的地区，占比从 73.31% 提高到了 77.72%，变好的区域集中于石家庄西部山地地区；石家庄市 RSEI 和 NDVI、NDSI 关系相较于 WET、LST 更为密切。从结果以及自然及人为活动特点分析，科学绿化是新时期生态建设的重要内涵（沈国舫，2022）。研究时段内，石家庄市生态环境质量整体较好，应继续增加绿化面积，实现生态环境保护和经济稳定增长的协调发展。

随着应对气候变化以及一系列生态效应问题的日益严峻，RS 在资源、能源、生态碳足迹领域的研究备受关注。基于 RS 与 GIS 技术，利用遥感数据、统计数据、气象数据等多源数据，实现对 2008 年中国艾比湖流域能源消费总量、能源消费碳足迹、生产性土地生态系统净生产力、植被碳承载力以及能源消费碳压力与赤字的空间可视化表达。结果表明，艾比湖流域 2008 年能源消费总量为 294.57×10^{4}t 标准煤，能源消费碳足迹为 33.01×10^{4}hm^2，生产性土地生态系统净生产力为 303.8×10^{4}t（以 C 计），植被碳承载力为 45.76×10^{4}hm^2，全流域平均能源消费碳压力为 0.721，能源消费碳赤字呈盈余状态，盈余量为 12.75×10^{4}hm^2。各市、县的能源消费碳足迹等因子由于产业结构的不同而差异明显，空间差异性较大。

6.2　数字制图技术

20 世纪 90 年代末，人类已开始探索至关重要的数字地球问题（Guo, et al., 2009），分析地理空间信息学的内涵及特点，强调了数字地球是真实地球的数字化再现，是信息高度富集的统一体，是当代科学技术高度发展的产物，也是人类资源共享的一种概念模式。21 世纪以来，各类高新技术层出不穷，国际竞争也异常严峻，网络信息科学技术领域更是如此。在这种背景下，网络强国、数字中国、智慧社会等备受关注。随着相关领域技术研发的进展，数字-信息-知识-智慧模式，必将成为提升国家治理能力现代化的重要途径。

2023 年初，国家发布了《数字中国建设整体布局规划》，强调要夯实数字中国建设基础（数字基础设施大动脉、数字资源大循环）、全面赋能经济社会发展（做大数字经济、发展高效协同的数字政务、打造自信繁荣的数字文化、构建普惠便捷的数字社会、建设绿色智慧的数字生态文明），要强化数字中国关键能力（构筑自立自强的数字技术创新体系、筑牢可信可控的数字安全屏障），要优化数字化发展环境（建设公平规范的数字治理生态、构建开放共赢的数字领域国际合作格局）。这必将促进中国数字化的进程，也必将促进中国信息化、数字化、网络化、智能化的快速发展。目前，知识经济时代、网络经济时代、数字经济时代的概念已不绝于耳，在这样一个崭新时代，人类必须基于新理念与新技术，从全球的视角研究一系列重大问题，以保证全球性可持续发展战略的实施（框 B6-1）。

框 B6-1

☐ 地图是地表的模拟图像。地图是表达地球信息最早的载体之一，地图作为一种传输地理信息的工具，是一种科学与技术产品。

☐ 数字制图环境下产生了数字地图。数字地图的核心是 4D 技术，可以形成多种多样的复合产品。数字地图具有信息负载量大、传输迅速方便等一系列特点。

☐ 数字化促进数字制图技术不断创新。信息技术、数字化技术，特别是地理信息技术、生态信息技术与环境信息技术的发展，为地理数字制图、生态信息制图以及环境信息制图发展提供了重要技术支撑。

☐ 数字制图理论方法与智能化融合发展。技术进步促进了专题制图实践的发展，智能化提升了人类认识客观事物（制图对象）的能力及其表达方式，制图理论与方法随着人们对客观对象认识的深化，与技术进步一起逐渐成为新时代制图学创新的热点。

中国的测绘历史源远流长，古代测绘成就至今仍为世人称道（宁津生，2016）。现代地图制图是在传统制图技术基础上发展起来的，传统制图方法不足以表示事物的发展变化，计算机技术、数据库技术、GIS 的快速发展使人们能够动态地显示事物的发展过程（Murodilov，2023）。目前，数据处理技术发生了革命性变化，人们可以把地图存储在计算机内。如果仅从地图载体的改变方面来看，可以把上述地图称为电子地图，但实际上更恰当的称谓应为数字地图，即地图以数字形式存在于计算机中。数字制图技术离不开数字化快速发展以及数字技术的支持（高俊，2004），数字化是将许多复杂多变的信息转变为可以度量的数字、数据，再以这些数字、数据为基础构建数字化模型，把它们转变为一系列二进制代码，输入计算机内部，进行统一处理，这就是数字化的基本过程。而数字技术（digital technology）是一项与电子计算机相伴相生的科学技术，它是指借助一定的设备将图、文、声、像等各种信息，转化为电子计算机能识别的二进制数字 0 和 1 后，再进行运算、加工、存储、传送、传播、还原的技术。由于在运算、存储等环节中要借助计算机对信息进行编码、压缩、解码等，因此也称为数码技术或计算机数字技术。

RS 及 GIS 结合，在数字制图领域丰富发展了系列化制图以及 GITP，又推动数字制图理论与技术的发展。通过 GITP 可以反演和模拟地理系统的时空变化，实现反演过去与预测未来功能。同时，可以利用 GITP 的形象表达能力，对地理系统中复杂现象进行简洁的现实表达。在研究相关问题的过程中，通过应用 GITP，可以实现多维空间信息的 2D 地图表达，减少模型模拟的复杂性；在数学模型的建立过程中，GITP 有助于模型构建者对空间信息及其过程的理解。

如前文所述，数字化的问题成为 21 世纪人们备受关注的重要领域。数字地图是信息时代制图技术发展的必经途径，并在理论与实践等方面具有诸多特点。

6.2.1 多维动态的时空要素

通过数字制图手段，可以在其软件环境的数据库中反映最基本的数字型数据，同时，通过相关软件的一系列功能操作，可以得到研究对象的各种属性特征数据。提供数字数据是数字地图最为明显的特征。数字制图技术在这一方面的发展，使信息技术、计算机技术等与古老的制图学有机地结合了起来，开创了数字化的新领域。数字化与智能化的发展（刘经南等，2019），数字制图技术能够与 RS、GIS、VR、AI、IOT、大数据技术等有机结合，可以多维、多层次、多角度地表达资源、环境、生态、地理等要素的时空特征，为不同人群提供所需的时空数据。

6.2.2 多样智能的信息载体

目前，数字制图在很大程度上是一种计算机系统支持下的智能化制图。其过程的许多环节是在软件环境中实现的。无论是制图设施的硬件（扫描仪、数字化仪、彩色绘图仪等），还是软件（CAD 与 RS、GIS 平台），都是现代计算机技术、网络技术、数据库技术、传输技术、信息技术快速发展条件下的高新技术综合应用，智能化体现在数字制图的整个过程中。数字制图与传统制图的一个重要区别表现在地图信息的传送介质方面。数字地图以磁带、光盘、软盘等信息载体为介质，以数字的形式存储数据，并且数据可以通过数据库进行多种处理。随着网络化的发展，数字地图还将通过网络传输与共享。

6.2.3 丰富灵活的信息保真

数字地图以数据为基础，针对研究区域及对象，不受地形图分幅的限制，避免地形图拼接、剪贴、复制的繁琐过程，可以按所要制图的区域生成电子地图；数字制图不受地形图几种固定比例尺的限制，其比例尺可在一定的范围内调整。同时，在保障数据安全及知识产权的前提下，数字地图可以非常方便地复制、整饰、携带、交换、共享。数字地图可以提供丰富多样的内容，根据研究工作或制图目的的需要，数字地图可以分要素、分层和分级提供空间数据，有利于针对制图对象选择与之相应的表达方式，还能够最大限度地保证信息的准确性与持久性，避免传统地形图上多种要素及专题特征综合表达及信息传输与共享的局限性。

6.2.4 准确可靠的现势动态

现势性是体现地图实用性的重要标志之一。传统地图一旦印制，所有内容就固化了，难以实现要素的快速更新。数字地图是存储于介质上的数据，又具有软件修改更新功能的支持，借助于 RS、GIS、GNSS 等现代地图数据采集途径，更新则较为简便。同时，数字地图的支撑数据库可以将不同时期的数据存储起来，并在电子地图上按时序再现，可以把某一现象或事物变化发展展示出来，便于深入分析和预测。受益于数字化的动态制图研发进展，人们能够实现对客观对象过去、现在及未来的客观认识，数字制图技术的动态性在资源及环境的过程模拟、趋势预测等方面能够得以充分显现。

6.2.5　交互共享的视觉效果

传统的制图方法及途径强调的是直观性，制图的一个重要目的就是把客观上隐藏的或者不明显的客观对象反映出来；而数字制图结果的一个重要特征就是不可视化，凡是使用不必经过视觉分析的数据时，数字地图具有其特殊的优势。同时，数字地图可以根据不同类型用户及其研究目的，交互使用不同的视觉表达功能，借助于可视化技术对其实现可视化，实现对研究对象多维动态与虚拟化表达。

6.2.6　数字表达的综合效应

在数字制图研究方面，有一系列案例反映了上述特点，并表现出明显的数字化综合效应。极端干旱区生态过程与生态现象具有特殊性，分析生态信息的表达模式与方法，对于认识与理解其内涵、特征及规律具有重要的理论价值与现实意义。基于区域荒漠背景以及要素之间的耦合关系（Ding, et al., 1999），拟定评价要素，实现荒漠环境数字表达的综合效应分析。以20世纪90年代初、2000年的Landsat/TM和2005年的CBERS-2/CCD影像作为提取生态景观信息图谱的基础资料，依据干旱区MODS特有的耦合关系，将位于中国极端干旱区的新疆吐鲁番划分为4个一级类型与13个二级类型。同时，借助GIS符号库，从真实性与实用性等角度，设计了景观生态专题制图符号体系。极端干旱区景观生态信息图谱模式由图形和特殊符号、描述性数字参数、数学模型3个成分组成。在ERDAS 8.5及ArcGIS 9.0的支持下，编制了景观生态专题图，实现了生态景观要素的系统图谱表达，综合性地反映了极端干旱区生态信息特征。极端干旱条件下的绿洲景观具有特殊的结构与功能，是认识生态过

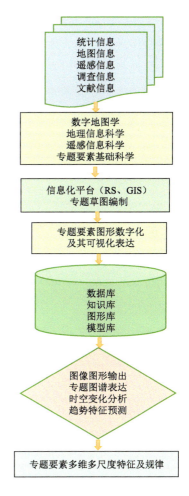

图 6-4　数字制图的一般途径

Fig.6-4　The general process of digital mapping

程、揭示生态规律的重要基础。基于遥感信息源，综合各种属性数据和统计信息，在 GIS 软件平台上，进行模式识别、专题分类、图谱表达，利用 GIS 的空间分析功能建立吐鲁番山地景观、绿洲景观及荒漠景观类型变化信息图谱，并创立属性数据库。生态景观信息图谱对于极端干旱背景下生态景观的特征反映清晰，生态景观图谱的数据采集与分析更为全面，生态景观要素的时空表现方式更为深刻，多源数据在建立生态信息图谱中具有不同的作用。

以干旱区碳汇林为研究对象，融合 GITP 方法与空间分析方法，利用多源数据将复杂变化的生态景观特征以图谱的形式展现；建立空间数据库及碳密度模型，扩展 GITP 的研究方向，研究过程实现了栅格化、数字化、空间化、动态化和图谱化。

土地荒漠化制图是生态环境专题制图的前沿领域，按照现代制图学的原理和土地荒漠化的分类体系，综合制图区域自然及人文要素的时空特征，应用遥感与 GIS 相结合的方法，编制不同时期的专题类型图，反映了信息化时代数字制图技术在土地荒漠化专题制图中的应用潜力，极大地丰富了专题制图学的内涵，体现了专题地图的灵活性、选择性、现势性及动态性，以及制图过程的智能化及制图载体的多样化等特点。总之，相关研究对于认识专题要素的表现手法以及制图过程的数据挖掘等理论与技术问题，具有一定的积极意义（图 6-4）。

6.3　生态环境技术

技术进步与应用创新在科学研究中具有重要作用。至 2019 年，作者及其科研团队在水文生态、植物生态、土壤生态等热点方向，取得了 10 余项系列化成果，包括中国专利与软件著作权成果，对于深化不同陆地生态系统的结构、功能与动态变化研究，具有一定借鉴价值。

全球变化背景下陆地生态系统发生了一系列变化（冯宗炜，2000）。研究生态系统物质循环、能量转化与信息传输的过程与机理，需要一系列技术方法的创新与突破。目前，山水林田湖草沙一体化系统综合治理技术、退化生态系统修复关键技术、生物多样性高效保护技术、生态监测与评估技术等均是现阶段需要进一步研发的前沿技术。近年来，作者及研究团队基于水文生态学原理，提出了一种人工林合理 GWD 的定量估算方法，有利于提升水资源利用效率及维护生态系统稳定性。基于生态系统耦合原理，提出了一种人工增雨环境效应的定量化测评方法，为人工影响天气及重大工程行为的效应评估提供了可靠技术支撑。基于污染生态学与生态修复学原理，提出一种改进的荒漠植被 SO_2 吸收量的测定方法，以提升荒漠植被 SO_2 吸收定量测定精度问题，指导生物减排及污染控制的客观实践。另外，作者及研究团队改进了多种土壤生态取样及加工技术，并基于 BGC 原理，在碳储量估算的基础上，研发了区域碳储量及碳汇管理信息系统 FCMIS V1.0，为提升区域低碳发展水平及提高生态环境质量提供一定参考。虽然作者及研究团队在生态环境技术领域已经取得了进展，在 SO_2 估算技术、生态水合理埋深估算技术以及人工增雨效应评估技术方面分别申请了国家发明专利，但仍然有诸多问题需要在理论与实践相结合方面进一步深化。

6.3.1　SO_2 估算技术

全球变化背景下，生态系统具有一系列的适应性响应，而植被对大气中污染物的滞纳与吸收是生态系统的重要功能之一。研究表明，植被的环境效应，特别是在吸收大气中 CO_2、SO_2、NO_x 等方面发挥着重要作用。随着人们对生态系统及生态过程的逐步认识，植被吸收大气中污染物机制将不断得以揭示，植被吸收相关污染物的定量评估以及价值核算亦将进一步得以深化。目前，本领域的相关评价方法还处于探索阶段，相关方法亦具有一定的局限性，评价的技术与方法在整体上还不够完善。

影响生态系统中植被 ESS 评估主要的原因是那些未市场化的生态资产很难统一计量，评价的标准也很难统一确定，同时，与生态资产存量在时空尺度上动态变化也有关系。尽管生态资产评估难度较大，但国内外越来越多的环境专家、生态专家、经济学专家、数理专家研究并探讨了各种技术和方法来进行生态资产的评估。目前，在价值量的估算方法方面，常采用的方法有普通生态学与经济学评价方法，以及遥感技术与模型综合评价方法等。而普通生态学与经济学评价方法又具体包括了直接市场法、条件价值法、替代市场法、价值能值法等一系列的方法，针对不同的对象，宜采用不同的方法。具体而言，直接市场法指能够在市场上直接或间接量化生态资产的价值，主要包括市场价值法、机会成本法、影子工程法、人力资本法等。评价内容包括生态系统中的产品和服务能在市场上直接以价格的形式计量的价值量（如林木资产、林副产品、农产品、矿产资源等），或能够通过市场间接体现得到的价值量（如森林生态系统中林地资产、涵养水源价值、固碳释氧价值、生物多样性价值等），以及生态环境损失估算等。条件价值法主要适用于没有实际市场和替代市场商品的价值评估。重复计算和人们支付意愿的偏好是影响条件价值法评价结果的两个主要影响因素，国外许多学者针对这两类因素建立了多种模糊数学模型来降低不确定性的影响。替代市场法是针对没有直接市场的评价目标而言的，包括了享乐价格法和旅行费用法。价值能值法是在能量系统研究的基础上创立的，太阳能的观测与研究为其评价提供了重要基础（常进等，1999）。从一定角度而言，能值研究也为生态资产的评价提供了客观标准。不同性质的生态资产太阳值是不同的，因为它们的太阳能转换率不同。太阳能转换率既是一种比值，也是评估生态资产的一种尺度，转换率与生态资产的价值成正比关系。太阳能转换率的大小从本质上揭示了不同生态资产的能量、商品劳务和技术信息等存在价值差别的根本原因。将数理方法，特别是数学模型与遥感、GIS 技术相结合，进行生态资产评价也已成为研究热点，遥感技术降低了数据获取难的问题，能够实时对不同时空尺度的生态要素进行动态监测，GIS 依靠其强大的空间信息处理能力便于分析不同尺度上生态要素的时空特征，数学模型的建立能够减少估算的误差，促进定量化评估的进展。郝吉明院士团队研究了 SO_2 减排以及 SO_2 排放造成的森林损失问题（Hao, et al., 2000；郝吉明等，2002）。Costanza 等（1997）列举了生态系统服务与生态系统功能的对应关系，对于定量估算生态要素及其功能的价值具有重要意义。

生态要素及其服务功能的价值量估算涉及一系列生态学机制，针对荒漠植被的特征克服不同估算方法的局限性，特别是针对荒漠植被吸收 SO_2 价值量的估算，更需要结合现实情况进行改进。为此，针对目前植被的大气效应等方面的研究进展，研发修正参量及模式的荒漠植被吸收 SO_2 价值量估算模型及方法，对于生态工程规划及建设，均具有重要的借鉴价值。该技术研发的目的在于建立荒漠植被吸收 SO_2 价值测定方法，以提升荒漠植被吸收 SO_2 定量测定精度问题，指导 SO_2 植被减排及生态经济发展的客观实践。

针对荒漠植被吸收 SO_2 价值量核心问题，该技术的原理及过程体现在如下方面：其一，基于荒漠生态系统的特征，设置样地，调查典型植被类型、面积、盖度、生长状况、地形、土壤、水文状况，获取定量估算价值量的基本要素。其二，分析荒漠植被要素与大气中 SO_2 的关系。其三，应用资源价值原理、环境经济原理、生态经济原理等，确定荒漠植被吸收 SO_2 的能力。其四，进一步根据系统论原理以及模型定量化的方法，选择参量、率定模型，并进行价值量的定量估算。植被吸收 SO_2 价值量估算改进模型为

$$P = \alpha \cdot K \cdot A \cdot \delta \qquad (6\text{-}1)$$

其中，P 为吸收 SO_2 的价值量；α 为单位林地吸收 SO_2 的能力（取经验值为 0.1521t/hm^2）；K 为单位面积内人工治理 SO_2 的费用（取值为 600 元/t）；A 为林地面积（hm^2）；δ 为针对植被吸收 SO_2 模型改进系数（取经验值为 0.44）。

$$P = 0.1521（t/hm^2）\times 600（元/t）\times 270183.6（hm^2）\times 0.44$$

$$= 1085（万元）$$

6.3.2 SOC 估算技术

碳元素是地球系统的重要化学元素，也是生命系统蛋白质的关键构成元素。从地球

化学元素碳的赋存形式而言,地球具有大气碳库、海洋碳库(潘德炉等,2012)、岩石圈碳库以及陆地生态系统碳库四大碳库,而陆地生态系统碳库包含了植被碳库和土壤碳库。由于土壤是陆地生态系统的主体,而且存在着一系列的不确定性,因此,陆地土壤有机碳(soil organic carbon,SOC)储量的估算和土壤碳固定成为生态学和全球变化研究的重要内容之一。技术核心为一种生态林 SOC 储量的估算方法,属林业生态工程技术、环境监测技术及低碳经济技术等领域。

森林生态系统是维护生态稳定性、保障生态安全的重要资源,生态系统是由生物与环境组成的功能单位,土壤作为生态系统的重要环境因子之一,是物质循环、能量转换与信息传递的重要媒介。而土壤碳库作为陆地生态系统最大的碳库,是全球碳循环的重要组成部分,在全球碳收支中占主导地位。土壤碳分为 SOC 和无机碳(soil inorganic carbon,SIC)。SIC 相对稳定,与大气碳交换量少,而 SOC 则与大气进行着频繁的 CO_2 交换。根据全球气候模型预测,到 21 世纪中叶,CO_2 浓度倍增后,全球可能增温 1.5~4.5℃(IPCC,1992)。全球变暖的一个反应就是加速 SOC 的分解,并增加对大气的碳释放,这也将进一步加强全球变暖的趋势。土壤碳库及其变动是影响大气 CO_2 浓度的关键生态过程,因此,土壤碳库的精确估算是研究全球变化、土壤碳循环的重要基础。国外开展 SOC 储量的研究较早,一般采用土壤类型法、森林类型法、生命带类型和模型法。SOC 储量与土壤理化性质、气候、土地利用方式等密切相关。土壤理化性质能影响 SOC 的稳定性。一般情况下,SOC 含量与黏土含量呈显著的正相关。SOC 储量的空间分布与气候因子的空间差异密切相关,在诸多气候因子中,气温的影响意义重大。人类活动对 SOC 储量的影响远远大于任何其他自然因素,土地利用方式的改变导致了土壤碳向大气中大量排放,加剧了大气中 CO_2 浓度的增加。森林砍伐将造成净碳排放,草地向耕地转变可以形成土壤碳排放也可能导致土壤碳积累,而草地向牧地转变或草地退化则必然造成土壤碳排放。

关于森林生态系统的研究一直备受关注,特别是 2000 年联合国实施陆地生态系统监测计划以来,人们对于各类生态系统的认识进一步深化。生态林是维护和改善生态环境、保持生态平衡、保护生物多样性等满足人类社会的生态、社会需求和可持续发展为主体功能的林地。它主要包括了防护林和特种用途林,在缓解 CO_2 积聚及舒缓温室效应等方面具有重要作用。生态林是以发挥生态效益为主的森林,主导利用森林的生态功能。探索生态林背景下的土壤碳汇,进一步定量估算 SOC,既是目前应对全球变化的需要,也是科学规划生态林、发挥生态林综合效益的重要基础。SOC 问题十分复杂,为应对全球气候变化挑战,中国所建立的一系列生态工程,如三北防护林工程、长江防护林生态工程、三江源生态工程、防沙治沙工程、天然林保护工程、退耕还林工程等,特别是种植的一系列生态林,为碳减排发挥着重要作用。

在生态林中，土壤碳库是趋于一种动态平衡的过程，其动态平衡过程受到许多因素干扰，比如温度、湿度、土地利用方式等，都会控制碳输入和输出的量，进而控制碳源和碳汇的大小和方式。当 SOC 含量接近或达到饱和水平时，增加外源碳的投入将不再增加土壤有机碳库。因此，研究不同条件下生态林的土壤碳汇机制、分辨土壤碳汇区，不但是生态林土壤碳增汇的重要理论基础，也是国家制定生态林土壤固碳策略的重要基础与科学依据。目前，国内外关于碳储量问题的研究比较活跃，这是应对全球变化以及发展低碳经济的迫切要求，也是实现资源环境及社会经济可持续发展的需要。围绕不同目的，关于碳问题的研究方法有土壤类型法、植被类型法和模型法等，并取得了一些积极的进展。由于土壤类型复杂，变化多样，不确定因素多，数据误差较大，准确估算 SOC 储量仍有诸多问题没有解决。SOC 含量与土壤类型、生态系统、土地利用方式等有关，还取决于净生物输入量、耕作方式和有机碳稳定性等众多因素。因此，准确测定 SOC 储量和进行土壤碳循环研究成为科学界关注的重要课题。我国 SOC 储量对于全球变化的持续影响，引起了世界各国的高度关注，有关专家认为，土地利用变化导致陆地碳库变化是温室效应的主要驱动因素之一。因此，国际碳减排要求可报告、可测量和可证实。探索生态林 SOC 的估算问题，分析生态林碳的赋存形式及转化机制，对于科学认识碳减排、进一步制定减排标准，具有重大的理论价值与现实意义。

该技术的研发目的在于针对现有技术中存在的缺陷，提供一种生态林 SOC 储量估算方法（框 B6-2）。

框 B6-2

☐ 土壤样品获取。基于遥感信息的识别与提取，在生态林的不同区域，结合 GWD、树种类型、树木生长状况等确定若干土壤采样点。挖掘标准土壤剖面，按照土壤地理学、土壤分类学的原理进行分层。基于对各层土壤物理性状的了解，采集各层土壤样品，作为实验室土壤化学性质分析的依据。

☐ 土样化学分析。把土壤原始采集样品在室内经风干及烘干等预处理后，备作化学分析。按照化学分析的原理制备土壤溶液，准备化学滴定。

☐ SOC 信息获取。SOC 含量采用 $K_2Cr_2O_7$ 滴定法，即外加热法测定。在外加热的条件下，用一定浓度的重铬酸钾-硫酸溶液氧化 SOM，剩余的 $K_2Cr_2O_7$ 用 $FeSO_4$ 来滴定，从所消耗的 $K_2Cr_2O_7$ 量，计算 SOC 含量。

☐ SOC 储量计算模式建立。基于物质循环原理以及化学反应平衡原理，同时考虑参数量纲及其标准化，构建生态林 SOC 储量的估算模式。

根据相关原理及方法构建生态林 SOC 储量的估算模式：

$$E_{SOC}=K_1 \cdot K_2 \cdot V \cdot K_3 \cdot K_4 \cdot M \tag{6-2}$$

其中，E_{SOC} 为生态林 SOC 储量（$g \cdot kg^{-1}$）；V 为实际滴定所用滴定液（$FeSO_4$）与标准液（$K_2Cr_2O_7$）比例关系；M 为土壤样品的烘干重（g）；K_1 为标准溶液的浓度，即 0.8 $mol \cdot L^{-1}$（$1/6$ $K_2Cr_2O_7$）标准溶液的浓度；K_2 为量纲转化系数，将 mL 换算为 L，即 10^{-3}；K_3 为 1/4 碳原子的摩尔质量，即 3.0 $g \cdot mol^{-1}$；K_4 为氧化校正系数，即 1.1。

利用生态林各样方的 SOC 储量数据，结合生态林植被特征，在 ArcGIS 9.2 平台上，进一步分析 SOC 时空分布特征及规律。生态林的生长状况直接受到气候、地形、地貌、土壤、水文状况的影响，特定自然地理背景下生态林的土壤状况又与碳的赋存形式及动态变化等密切相关。研发生态林 SOC 储量估算模式，并进行定量化估算具有重要的理论价值与现实意义。应用生态系统耦合的原理与方法，基于碳在土壤中的存在方式及状态以及理化性状，构建 SOC 储量的估算模式。由表 6-1 可知，中国干旱区生态林 100 cm 深度 SOC 总储量为 251934.4 Mg，约为 0.252 Tg，平均碳密度为 37.78 $Mg \cdot hm^{-2}$。不同层次 SOC 储量差异较大，介于 43757.16～58531.99 Mg。在所有土壤层次中，a 层（0～20 cm）SOC 储量占土壤总有机碳储的 23.23%，表明表层 SOC 储量占主要地位；而 a、b、c、d 四层（0～80 cm）SOC 储量占总碳储量 81.64%，SOC 储量含量依次递减，符合碳密度变化规律。

表 6-1　生态林土壤层有机碳储量
Tab.6-1　Soil organic carbon storage in ecological forests

土壤层次/cm	面积/hm²	各层次土壤碳储量/Mg	碳密度/（Mg·hm⁻²）
a （0～20）	6667	58531.99	8.78
b （20～40）	6667	56894.76	8.53
c （40～60）	6667	46492.39	6.97
d （60～80）	6667	43757.16	6.56
e （80～100）	6667	46258.05	6.94
合计	6667	251934.4	37.78

生态林 SOC 储量具有一定的分布与变化规律。排除人为干扰的情况下，生态林 SOC 储量也随土层厚度的增加而降低，其中 0～40 cm 和 0～80 cm 的 SOC 储量分别为 115426.75 Mg、205676.3 Mg，分别占土壤层总有机碳储量的 45.82% 和 81.64%。研究显示，以中国干旱区人工生态林为对象的 SOC 具有一系列特征。SOC 密度空间分布表现出明显的地带性，从西南向东北 SOC 密度从以 38～41 $Mg \cdot hm^{-2}$ 和 41～44 $Mg \cdot hm^{-2}$ 的斑块为主，轻微下降到以 35～38 $Mg \cdot hm^{-2}$ 和 32～35 $Mg \cdot hm^{-2}$ 的斑块为主的区域，达到以 44～47 $Mg \cdot hm^{-2}$ 和 47～50 $Mg \cdot hm^{-2}$ 为主的斑块。在人工减排林区最北部及东南方向，有

两块区域 SOC 密度非常低，SOC 密度介于 26～28 $Mg \cdot hm^{-2}$，在东南方向一块区域 SOC 密度达到最高，该区域 SOC 密度介于 52～55 $Mg \cdot hm^{-2}$。

干旱区人工生态林 SOC 储量为 251934.4 Mg，约为人工林减排区域乔木层碳储量（246935.7 Mg）的 1.02 倍，意味着人工林减排区的土壤是一个巨大的有机碳库。其主要原因是土壤碳库具有最大的库存量，且 SOC 主要以腐殖质形式存在，并受到物理保护，能维持较长时间的碳储存。一般森林 SOC 含量是植被碳含量的 2.5～4 倍，植被层包括乔木层、灌木层、草本层和凋落物层，1.02 倍仅仅是与乔木层碳储量相比，并未包括灌木层、草本层以及凋落物层。虽然干旱区生态林区域主要以幼中林为主，并且尚有较大区域并未进行全面统一的植被种植，部分种植区域遭受管理不当、病虫危害严重等影响，研究区乔木层植被碳储量偏低，但是减排林基地土壤大多为盐渍化土壤，部分地区盐渍化十分严重，土壤质量相对较差，导致较低的森林土壤/植被碳储量比。

6.3.3 碳储存估算技术

随着人们对碳减排、碳达峰与碳中和问题的日益关注，山地生态系统（mountain ecosystem，MES）在全球变化中的地位与作用也备受重视。祁连山作为我国西部干旱区的重要生态屏障，在"一带一路"倡议的实施背景下，维护好区域生态系统功能，对于区域生态建设、环境保护与社会经济发展具有重要的现实意义。气候变化背景下，尽管温度控制着中高纬度地区 SOC 储量，但热带地区的水文气候可能是土壤碳存留的主要驱动要素。全球森林生态系统碳库具有极大的复杂性，森林水分利用率与大气 CO_2 具有密切联系，模型模拟方法在估算 NPP 等生态系统参量方面具有重要的地位与作用。目前，人们围绕着生态系统的服务价值评估、生态系统碳储存估算问题，探索了诸多方法。价值量评估法、物质量评估法、能值分析法是重要的一类评估方法，而生态模型法则是近年的热点研究方向。随着多学科的交叉与融合，ESS 评估方法以及碳储存、碳收支与碳源汇的估算方法逐渐与生态模型相关联，并进一步深化。精准估算 TES 碳汇对中国制定碳减排措施、实现碳中和目标有重要科学支撑作用。大气反演方法基于大气 CO_2 浓度观测数据，可有效估算地面 CO_2 通量的时空分布。中国 TES 碳汇的大气反演估算仍有巨大不确定性，应建立足够的 CO_2 观测站点，以最大程度降低中国 TES 碳汇大气反演估算的不确定性（朴世龙等，2010）。目前常见的生态系统模型包括 InVEST、ARIES、SoLVES 等模型。其中，InVEST 模型的众多模块被梳理为不同的类型，一类是支持生态系统服务功能模块，如生境质量、生境风险评估等模块，另一类则是最终生态系统服务模块，包括碳储存、水源涵养、水质净化和土壤保持等服务功能，这些生态系统服务功能均能够直接服务于人类社会。

　　不同的生态系统具有不同类型的多种资源，在维持生态安全方面有着极其重要的战略地位。在国家大力推进黄河流域生态环境保护、长江流域生态环境保护的背景下，进一步研究气候变化情景下 ESS 变化，并估算不同时空尺度上碳储存的变化，对于全面揭示 TES 稳定性规律，科学评价生态系统综合环境效应，具有重要理论价值。同时，对于探索气候变化背景下碳储存的影响要素，揭示碳循环等 BGC 规律（李绚丽和谈哲敏，2000），完善碳储存估算技术、ESS 估算技术、生境质量评价技术等一系列生态环境演变与质量评价的技术体系，也具有重要的理论价值。从长远而言，对于国家倡导以国家公园为主体的自然保护地建设以及低碳发展、绿色发展具有重大的现实意义。

　　在碳储存估算及分析中，除了实际调查获取各类基础信息外，需要多源数据的支撑。LUCC、植物可利用水含量、土壤最大根系深度栅格数据来源于国家青藏高原科学数据中心，利用 ArcGIS 软件重分类、重采样等方法获得；年降水量、年潜在蒸散量栅格数据来源于中国气象科学数据共享服务网，并分别通过 ANUSPLIN 软件进行插值及 Penman-Monteith 法计算插值后获得；次级流域边界矢量数据及 DEM 栅格数据，来源于资源环境科学数据云平台，通过 ArcGIS 软件水文分析模块处理得到；坡度坡向栅格数据，基于 DEM 数据，利用 ArcGIS 软件 3D Analyst 工具获得；道路铁路及城镇居民点矢量数据，来源于全国基础地理信息数据库，利用 ArcGIS 软件距离分析模块求得要素的欧氏距离获得。科学数据对于地球系统研究具有重要作用（孙九林和林海，2009）。根据 InVEST 模型及 GeoSOS-FLUS 模型对基础数据的要求，各类数据进行不同的预处理后，通过模型进一步反演相关的生态要素。

　　基于区域自然地理状况，在遥感分析的基础上，结合宏观调查与典型研究，获得生态系统属性特征，进一步通过 InVEST 模型等估算生态系统的碳储存，分析其环境效应。针对特定生态系统的特征，研发未来气候变化情景下的碳储存估算技术（CSET），对于植被减排及碳中和研究与实践具有重要促进作用。

1. 碳储存估算思路方法

　　围绕祁连山生态系统（Qilian Mountain ecosystem，QLME）碳储存的估算问题，基于 InVEST 模型，研发碳储存估算技术与方法，实现对山地生态系统碳储存的估算。InVEST 模型中的碳储存模块分为地上生物碳库、地下生物碳库、土壤碳库、死亡有机碳库 4 个基本碳库。对不同地类 4 种碳库的平均碳密度进行统计，然后用各个地类的面积乘以其碳密度并求和，得出研究区的总碳储存。

2. GeoSOS-FLUS 模型方法

　　GeoSOS-FLUS 模型主要分为两个模块，其一是以 ANN 为基础的适宜性概率计算模块，其二是根据自适应惯性机制建立的元胞自动机（CA）模块。在适宜性模块中输入某一期研究区土地利用分类数据以及土地利用变化驱动因子（如地形、居民点、道路分布等），并通过 ANN 计算得到研究区各地类适宜性概率。

3. 未来土地利用动态变化

基于 GeoSOS-FLUS 模型的原理与方法，采用 2000 年土地利用状况模拟 2010 年的土地利用覆被情况，并进一步对 GeoSOS-FLUS 模型进行率定，得到其适宜性概率，然后模拟 2015 年土地利用状况，同时结合实际土地利用数据进行对比验证。验证结果的 Kappa 系数为 0.72，模拟的整体精度为 0.81。结果表明，该模型能较好地模拟研究区土地利用类型变化情况，用于预估研究区的未来土地利用状况。

以 QLME 2000 年和 2015 年的土地利用作为初始和终止年份，通过马尔可夫模型计算各土地利用类型的转移概率，进而预测 2050 年研究区的土地利用结构数量。在此基础上，将 2018 年土地利用数据和驱动因子数据作为 GeoSOS-FLUS 模型的输入数据，结合目前 QLME 的客观状况，转换矩阵选用自然保护情景，模拟得到 2050 年研究区土地利用类型状况。

4. 未来情景的碳储存变化

基于 RCP4.5 及 RCP8.5 的气候变化情景模式，根据 FLUS 模拟预估得到的 2050 年土地利用类型数据，耦合 InVEST 模型得到自然保护情景下 QLME 2050 年的碳储存分布状况。

定量化分析可知，2050 年 QLME 平均碳储存主要集中在东部和中部的植被覆盖地区。2050 年研究区平均碳储存为 3813.38 t，较 2018 年增长率为 8.69%，碳储存总量为 18941.82 $\times 10^4$ t，较 2018 年增加了 1629.69 $\times 10^4$ t。QLME 碳储存的时

图 6-5　QLME 1985～2050 年碳储存变化规律

Fig.6-5　Changes of carbon storage in QLME from 1985 to 2050

间变化特征如图 6-5 所示，可以看出，QLME 碳储存呈现增长趋势，特别是 2010 年起对其进行生态修复治理后，碳储存有了显著的提升，而在符合设定的自然保护情景下，QLME 的林地面积有了明显增加，因而到 2050 年碳储存也有了进一步的增加。

基于多源数据，运用 RS 及 GIS 技术，结合 InVEST 及 GeoSOS-FLUS 模型，探索碳储存估算技术与方法，实现对 QLME 碳储存的估算。定量估算及分析表明，不同景观类型背景下 QLME 碳储存具有明显的时空差异性。基于 InVEST 模型，分析了 QLME 碳储存服务功能的时空演变及其变化规律，同时通过耦合 GeoSOS-FLUS 模型，预估了未来不同气候变化情景下生态系统服务功能的变化情况，结果表明未来不同气候变化情景下碳储存均趋于增加。

祁连山是国家"三区四带"重点生态功能区，也是国家公园试点建设区域。QLME 在维护生态稳定性、保障生态安全领域发挥着不可替代的作用。特定自然地理背景与土地利用格局下的生态系统发挥着一系列生态服务功能，基于气候变化情景，探索生态系统服务功能模型模拟技术方法，特别是定量估算碳储存技术的拓展，对于认识碳循环与碳固定的特征与规律（朴世龙等，2019），具有重要的理论价值与现实意义。

6.3.4　生态水埋深估算技术

GWD 指地下潜水面至地表的距离。潜水埋藏在地表以下第一稳定隔水层之上，具有自由表面的重力水。潜水的自由表面称潜水面，潜水面的绝对标高称为潜水位，潜水面距地面的距离称为潜水埋藏深度，即 GWD。潜水一般埋藏在第四纪疏松沉积物的孔隙中或出露地表基岩的裂隙中，它的埋藏深度及含水层厚度各处不同。GWD 是目前水科学领域及生态水文学研究领域的热点方向，GWD 与维持生态系统稳定性，实现水热平衡、水土平衡、水盐平衡、源汇动态平衡，提供生态服务价值具有密切联系。目前，有关 GWD 的研究是在现有生态系统和生态水文条件下进行的，分析一个流域或区域的 GWD 必须考虑最适宜的地下水位及合理的 GWD 等问题。我们所监测与调查的 GWD 往往是现状，与合理 GWD 有诸多不同，合理 GWD 与地表覆盖以及生态结构与功能有密切关联，进一步增加了估算的复杂性。开展潜水对 SPAC 系统作用研究，对于揭示区域水分变化规律具有重要作用，潜水通过控制土壤水分分布影响作物根系发育和作物产量。地下水环境对植物的生长、发育及种群演化等生态过程起着重要的影响（Al-Djazouli, et al.，2021），GWD 通常会引起生态系统组成和结构的变化，过高和过低都将造成生态环境的恶化。因此，探寻合理的 GWD 阈值，成为目前研究的关键技术。本技术涉及一种人工林地下水合理埋深估算方法，属于林业生态工程技术、环境监测技术交叉的技术领域。

　　随着学科的交叉与融合，不同学科围绕着地下水相关问题的研究备受关注，特别是关于 GWD 的研究逐步得到加强。不同学者围绕内陆河流域不同 GWD 下的土壤种子库特征、集约化农业生产区浅层 GWD 的时空变异规律、考虑周期性变化的 GWD 预测自记忆模型、不同 GWD 条件下再生水灌溉对冬小麦生长的影响、荒漠区植被对 GWD 响应、地下水埋藏较浅地区再生水灌溉对夏玉米生长的影响等展开研究。干旱区 MODS 稳定需要水资源的保障，特别是绿洲-荒漠生态系统的维持需要合理的水分供给（张新时，2023）。一些专家根据降雨、蒸发与 GWD 关系相似的规律，仿照国内外排水计算中较为广泛应用的阿维里扬诺夫经验公式的结构形式，建立起降雨入渗补给与 GWD 的关系，并采用室内外试验资料对该关系式进行了验证，系统探索农田排水条件下降雨入渗补给与 GWD 关系。一些专家以典型农场为例，采用时间序列分析方法建立了农场 GWD 动态预测模型，对 GWD 进行模拟和预测，揭示其地下水动态变化规律，为区域地下水资源的可持续利用提供了科学依据。同时，一些学者为建立新型的节水型灌区，科学用水、计划用水，利用蒸渗仪，进行了多年的试验研究，得出了最佳 GWD 范围，建立了动态模拟的作物生育期内潜水蒸发模型。近年来，已有不同学者对不同生态系统的生态水位计算方法和合理阈值进行了分析，并提出了相应的调控方案。也有学者对中国西北干旱区生态 GWD 开展研究，提出了内陆河流域合理生态水位、适宜生态水位、临界生态水位等概念机量化阈值。一些专家研究了骆驼刺幼苗生长特性对不同 GWD 的响应，银川平原土壤盐渍化与植被发育和 GWD 关系，和田绿洲 GWD 的自然影响因素，石羊河下游民勤绿洲 GWD 时空分布动态变化，不同 GWD 下胡杨叶片生理指标变化特点，不同 GWD 对土壤水、盐及作物生长影响试验研究以及石羊河流域 GWD 时空变化规律研究等。在水资源短缺的条件下，GWD 往往被经济需水所挤占，如何实现生态系统可持续的水资源优化配置，保障合理生态水位十分重要，而对于合理 GWD 的监测、分析与评价则具有不可替代的作用。

　　从国际研究而言，SPAC 中的水分、能量和盐分传输属于国际前沿问题之一（康绍忠等，1994；2009；刘昌明和王会肖,1999）。小尺度的研究越来越深入，有人专门针对小麦，将 SPAC 系统具体为土壤-小麦-大气连续体，界面水分过程的研究十分活跃；大尺度的研究已不再单纯集中在农业方面，而是从更广泛的水文循环着手，研究大气与地表间各种源汇的物质和能量传输，IGBP 核心项目之一——水文循环生物圈方面将其归结为土壤-植被-大气传输过程（soil-vegetation-atmosphere transmission, SVAT）。在 GWD 较浅的地区，SPAC 中的水分因自然的和人为的作用，必然和地下水发生联系，不同埋深地下水对土壤水分分布和农作物产量、水分利用效率等有着不同程度的影响。从界面过程看，人们更多侧重于土-气界面和植-气界面过程的研究，而对地下水-土壤水界面过程，尤其是地下水对土壤、作物的直接作用和对土-气界面和植-气界面水分过程间接作用研究较少。定量地开展地下水对 SPAC 系统水文过程研究，对于深入分析水分运移规律和充分利用地下水，制定合理的节水灌溉方案以及通过控制地下水对农作物生长进行调控（Wang,et al., 2002），具有一定的理论价值和现实意义。

GWD 的理论基础与计算方法研究包括不同生态类型的 GWD 特征、基于生态过程的不同类型 GWD 的量化模型、不同植被组合的 GWD 以及不同尺度转换方法等。GWD 监测预报方法有试验法、均衡法、数理统计方法、时间序列分析方法和水动力学方法等。目前，区域地下水动态研究多采用水动力学方法，利用数值方法（有限元、有限差、边界元等）对区域地下水运动偏微分方程进行求解。建立地下水动力学模型对区域地下水动态进行模拟和预报，可加深对区域地下水系统内部结构的认识，掌握区域地下水的埋藏条件和水循环条件，更为重要的是为区域土地盐碱化预测预报提供必要的参数和基本条件。GWD 研究涉及生态学、水文学、地学等学科，需要多学科联合研究。对人工林合理 GWD 的估算对于相关领域的生态工程实践具有重要的理论指导价值。该技术所要解决的关键问题在于提供一种人工林地下水合理埋深估算方法，特别是把地下水监测方法及植被生长监测方法结合起来，探索人工植被背景下 GWD 定量核算的模式与途径，从而为实现对人工林的可持续管理提供合理有效的依据。人工林地下水合理埋深估算方法包括以下步骤：其一，在具有代表人工林区不同地貌、土壤、植物及其生长状况背景下的小区域中，确定多个地下水采样点。其二，测量各地下水采样点的实际 GWD。其三，采集各地下水采样点所对应样地的植被类型及其生长状况。其四，根据所采集的信息，得到一组特定样地背景下保障植被正常生长的合理 GWD，进而估算出保障所有样地背景下植被正常生长的地下水合理埋深，即人工林合理 GWD。上述技术方案中，各采样点的实际 GWD 可通过现有的方法进行测量，该方法通过在地下水采样点挖掘地下水观测井测量各地下水采样点的实际 GWD。为了更准确地反映植被生长情况，为后续量化处理提供依据，植被的生长状况分为长势良好、长势较好、长势一般以及长势差四个级别。长势良好等级指植被长势很好，枝繁叶茂，少数样方植被有轻微虫害；长势较好等级指植被生长状况较好，大多数样方植被有轻微虫害；长势一般等级指植株稀疏，虫害较严重；长势差等级指植被稀疏，虫害严重，叶子脱落严重。相比现有技术，新技术为人工植被背景下的 GWD 定量核算提供了新的模式与途径，可为实现人工林的可持续管理提供合理有效的依据。

人工林的生长状况直接受到气候、地形、地貌、土壤、水文状况的影响，特定自然地理背景下人工林的水分状况直接制约着其生长状况。本技术研发的思路是将地下水监测方法与植被生长监测方法相结合，对生态水文与植被生态的相关性进行现实调查与实验室分析，利用人工林各个样地实际 GWD 数据以及各样地植被的实际生长状况，获得特定样地背景下的合理 GWD，并进而估算出整个人工林的地下水合理埋深。植被生长长势与 GWD 关系表如表 6-2 所示。

从表 6-2 可以看出，当 GWD 在 2.3～4.0 m 时，4 种植物均长势良好；当 GWD 在 4.0～6.0 m 时，4 种植物轻微虫害，长势较好；当 GWD 在 6.0～8.0 m 时，GWD 较深，地下水难以被植物根系很好利用，4 种植物长势一般；当 GWD 在大于 8.0m 时，地下水难以被植物根系吸收，4 种植物均长势很差，其植物植株稀少、虫害严重，且叶子脱落严重。根据表 6-2，可很容易估算出保障人工林所有样地背景下植被正常生长（长势良好或长势较好）的 GWD，即该人工林的地下水合理 GWD 应为 2.3～6.0m。

表 6-2　人工林主要植被生长状况与 GWD 关系

Tab.6-2　**Relationship between vegetation growth of plantation and groundwater depth**

种类	GWD/m	生长状况	种类	GWD/m	生长状况
俄罗斯杨	<2.3	一般	沙枣	<2.3	一般
	2.3～4.0	良好		2.3～4.0	良好
	4.0～6.0	较好		4.0～6.0	较好
	6.0～8.0	一般		6.0～8.0	一般
	>8.0	差		>8.0	差
柽柳	<2.3	一般	芦苇	<2.3	一般
	2.3～4.0	良好		2.3～4.0	良好
	4.0～6.0	较好		4.0～6.0	较好
	6.0～8.0	一般		6.0～8.0	一般
	>8.0	差		>8.0	差

通过对塔里木河流域的地下水、土壤水和植被状况相互关系的研究，把 GWD 与生态环境状况相联系，划分为沼泽化水位、盐渍化水位、适宜生态水位、植物胁迫水位及荒漠化水位 5 种类型，并确定其相应埋藏深度。根据潜水蒸发与土壤盐渍化与荒漠化的关系，把适宜生态水位确定在 2.5～4.5m，即潜水强烈蒸发深度以下与蒸发极限深度之上的区间。地下水位的划分、适宜生态水位的确定为估算生态用水、防治土地盐渍化和荒漠化，提供了重要科学依据。表 6-3 反映了 5 种地下水位的主要特征。

表 6-3　几种地下水位的主要特征

Tab.6-3　**Main features of several types of groundwater tables**

生态水位类型	GWD/m	主要特征
沼泽化水位	<1.0	季节性地表积水或长期渍水，土壤处于还原状况，形成灰蓝色潜育层，对植物生长不利；沼泽植物生长虽茂密，但蒸散耗水对水量消耗大
盐渍化水位	1～2.5	地下水通过毛管作用，可到达地表，土壤上层湿度较大，植物生长良好，但地下水中的盐分可向地表聚积，易使土壤发生盐渍化，又会影响植物生长；同时，潜水蒸发损失水量大

续表

生态水位类型	GWD/m	主要特征
适宜生态水位	2.5~4.5	毛管上升水流可到达植物根系层,供植物吸收利用,土壤水分基本可满足各类植物需要,潜水的无效蒸发很小,几乎全部被植物吸收利用,既不会产生盐渍化,也不会发生荒漠化
植物胁迫水位	4.5~6	潜水停止蒸发,土壤上层干燥,浅根系的草本植物无法利用地下水而衰败或死亡;乔、灌木根系较深,主根可向下延伸吸收地下水,还可忍耐土壤干旱,但长势不良,存在着荒漠化的潜在威胁
荒漠化水位	>6	土壤向自成型荒漠土发展,剖面通体干旱,潜水位以上的饱气带很大部分为薄膜水,植物很难利用;深根系植物吸收地下水也较困难,乔、灌木衰败或干枯死亡;地面裸露,风蚀风积严重,光板龟裂地和片状积沙并存,出现荒漠景观

6.3.5　人工增雨效应评价技术

水资源是地球为人类和其他生物生存和繁衍提供基本物质基础的自然水体。近年来,伴随人口增加及工农业生产不断发展,中国水资源供需矛盾日趋凸显。全球变化背景下,水资源时空特征出现了一系列不确定性(穆穆等,2011),制约着产业发展与人民群众生活的改善,也影响区域可持续发展(秦大河,2014;王浩,2010)。为了改善区域水分状况,缓解与应急解决区域干旱问题,人工影响天气成为重要的研究及应用领域,人工增雨成为人们关注的热点。人工增雨主要是利用自然云的微物理不稳定性,采用人工催化方法,改变云降水物理过程,使空中云水资源降落到地面,形成可被自然生态系统及人类社会利用的水资源,以达到增加降水、缓解水资源短缺的目的。人工增雨具有一系列客观效果,其环境效应也备受关注。在大气方面,它可以防沙治尘,提高空气质量,降低 $PM_{2.5}$ 的浓度;同时,大气降雨是一种重要的地气交换形式,降雨过程对大气中的污染物具有显著的淋滤作用,雨水中的污染物,尤其是有机污染物,会损害人体器官,造成对水体以及土壤生态系统的再次污染(任南琪和王旭,2023)。在土壤方面,它可以增加土壤水分含量、改善土壤墒情,但在雨水打击等作用下,可能导致土壤养分流失、土壤团聚体破碎,引起土壤侵蚀(朱永官等,2022)。在水体方面,它可以增加地表径流量、补充地下水资源、实施水生态修复,但随着城镇化进程加快,不透水面的面积迅速增加,降水迅速转化为径流,冲刷并携带污染物进入水体,形成典型的非点源污染。在催化剂方面,现阶段还缺乏深入研究和评估。事实上,开展人工增雨作业是一项复杂的系统工程,需要组织气象、水利、农林、航空等部门的大力协作,集中力量推动增雨作业的基础研究、应用研究及技术开发。既要增强增雨作业前的观测分析,也要侧重增雨作业后的效应评估。不仅要重视人工增雨对局地和全球自然水循环的影响研究,也不能忽视人工增雨对生态环境和人类健康影响的评估。

目前，该领域相关评价方法主要侧重增雨的效果评估及成云致雨的条件等。具体而言，有物理学方法、统计分析方法及数值模拟方法，这些方法在现实中发挥着重要作用（庄逢甘和张涵信，1992）。物理学方法通过增雨作业前后积雨云的变化、降雨形成等现象来评判作业效果。如人工播撒催化剂后，云顶有增长或消散现象、云内常伴有结冰现象出现、云滴谱也有变宽的趋势；一般在作业后的 20～30 min，作业区下风方向就会有降水产生，据此过程及特征进行监测与评价其降水效应。与物理学方法相比，统计分析方法是以降水量为统计变量，判定作业区增雨前后降水量是否增加。数值模拟方法是基于云-降水形成理论而逐步建立的数学模式，通过预报自然云的降水量，再与人工作业后降水量的实测值比较，从而判定其增雨效果。但目前模式的模拟结果与实际情况仍有较大出入，需要进一步完善。

现实中考虑到自然降水过程的复杂性，降水量自然变率很大，常规的观测分析方法在一定程度上还不能有效地揭示人工增雨作业的复杂机理及效应评估的机制。近年来有关人工增雨的模型研究得以加强，但多集中在催化剂扩散及概念模型构建等方面。基于对流云云中催化剂扩散模型，模拟催化剂扩散与扩散时间、风速、湍流系数、垂直速度等因素的关系，有学者研究表明催化扩散的影响主要集中在前 30 分钟，而且能在较短的时间内扩散到一个稳定的范围，风速、湍流系数及垂直速度与催化剂扩散范围呈正相关。目前，国内外有关人工增雨的评价方法及模型的研究逐步深化，围绕不同目的，相关研究已取得了一些积极的进展，而现阶段关于人工增雨环境效应的评价仍存在较大困难。

针对目前人工增雨的研究进展，研发人工增雨环境效应的评价方法，有助于科学认识人工增雨对区域生态环境的影响，对人工增雨作业的效益评估及资源可持续利用等具有重要的理论及实践价值。特别是针对人工增雨环境效应的定量化评价问题，应用 PSR 模型原理与方法，结合 AHP 方法，开展系统性的技术方法探索，为增雨作业效益评估、开拓水资源及其环境有效性，提供重要的理论依据及方法支撑。技术途径如下：其一，依据人工增雨区的自然地理背景特征，从遥感信息源及人工增雨作业资料、大气环境监测资料、水环境监测资料中获取人工增雨环境效应的特征数据，并确定测评体系中的准则层的测评因子，构成准则层 B，再依据各测评因子分别选择测评指标构成指标层 C。其二，根据确定的人工增雨环境效应的测评因子及测评指标，构建人工增雨环境效应评价指数模型：

$$I_{\mathrm{APE}} = \sum_{i=1}^{n} W_i \sum_{j=1}^{m} X_{ij} Y_j \tag{6-3}$$

其中，I_{APE} 为人工增雨环境效应测评指数；W_i 为准则层 B 中 i 测评因子的权重；X_{ij} 为 i 测评因子在指标层 C 中第 j 个测评指标的标准化值；Y_j 为指标层 C 中 j 测评指标的权重值；n 为准则层 B 中测评因子的个数；m 为 i 测评因子在指标层 C 中测评指标的个数。其三，将各个人工增雨环境效应测评因子及测评指标分别赋予权重，并代入人工增雨环境效应测评指数 I_{APE} 中，计算其定量化数值。其四，依据人工增雨作业的发生机制和表现特征以及相关的生态环境质量测评标准，按照综合指数从高到低排序，反映其从优到劣的变化过程，共分为 4 个等级，如表 6-4 所示。

表 6-4　人工增雨环境效应测评指数参考标准
Tab.6-4　Reference standards for evaluation index of environmental effect of artificial rainfall

分级序列	阈值范围	定性特征
Ⅰ	[0.75～1.0）	理想状态
Ⅱ	[0.50～0.75）	良好状态
Ⅲ	[0.25～0.50）	较差状态
Ⅳ	[0～0.25）	恶劣状态

基于上述标准，根据测评结果所对应的等级，确定人工增雨环境效应状况。若环境效应测评指数为 $0.75 \leqslant I_{APE} < 1$，即[0.75～1.0），综合评价效应即为理想状态。在实践中，需要结合生态、地理要素及社会状况，对其进行必要的调整。

随着全球气候变暖，干旱区水资源短缺问题表现得日趋突出，实施人工增雨技术，开发空中云水资源已引起人们的广泛关注。特别是环境效应评估的过程，体现了理论与实践相结合、定性与定量相结合的总体思路。基于 PSR 模型，从压力、状态、响应 3 个层面筛选出 14 项指标，构建乌鲁木齐人工增雨环境效应评价的指标体系，建立人工增雨环境效应评价的综合指数。运用 AHP 法确定各指标的权重，对评价指标无量纲化处理，使人工增雨环境效应评价的结果具有可比性。在此模型指标的基础上，对乌鲁木齐一次人工增雨作业的环境效应进行了初步量化。基于上述技术途径，对各指标进行计算、处理，获得乌鲁木齐市 2005 年 6 月 20 日人工增雨作业前后的各测评指标标准化后的结果（表 6-5），旨在科学合理地开发空中云水资源，降低人工增雨的作业成本。研究结果可增进对人工增雨环境效应的认识，为未来人工增雨作业的效益评估及资源可持续利用等提供科学依据。

表 6-5　人工增雨作业前后各指标标准化数值

Tab.6-5　Standardized values of each index before and after artificial rainfall operation

指标层	增雨前标准化数值	增雨后标准化数值
C_1 区域农作物受旱比例	0.556	0.480
C_2 增雨作业的总次数	0.000	0.400
C_3 增雨作业使用的催化剂总量	0.000	0.361
C_4 大气水汽含量	0.346	0.526
C_5 大气比湿	0.118	0.484
C_6 风速	0.359	0.485
C_7 气温	0.243	0.419
C_8 区域日降水量	0.000	0.495
C_9 0 cm 地温	0.554	0.638
C_{10} 空气相对湿度	0.365	0.462
C_{11} 增雨作业前后空气质量状况	0.459	0.703
C_{12} 土壤相对湿度	0.610	1.000
C_{13} 水体矿化度	0.800	0.800
C_{14} NPP 变化	0.228	0.306

基于评价因子及指标间的相对重要程度，采用 AHP 法并结合专家的经验判断，分别确定了准则层（B）和指标层（C）的权重，如表 6-6 所示。

表 6-6　人工增雨环境效应评价指标权重

Tab.6-6　Weights of evaluation indexes of environmental effects of artificial rainfall

准则层	权重	指标层	权重
B_1	0.179	C_1	1.000
B_2	0.206	C_2	0.263
		C_3	0.482
B_3	0.193	C_4	0.368
		C_5	0.322
		C_6	0.303
B_4	0.197	C_7	0.228
		C_8	0.305
		C_9	0.224
		C_{10}	0.243
B_5	0.225	C_{11}	0.288
		C_{12}	0.251
		C_{13}	0.237
		C_{14}	0.224

基于人工增雨环境效应评价指数模型，计算驱动力指数（I_{B_1}）、压力指数（I_{B_2}）、状态指数（I_{B_3}）、影响指数（I_{B_4}）、响应指数（I_{B_5}）及综合指数（I_{APE}），结果如表 6-7 所示。

表 6-7 人工增雨作业前后环境效应综合测评结果

Tab.6-7 Comprehensive evaluation results of environmental effects before and after artificial rainfall operation

项目	增雨作业前	增雨作业后
I_{B_1}	0.556	0.480
I_{B_2}	0.000	0.279
I_{B_3}	0.274	0.496
I_{B_4}	0.268	0.502
I_{B_5}	0.526	0.712
I_{APE}	0.321	0.501

范例中，作业前研究区乌鲁木齐市仅在月初出现了 0.3mm 的降雨，其余的近 20 天里均以晴热天气为主，温度较高，造成农牧单位旱情严重，I_{B_1} 达 0.556。为此，相继于 6 月 20 日 15：00、18：30、20：00 左右，分别在白杨沟、西山煤矿、一号冰川附近实施人工增雨作业，作业后 I_{B_2} 呈现增大趋势，主要是因为催化剂使用量及作业次数的影响，作业期间共实施 3 次人工增雨作业，发射了 20 枚炮弹和 7 枚火箭弹；受人工增雨作业影响，I_{B_3} 增加至 0.496，作业后大气水汽含量、大气比湿及风速较作业前明显增大；作业后 I_{B_4} 增长较大，表现为降水量显著增加，空气相对湿度增加约 3 倍，气温也由 36.7℃ 下降了近 10℃；I_{B_5} 从 0.526 增加到 0.712，反映了大气、土壤、水体、植被对增雨响应的效果较好，尤其是增雨作业后空气质量明显提升，并在一定程度上缓解旱情。增雨作业后环境效应综合指数 I_{APE} 为 0.501，在 [0.50～0.75) 范围内，达到良好状态，较增雨前，有明显好转，在一定程度上反映了人工增雨作业对改善区域生态环境的作用。

6.3.6 生态环境模型模拟技术

围绕祁连山自然保护区（Qilian Mountains Nature Reserve，QLMNR）生态环境变化模拟预测问题，研发生态环境变化模型模拟技术体系。侧重 QLMNR 生态环境监测、分析与评估的诸多方面，对于维护 QLMNR 生态系统稳定性具有重要价值。

现有方法多基于传统的生态环境要素或问题，对于土壤、植被、水文、气象等要素的分析较为单一，缺少系统性、综合性等方面的特色，难以全面了解区域生态环境内在特征。本技术体系从要素耦合关系的角度出发，探索生态环境要素之间的耦合关系，力图更系统、更全面、更具前瞻性地反映山地生态环境状况及其未来发展态势，具有重要创新价值。本技术体系所包含的自然保护区干旱模拟评价技术、水土流失模拟估算技术、植被变化评估技术、生境质量模拟评价技术、碳储存估算技术以及气候变化评估技术等，构成了生态环境分析模型模拟技术体系的核心，涵盖了干旱、水土流失、植被变化、生境四大关键生态环境问题，同时延伸到碳储存估算技术、未来生态系统水文效应服务价值模拟评估技术等方面，体现出该技术体系的前瞻性与创新价值。

通过技术体系研发，在影响生态环境的单一要素、结构功能或重点问题等方面为特色的多种技术，形成了各自独立又具有密切联系的多种生态环境监测、分析、模型、评估、预警技术，构成了生态环境的技术体系。如图 6-6 所示。

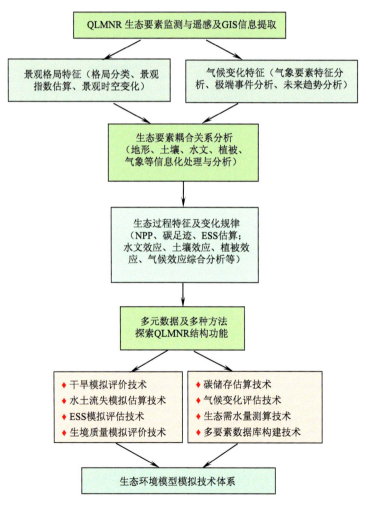

图 6-6　生态环境模型模拟技术体系及研发思路流程

Fig.6-6　Eco-environment model simulation technology system and R&D ideas flow

技术体系针对 QLMNR 生态环境监测、分析、模拟、评估等技术需求，研发了针对山地生态环境问题的技术体系。除了能够解决山地区域生态环境问题的辨识、特征凝练，及规律梳理外，还能够为类似自然地理背景、生态环境状况下的区域生态环境综合评价提供技术支撑。同时，碳储存估算技术可为低碳减排与绿色发展提供技术支撑，具有重要现实价值。未来生态系统水文效应服务价值模拟评估技术，基于气候变化模式，模拟未来气候变化状况以及生态环境特征，估算具有重要意义的水文效应价值，对于生态系统的水土保持、保持水土功能的评价与能力提升，以及国家目前倡导的生态产品价值的提升，均具有重要现实意义。

技术体系所涉及的气候变化评估技术、水土流失模拟估算技术、生境质量模拟评价技术、自然保护区干旱模拟评价技术，围绕客观需求开展技术研发，直接服务于自然保护区生态建设事业，并对于生态功能区建设以及生态红线维护等具有重要借鉴价值。

6.3.7　环境物联网（EIOT）技术

近年来，IOT 的研究与发展引起了人们的广泛关注，国内外政府和企业积极采取行动参与 IOT 的构建，对未来全球的发展产生深远影响。目前，探讨集中于 IOT 研究中的关键技术，包括传感网技术、射频识别技术（radio frequency indentification，RFID）、产品电子码、GIS 以及智能技术；从物流管理、城市管理、智能交通等方面分析 IOT 在社会中的应用，一定程度上是未来 IOT 建设与发展的重要方向。环境问题离不开技术的支撑，以"智慧地球"理念为基础，在诸多行业快速发展的 IOT 技术也在促进环境领域的数字化、信息化、智能化发展方面发挥着重要作用。互联网所包含的诸多思维方式，在多种技术与智慧的融合下，得到了快速发展。在"互联网+"的支持下，有望实现生态文明建设领域及多目标的应用。在环境大数据及 IOT 支撑下，把环境信息与信息技术有机地融合起来，基于"互联网+"的理念，进一步构建 EIOT 的理念及模式，对于生态文明建设与可持续发展具有重要促进作用。

随着数字经济的发展，信息将成为人类社会财富的源泉。目前，随着网络技术的发展与普及，WebGIS 相关技术也得以快速发展。高速远程通信网络实现了全国范围内的 GIS 数据共享。同时，分布式计算机环境将普遍用于 GIS 领域，也有助于资源共享。VR、人眼跟踪、手指跟踪等技术，都将改善 GIS 的工作环境和状态。遥感信息源分辨率的提高，使其成为 GIS 的主要信息源和更新 3S 数据的重要手段。网络分析可以指导全球变化下森林景观的弹性管理（Mina,et al.，2021）。由于影像数据在 GIS 中的重要地位，以及摄影测量具有现实性的优点（王之卓，2007），数字摄影测量系统（digital photogrammetry system，DPS）将会越来越受到重视。人们将研制大画幅、高质量的影像输出设备，研发专门用于数字摄影测量的图形工作站，实现大容量数据的共享（张祖勋和张剑清，1997）。IOT 在诸多领域快速发展，全面探索 IOT 在生态环境建设领域的应用模式，努力实现城市化过程中的生态环境监测预警、生态环境信息标准化，探索大数据挖掘技术、"互联网+环境"技术、碳汇监测技术、生态功能提升技术，为未来 EIOT 监测技术研发提供理论基础、技术支撑与方法依据。卫星导航与位置服务（satellite navigation and location-based services，SNLBS）是北斗卫星导航系统（Beidou navigation satellite system，BDS）个性化及多用户应用的重要领域；图像图形技术的进步，特别是兴趣点（POI）技术在信息采集及处理中的应用，拓展了位置服务的内涵及范畴；"互联网+"背景下，BDS 在 EIOT 构建领域正在发挥重要作用。"互联网+环境"是"互联网+"的具体实践。在知识创新驱动下，互联网与环境科学研究及信息化管理有机结合；基于"互联网+"理念，推进"互联网+环境"模式，是真正实现"互联网+环境"现实应用的重要途径。目前，充分运用新时代背景下的 IOT 和大数据等现代数据信息技术和手段，将其作为生态文明建设强有力的工具，为我国的生态文明建设提供重要的科技支撑（框 B6-3）。

> **框 B6-3**
> ☐ IOT 是当代信息技术领域创新发展的产物。它是把所有物品同 RFID 等信息传感设备与互联网连接起来的技术，以实现智能化识别和管理，是继计算机、互联网与移动通信网之后的又一次信息产业浪潮。
> ☐ EIOT 是智慧环保理念实施的创新模式。EIOT 包括了环境信息感知层、环境信息网络层以及环境信息应用层。
> ☐ EIOT 极大地提升了环境综合管理能力。通过智能感知、识别技术与普适计算等通信感知技术，提升环境信息获取效率及感知水平，是 IOT 与现代环境管理相结合的产物。

1. "互联网+环境"内涵及特点

把传感器装备到各种生态环境监测对象上,通过超级计算机和云计算实现 IOT 整合,融合智慧传感网、智慧控制网和智慧安全网，实现"互联网+环境"的应用模式。"互联网+环境"充分发挥互联网在复杂环境要素配置中的优化和集成作用，将互联网创新成果深度融合于生态环境与社会经济的相关领域之中，以提升生态环境监测、评估、管理及预警水平。在现实的应用领域，"互联网+环境"就是把网络及感应器嵌入环境应用对象，包括监测环境信息（如水体、土壤、大气、生物等）、社会经济数据，以及环保数据

（如污染状况、环境效应、管理策略）等，把遥感、位置服务以及各类监测数据——环境大数据，进行同化处理，得到更为丰富的信息数据，并将其按照技术可靠性与互联网有机地整合起来，实现社会要素与物理系统的融合及功能的提升。在此基础上，构建 EIOT 模式，更加精细和动态的环境管理系统。各类网络以及各种数据平台，为人们认识环境提供了多元化的信息资源，利用 BDS 和各类 IOT 终端，远程采集环境信息的属性特征、动态变化、演变规律及各种状态等信息，进行远程监测、大数据挖掘和相关技术支持，并可通过智能手机端、多媒体终端、PC 以及平台对接形式进行信息推送，从而为环境管理者、环境工程技术人员以及环境研发人员提供各类数据以及辅助决策信息。

2. EIOT 的理念及模式

以"智慧地球"理念为基础，在诸多行业快速发展的 IOT 技术，也在促进环境领域的数字化、信息化、智能化发展方面发挥着重要作用。互联网思维所包含的社会化思维、大数据思维以及平台思维等诸多思维方式，在多种技术与智慧的融合下，得到了快速发展。IOT 的理念体现在物体之间的通信联系等诸多方面，同时，它使传统网络从人与人的联系扩展到了物与物及物与人的联系。从技术而言，EIOT 是指通过 RFID、红外感应技术、GNSS 技术、激光扫描技术等信息传感技术融合而成的技术体系，并能够对环境信息实现智能化识别、定位、跟踪、监控和管理的一种网络化系统。同时，可以实现基于 BDS 的数据压缩、加密、传输等数据传输，帮助人们及时、精确地获取和处理环境信息，为科学研究、生态文明建设和产业发展服务。

EIOT 的核心和基础仍然是互联网，是在互联网基础上的延伸和扩展。用户端扩展到了环境研究、管理及工程相关的诸多方面，并进行环境信息交换和通信。数据通信是实现北斗地基增强系统高精度导航、定位不可或缺的部分。参考站网、数据中心和用户设备之间的连接都依靠网络通信，通信始终发挥着关键作用。各类系统服务的连续性与可靠性在于各部分间的数据通信是否畅通、有效、安全与可靠。BDS 与互联网、无线通信三者之间相互融合，为环境信息的传输及各类应用提供信息保障。以卫星导航为主体、以位置服务为代表的综合信息服务快速发展，如智能手机均带有卫星导航与定位功能，人们佩戴的电话手表也有导航信息，这些为全球定位系统技术应用进入人们的日常生活创造了条件。这样就可以极大提升环境信息时空的精准度，更好地满足生态文明建设的需求。

基于"互联网+环境"理念、RS、GIS 以及图像图形学的原理与方法，从环境要素的多样性、综合性、系统性、逻辑性等角度，分析生态文明建设途径以及环境调控策略（图 6-7）。

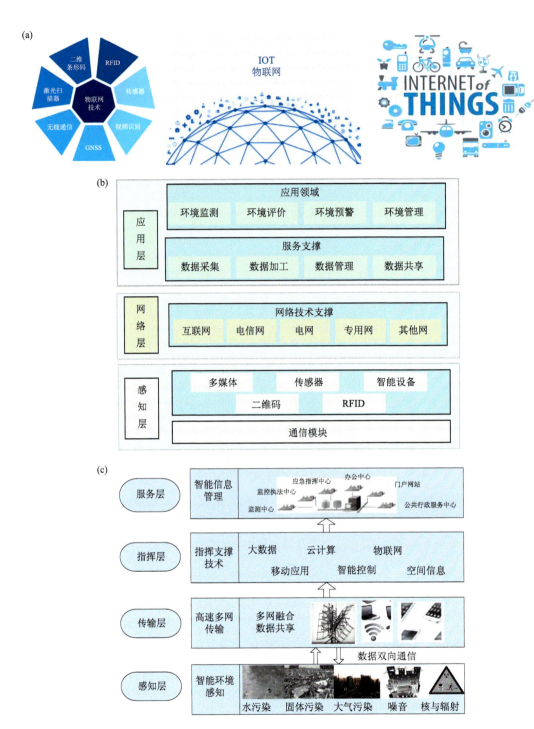

图 6-7　环境物联网技术一般模式

Fig.6-7　General pattern of EIOT

（a）物联网（IOT）概念模式；（b）环境物联网结构模式；（c）环境物联网（EIOT）模式

(a) Internet of things (IOT) conceptual model；(b) Environmental IOT structure mode；(c) Mode of EIOT

如前文所述，EIOT 主要是把网络及感应器嵌入环境应用对象，监测环境信息（水体、土壤、大气、生物）、社会经济数据以及环保数据（污染状况、环境效应、管理策略）等，将遥感以及各类监测环境大数据同化处理，并将其按照技术可靠性与互联网有机地整合起来，实现人与物理系统的融合及其功能的提升。在此基础上，构建 EIOT 模式更加精细和动态地管理生态环境，以调控与维护生态环境的稳定性。

随着 RFID、传感器、嵌入式软件以及传输数据计算等关键领域研发的进展，EIOT 成为能够对环境信息实现智能化识别、定位、跟踪、监控和管理的一种网络化系统；同时，可以实现数据压缩、加密、传输等数据传输，帮助人们及时、精确地获取和处理环境信息，为环境科学研究、环境保护和环境产业发展服务。目前，通过多元数据及环境信息要素的处理，实现预警终端对环境预警信息的典型识别与重点过滤，通过原型系统实现环境预警信息的有效发布。同时，探索基于遥感影像的信息应急传输框架以及基于图标编码的数据传输技术，以提升 EIOT 信息传输及应用的可能性。

6.4 信息分析技术

信息分析是以用户的特定需求为依托，以定性和定量研究方法为手段，通过对文献的搜集、整理、鉴定、评价、分析、综合等系统化加工，形成新的增值的信息产品，最终为不同层次的科学决策服务的一项具有科研性质的智能活动。由于信息的来源不同、属性不同、类型不同，所包含的特征就可能有所不同。从成因角度而言，信息分析的产生是由于存在相应的社会信息需求；从方法角度而言，信息分析广泛采用逻辑思维与统计学、情报学等各学科的方法；从过程角度而言，信息分析都需要经过一系列相对程序化的环节；从成果角度而言，信息分析形成了新的增值的信息产品，即知识和情报；从目的角度而言，信息分析最终是为不同层次的科学决策服务的；从性质角度而言，信息分析是一种信息深加工活动。一般意义上而言，信息分析包括信息分析理论、信息分析工作框架、信息分析建模（陈军和蒋捷，2000）、信息分析方法、计算机辅助信息分析、科技信息分析、经济信息分析、社会信息分析等内容。其方法主要有信息联想法、信息综合法、信息预测法及信息评估法等。在生态环境、自然地理、水文气象领域，信息分析有助于深入了解客观对象的特征及规律。

6.4.1 资源环境本底分析

地理信息是表征地理圈或地理环境固有要素或物质的数量、质量、分布特征、联系和规律等的数字、文字、图像和图形等的总称。RS、GIS、GNSS 与地理信息的表达和管理具有密切的关系，要把地理信息转化为表征研究对象的属性信息，需要了解地理信息与地图信息表达的特点以及地理信息的制图表达过程，也要了解 RS、GIS、GNSS 的特点及功能。资源环境问题是区域发展的重要基础（孙鸿烈，2000），资源科学研究具有重要的地位与作用（石玉林，2006）。资源环境问题与地理信息密切相关，资源环境制图依赖于 3S 技术支持数字制图手段的发展。GIS 等高新技术为自然地理学的研究提供了强有力的研究手段，特别是多媒体、CAD、数字地形模型（digital terrain model，DTM）等正在引入 GIS 中，从而改变着 GIS 的数据采集、数据处理及成果表达的方式，深化资源环境领域的研究内容，提高资源环境问题的研究水平，推动资源环境领域的研究发展。

在资源环境信息分析方面，利用 RS、GIS、GNSS 的相关功能可以自动绘制等高线、剖面图、地貌晕渲图、3D 透视立体图，还可以制作各种数字专题地图以建立数字制图数据库。利用 3S 还可以用来模拟地形，制作地形起伏影像图，或者模拟机载雷达的扫描图像。应用信息分析的理论与方法，进行资源环境要素的监测、分析与管理（图 6-8）。

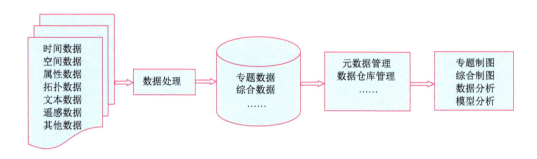

图 6-8　资源环境信息分析与管理的一般模式

Fig.6-8　General mode of monitoring, analysis and management

6.4.2　区域动态变化分析

自然地域系统的区域综合分析从区域角度探讨区域单元的形成发展、分异规律和相互联系（郑度，1996），并不断促进区域地表过程、区域生态变化、区域环境演变与区域经济等领域的综合研究，推进区域综合分析的深化。目前，在区域动态分析中，关于环境演化、坡面过程、气候变化（Bhaga, et al.，2020）、水热平衡、化学地理、土壤侵蚀、土地利用等备受关注，区域变化动态分析的过程得以系统化（图 6-9）。

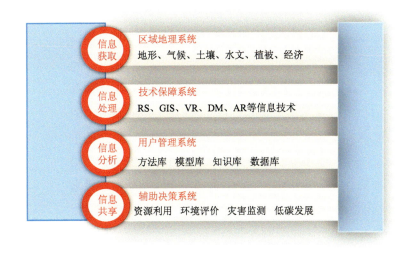

在生态环境的综合研究中，通过应用信息技术建立地理数据库系统，应用地理相关分析法、环境本底法，结合信息复合技术，如区域遥感信息多波段、多时相、多平台复合以及遥感信息与地图的复合，遥感信息与DTM 的复合，遥感与地球物理、地球化学等信息的复合，多种遥感信息的融合，并综合应用 RS、GIS、GNSS 的几何分析、影像分析、地形

图 6-9　区域动态变化分析的技术流程与内涵特征

Fig.6-9　Connotation and characteristics of regional dynamic change

分析等功能，对区域的发展历史、现状、结构、特征、优势和潜力等进行分析，充分揭示区域发展的内在规律和外部条件，为制定区域开发建设方案提供科学依据。

6.4.3　DTM 构建及分析

自然地理要素分析中，DTM 具有重要的地位与作用。DTM 是地形形状大小和起伏特征的数字描述，它是 RS、GIS、GNSS 功能的一个重要组成部分。按数据采集所依据的方式、数据来源以及数据采集的自动化程度，DTM 可以分为不同的类型。目前，DTM 的数据结构主要有格网式、不规则三角形格网式、等值线式及随机式等。DTM 可以通过相应的数据库管理系统予以管理，以满足数据查询、检索、排序、运算、分析及更新的需要。DTM 与 RS 信息的融合，DTM 与 CAD 及相似系统的结合，开拓了其应用的领域。在具体分析过程中，利用 DTM 可以提取反映研究对象要素分布、现状、动态等信息特征，显示研究对象 3D 地形。同时，可以提取地理要素的面积等数据，作为相关系统的工作平台和数据源。DTM 作为 GIS 集成中的一个重要组成部分，对研究地带性分布、景观带谱、作物布局、土地适宜性评价及灾害损失评估等，均可以发挥出巨大作用。

目前，地学 3D 数据模型、地学要素 3D 可视化和 3D 图像表面空间分析等研究的进展，在提高空间数据复杂过程分析能力方面有了进一步的提升，多维和多时相数据的过程和显示能力等方面，将有效地增强地图学与 RS、GIS、GNSS 的能力。3D 可视化将有效改善地图信息传输的效果，开拓空间信息理解的新领域（周成虎，2023），并在诸多问题的分析中发挥着重要作用。

6.4.4　虚拟环境的实现

VR 是运用计算机技术生成一个逼真的，具有视角、听觉、触角等效果的可交互的动态环境技术（高俊，1999）；通过 3D 立体显示器等辅助设备，可以形成一个网络化、虚拟化、适人化的网络空间。VR 扩展了人类的空间认知手段和范围，改变了传统的仿真与模拟方式，生成以 VR 技术为支持的地理环境工作平台和分布交互式模拟平台。随着技术的发展，VR 在数字化工程建设中的应用会更加广泛，它对于拓宽相关学科领域理论与技术的进步也将产生更加深远的影响。

目前，对 VR 中交互实时地景数据模型的组织与管理的研究，提出了一种虚拟地景仿真方法与实现过程，倡导景感生态学，对环境仿真系统中 3D 地形模型具有借鉴价值。在景观恢复方面，不同时期虚拟环境的构建可以真实再现研究区域的地形地貌、生态环境、水系交通、水利工程及设施的现状和变化。同时，河流水体的模拟、污染传播的动态模拟、灾害发生过程模拟、城市化时空动态模拟、交通管理模拟……均是虚拟环境研究的重要环节。用户可以实现多时相虚拟环境的实时任意漫游，并以自然流畅的方式与虚拟环境进行交互。

6.5　信息管理技术

信息管理技术是现代科技发展的产物，具有广泛的应用前景。作者及其团队围绕信息技术领域研发，开发了包括"林业碳汇管理信息系统""生境信息图像管理系统"在内的多款软件，并获得著作权登记。

6.5.1　碳源碳汇管理系统

碳汇（carbon sink）指通过植树造林、植被恢复等措施，吸收大气中的二氧化碳，从而减少 GHG 在大气中浓度的过程、活动或机制。2003 年 12 月召开的 UNFCCC 第 9 次缔约方大会，国际社会就已将造林、再造林等林业活动纳入碳汇项目达成共识。森林碳汇是指森林植物吸收大气中的 CO_2 并将其固定在植被或土壤中，从而减少该气体在大气中的浓度。土壤是陆地生态系统中最大的碳库，在降低大气中 GHG 浓度、减缓全球气候变暖中，具有十分重要的作用。碳源（carbon source）是指产生 CO_2 之源，它既来自于自然界，也来自于人类生产和生活过程。碳源与碳汇是两个相对的概念，即碳源是指自然界中向大气释放碳的母体,碳汇是指自然界中碳的寄存体。减少碳源一般通过 CO_2 减排来实现，增加碳汇则主要采用固碳技术（丁仲礼等，2009a）。2022 年在埃及召开的以共同实施（together for implementation）为主题的 COP27 上，强调与非洲和其他发展中国家最为利益攸关的气候问题。中国坚持"2 摄氏度以内、争取 1.5 摄氏度"全球温控目标，强调"减污降碳协同增效：实现环境、气候、经济效益多赢"主题。CO_2 减排问题涉及一系列极其复杂的影响要素、评价方法与参照规则，某种意义上是国家之间的利益博弈。中国作为发展中大国，积极承担国际责任（丁仲礼等，2009b）。基于上述背景，林业碳汇是指通过植树造林和再造林及减少森林被损毁、加强保护森林的管理行为，吸收大气中的 CO_2，并与低碳发展结合的过程和行动。森林强大的碳汇功能对维持全球碳平衡、保障生态安全和气候安全具有重要作用。加快低碳林业的发展，是抵消经济发展碳排放和应对气候变化最直接、最经济、最有效的途径。林业碳汇问题在当前碳减排中可以发挥重要作用。由于森林经理工作与生态保护及社会经济发展的复杂性，我国一段时期以来对木材采取不合理采伐等经营方式，造成森林资源质量下降（尹伟伦，2022；唐守正，1998），森林的固碳增汇能力受到严重制约。目前，固碳增汇还有较大发展空间。在土地资源有限的条件下，增加困难立地造林的面积，栽培高抗逆树种，通过森林抚育提高森林质量和林地的生产力，增强森林碳汇能力，成为应对气候变化、维护生态稳定的重要策略。

林业信息化建设作为现代林业建设的重要组成部分，有着建设内容广、涉及部门多、协调难度大等特性，是一项复杂的系统工程，也是社会林业发展的重要阶段，对于社会林业提质增效具有重要意义（王涛等，2008）。中国信息化建设取得了一系列成就，但发展还不平衡。不同地区、不同行业的信息化进程不尽一致。实现网络强国与促进数字经济发展，需要信息化技术的支撑。地理信息技术与区域发展密切相关（Kurowska,et al.，2020），从区域及行业的角度而言，以新疆为例，受地域辽阔、地理环境复杂、经济相对滞后等因素影响，林业信息化与全国林业信息化进程及现代林业发展的需要相比，还需要进一步提升信息化的建设水平。针对新形势下林业碳汇研究及管理的客观需求，开发林业碳汇管理系统，是现代林业综合调控的需要，也是应对气候变化、促进新时代林业高质量发展的需要。

面向对象技术（object-oriented technology，OOT）是目前主流的系统设计开发技术，研发林业碳汇管理系统主要通过 OOT 的理念与方法实现总体目标。面向对象程序设计（object-oriented programming，OOP）技术的提出，主要是为了解决传统程序设计方法所不能解决的代码重用问题。结构化程序设计从系统的功能入手，按照工程的标准和严格的规范将系统分解为若干功能模块，而系统是实现模块功能的函数和过程的集合。由于用户的需求和软、硬件技术的不断发生变化，按照功能划分设计的系统模块必然是易变的和不稳定的。OOP 方法是近年来发展起来的一种设计技术，将系统所面对的问题，应用封装机制，按其自然属性进行分隔，按人们通常的思维方式进行描述，建立每个对象的领域模型和联系，既模拟信息实体的内在结构又模拟运作机制，使设计的软件尽可能直接地表现出问题求解过程。整个系统只由对象组成，它反映了系统为之保存信息和与它交互的能力。类是具有相同操作功能和相同数据格式对象的集合，为对象集合的抽象，规定了这些对象的公共属性和方法。对象和类的关系相当于一般的程序设计语言中变量和变量类型的关系。由于采用了将数据和操作行为封装在一起的模块化结构，从而使系统很容易重组。因此面向对象设计方法的优点就是既保护了现有资源，同时也很容易扩充和重组。

ArcGIS Engine 开发技术是以 COM 技术为基础的一套嵌入式 GIS 组件库和工具库，库中提供一系列的组件对象，完成各项 GIS 基本功能，并通过将相关功能打包成接口提供给应用程序调用。ArcGIS Engine 技术作为嵌入式 GIS，为用户提供有针对性的 GIS 功能，可以完全脱离 ArcGIS Desktop 平台进行独立的 GIS 二次开发。ArcGIS Engine 开发包括控件、工具条和工具、对象库 3 个关键部分（图 6-10 和图 6-11）。

图 6-10　ArcGIS Engine 运行的功能选择

Fig.6-10　Function selection for running ArcGIS Engine

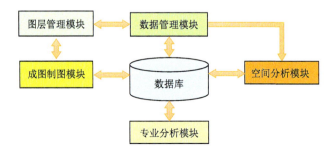

图 6-11　系统模块结构图

Fig.6-11　System module structure

6.5.2 生境信息图谱系统

全球气候变化背景下，不同生态系统发生了一系列变化。监测与评估生态系统中生物与环境的相互关系，对于科学认识生物的生存状况、全面把握生境的演化规律，具有重要的理论价值与重大的现实意义。目前，中国正在努力践行山水林田湖草沙一体化的系统治理（傅伯杰，2020），统筹兼顾、整体施策、多措并举，全方位、全地域、全过程地开展生态文明建设，必将对于低碳绿色发展，起到积极的促进作用。

生境（habitat）指生物的个体、种群或群落生活地域的环境，是指生物或者可以理解为种或物种群体赖以生存的环境，包括必需的生存条件和其他对生物起作用的生态因素。生境是生态学中环境的概念，又称栖息地。生境是由生物和非生物因子综合形成的，而描述一个生物群落的生境时通常只包括非生物的环境。为了全面获取特定自然地理背景、生境状况与社会发展水平下的生境要素、属性特征及变化规律，为合理规划生态系统结构、有效地发挥生态系统功能，实现生态系统的可持续管理，需要对生境进行多角度的解析。生境信息图谱是在生境要素及其动态监测的基础上，运用生境基础与动态数据库技术的多源数字信息、卫星遥感信息、统计分析信息，经过数据筛选、处理，图形思维转换，抽象概括，并利用地理信息技术、图像图形技术、数据库技术、多维动态仿真技术、虚拟可视化技术，运用生态信息科学的原理与方法，主要通过序列化图像图形方式表征生境及其各要素空间形态结构与时空变化规律的一种方法与手段。一定程度上而言，也是 GITP 原理与方法的发展（陈述彭，2001），是信息技术的应用。生境信息图谱能够更直观、更系统、更全面地反映区域生态系统的时空变化规律。生境信息图谱不仅是生境数据库的基础资料，而且以可视化技术揭示生境的空间格局与时空变化规律，可为生境规划治理与决策咨询提供多尺度、多角度与多层次的科学依据和具体方案。

目前，数字化、可视化与智能化发展迅速，促进了人们认识生态系统动态变化的进程。借助于信息技术，构建生境信息图谱管理系统，无论对于推动人们对生境的综合性感悟，还是对提升信息图谱的科学认知，都具有重要的理论价值与现实意义。在这种背景下，围绕构建具有可视化、信息化、数字化的生境信息管理系统，不断推进生境管理的信息化进程，提出了生境信息图谱管理系统（management system of habitat information tupu，MSHIT）的研发问题，并在相关理论与技术支持下，逐步予以实现。

针对特定生态系统的生境要素及其特征，基于生态信息科学、地理信息科学的理论与方法，构建多模式信息图谱与管理信息系统框架。借助于 GIS 软件平台，融合图谱与信息系统的功能，完成生境信息图谱管理系统，是该技术体系研发的主要目标。MSHIT设计是一项系统性工程。系统易于维护，软件界面友好，安装、使用、维护简单便捷，是一般意义上用户对研发软件系统的要求。为实现系统的研发目标，以安全性、标准化、实用化为基本原则，从生境的内涵和用户需求出发，采用目前生态信息科学、地理信息科学领域的创新技术完成系统研发。

自然保护区建设在中国生态环境保护与经济发展中具有重要的地位与作用（李文华和赵献英，1995）。祁连山自然保护区是建立以国家公园为核心的、自然保护地为体系的重要组成部分，是中国重要的自然保护区，也是国家公园试点区域，在国内外自然保护区建设、生物多样性维护与生态环境修复中具有典型性与代表性。祁连山自然保护区生境特征及在自然及人为要素驱动下的演变过程，反映了区域生态环境质量时空变化规律，对于促进中国生态建设实践、推进山水工程实施具有重大现实意义。以祁连山自然保护区为例，开展生境信息图谱管理系统的研发，完成生境图谱管理系统建设（图 6-12 和图 6-13，框 B6-4）。

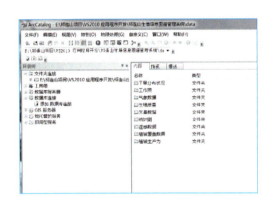

图 6-12　MSHIT 数据库设计图
Fig.6-12　MSHIT DB design

图 6-13　MSHIT 图层管理模块实现效果
Fig.6-13　MSHIT layer management module
implementation effect

框 B6-4

☐ 系统设计是一项系统性复杂工程。从生境的内涵和用户需求出发，采用生态信息科学与地理信息科学领域的创新性技术，完成整体系统研发。

☐ 系统涵盖多种数据类型及数据结构。包括地理信息、生态信息和生境要素中的各类矢量数据、栅格数据、统计数据、文档文本等多源数据。根据研究工作实际以及拟开展的研究与管理问题特点，多途径地获取多源数据，支撑生境信息图谱构建。

☐ 模块化开发是构建整体系统的总体思路。综合分析区域生境状况、管理模式及用户需求，利用三层架构原理、OOT、AE 二次研发技术、空间数据模型等手段，将 MSHIT

系统功能研发分为若干模块进行。

☐ 各种界面设计与组织管理体现规范性与特色化。MSHIT 登录界面设计、MSHIT 主界面结构设计、MSHIT 模块设计、MSHIT 数据组织，在规范化与标准化基础上充分考虑用户需求以及研究特色。

☐ MSHIT 体现了生境管理的模式与途径。以祁连山自然保护区生境管理为例，分析祁连山自然保护区生境特征及其管理模式，通过 MSHIT 实现区域生境信息的综合管理。

6.5.3 资源信息管理系统

生物多样性是地球系统的重要资源（马建章等，2012；Dullinge,et al.，2020），是人类赖以生存的重要资源。无论是 COP15 的"昆明宣言"，还是蒙特利尔峰会，都把生物多样性保护提升到了维护全人类可持续发展的高度，成为新时代自然保护地建设与低碳环保发展的重要基础。

中国塔里木河流域的胡杨林资源在世界胡杨林资源中具有典型性与代表性。维持胡杨林资源对于维护荒漠生态系统的稳定性和保障绿洲生态安全意义重大，对于推动干旱区生物多样性保护行动计划亦具有积极意义。基于生态系统生物多样性保护的原理以及低碳发展理念，运用遥感技术、GIS 技术、多媒体技术、数据库技术等信息管理技术，综合胡杨林资源及其环境的基础地理信息、多源遥感信息、图像图形信息，建立集图像、图形、声音、文字为一体的智能化信息管理系统，为胡杨林资源信息监测、评估、预警以及信息存贮、查询、更新、分析、共享服务，成为胡杨林资源合理利用及保护的重要基础，也为探索不同时空尺度生物多样性演变规律，认识生物多样性共生机制，实施生物多样性保护策略，应对气候变化，促进绿色低碳发展提供科学依据及决策支持。以胡杨林智能化信息管理系统为代表的生物多样性资源信息管理系统主要包含地理信息、遥感信息、地图信息、专题信息四个子系统（图 6-14）。各子系统基于重点要素信息内涵，不同程度地围绕植被生长、发育规律以及生境特征，内含了水分（特别是地表径流及地下水）、土壤、气候等生境要素的时空演变，把荒漠河岸林生态系统中风沙危害、土地荒漠化、植被退化、地下水位下降等问题与胡杨资源的演变有机地结合起来。在流域高质量发展以及荒漠河岸林修复理念的指导下，结合空-天-地立体信息获取、处理、分析，实现胡杨林资源的有序保护与科学利用。

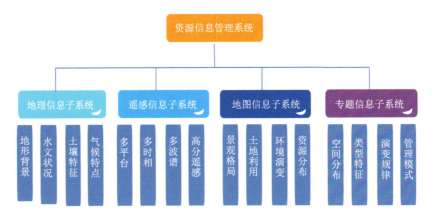

图 6-14　资源信息管理系统一般模式

Fig.6-14　General mode of resource information management system

第 7 章

多学科综合研究

在不同学科的学术研究过程中，不同发展阶段存在着诸多研究热点，引导人们探索未知，推进科技进步。热点（hot spot）是比较受广大公众关注的信息，或某时期引人注目的问题等。科学技术领域十分广阔，热点问题也层出不穷。伴随着经济发展、科技进步，人们探索未知领域的脚步从未停歇过，在科技发展不同阶段及不同学科领域，形成了诸多关注热点。热点问题的研究需要多学科的理论支撑，也需要系统性与综合性的研究方法。

综合性强调把研究对象或者现象的要素及属性融合为一个整体，不同种类、不同性质的事物组合在一起。而上述研究理念与途径，需要生态学、地理学、环境学、信息学、管理学、工程学以及相关学科的理论指导，促进人们对于复杂热点问题的全面探索，并获得科学认知。如前文所述，大数据、云计算、物联网、区块链、元宇宙、泛在网络、数字孪生、碳减排等是目前相关领域关注的热点，而生态资产估算、生态补偿、生态产品、数字国土（吴一戎，2011）、数字经济等是资源环境、地理信息等领域的重要热点。在多年的研究中，作者对于信息图谱、碳储量与碳收支、碳足迹与碳循环、土地利用与景观格局、生态服务与生态资产、数字制图、生态水文、生态补偿、生态文明规划、卫星导航定位、流域水文等产生了兴趣，并不断地进行探索与研究。

7.1 LUCC 及其功能研究

7.1.1 LUCC 特征及机制

1. LUCC 与生态系统关系分析

在干旱区的 MODS 中，各系统具有各自的固有特征和密切的耦合关系，同时，它们与土地利用与覆盖变化的关系十分密切。山地系统是干旱区水资源的形成区，也是重要的矿质营养库和生物种质资源库，绿洲系统是干旱区生产力相对较高的区域和人类赖以生存与发展的中心，而荒漠系统则是干旱区面积广阔和环境相对恶劣的区域。在干旱的自然地理背景下，维护生态安全是干旱区经济发展的重要基础，也是LUCC 研究的重要目标之一。

2. LUCC 对生态系统耦合关系的影响

土地利用及气候变化结合人类活动形成了一个复杂并相互作用的系统（Tewabe and Fentahun，2020；Avand，et al.，2021），即土地利用因环境反应而变化，而环境反应又依次影响了人类的反应。这些结合以不同的空间和时间尺度呈现，又使得这一系统进一步复杂化。自然与人为驱动力共同作用的结果，导致了 LUCC 的规律及其格局特征，而LUCC 又进一步影响了生态系统内部及其系统之间的复杂变化。能量-水-BGC 相互作用的耦合关系，意味着 BGC 等与 LUCC 的新结合。对于 LUCC 与生态系统耦合问题的研究，正在形成相关领域研究的热点。

3. LUCC 的驱动因子及其作用

LUCC 是全球变化研究的重要组成部分（刘纪远等，2014），LUCC 的机制与驱动力又是认识人为活动相关问题研究的核心。2023 年全国土地日主题为"节约集约用地，严守耕地红线"，强调严守资源安全底线，优化国土空间格局，维护资源资产权益，促进绿色低碳发展。干旱区山盆体系制约着 LUCC 的一系列过程及其规律。LUCC 是各种自然、社会、政治、经济和文化因素相互作用的结果。驱动力类型与特征受绿洲时空特征的制约而表现出不同的特征。在区域尺度上，LUCC 的自然驱动力，包括了相关区域地壳运动、冰川变化、风沙活动等自然作用过程。从气象学、水文学的角度而言，冷、热、干、湿、风、云、雨、雪、霜、雷、电等气象要素、气象现象与气候过程，以及水资源形成、转化与消耗规律，地表径流、冰川进退等引起的水文过程的作用，成为干旱区 LUCC 研究的基础。在特定生产力发展水平下，人类的社会经济活动直接影响了 LUCC 的演变过程及演变趋势。人类在改造自然、获取资源的过程中，改变了自然界资源的分布状态，引起了自然环境的不断变化，在人类的社会经济活动影响下，LUCC 所引起的生态系统的变化已经打下了人类活动的印记（Nie, et al.，2022）。植被是区域景观特征的重要指示者。天然植被的分布受到地貌、气候等要素制约下的水热状况的影响，具有垂直地带性或水平地带性等特征。植被所表现出来的这种特征反映了生态系统中生物以及环境的多样性和复杂性。自然与人为因素共同影响了特定环境背景下的土地利用与覆盖变化过程，同时，LUCC 又直接引起了植被外貌的变化，人类活动也自然成为影响生态过程及特征的重要因素。区域气候类型、土壤状况、下垫面性状以及自然与人为因素的组合都对 LUCC 具有重要影响。

LUCC 直接影响着生态系统的结构与功能，也必然影响着景观异质性的变化，表现在生态系统的界面过程、交错带、生态足迹、NPP、服务功能、水足迹、碳储量、碳足迹等特征的变化，也体现在景观生态过程、结构、功能与动态以及尺度、过程与格局的变化。尺度与过程的研究逐渐成为生态科学、环境科学、地理科学等领域研究的重要方向。在这种背景下，应强化 LUCC 与生态过程的关系研究，并重点从 LUCC 所导致的物质、能量与信息的变化特征等方面进行分析与探索。

7.1.2　LUCC 功能及规律

1. 土地利用变化与国土整治

在"共享经济"与"数字经济"快速发展的背景下，技术的进步促使人们不得不更新已有的思维方式、生活方式及生产方式，适应新时代创新发展的需求。目前，环境、生态、经济、社会等领域的网络无处不在，互联、互通正在打破行业壁垒，使得信息及资源共享成为可能，并正在变成现实。多元化发展的特点已融入了社会、经济、科技、教育、文化等各个领域与各个行业，极大地影响着人们的思维方式与生活方式。而人们对待土地资源及其环境的态度与行为，无不与上述发展相联系。在现阶段，国土整治备受关注，也是新时代生态建设、环境保护与高质量发展的前提基础。科学合理地规划、高效有序地开发、不断提升土地生产力、使土地利用效益不断优化，已成为国土整治的主要组成部分（郑度，2009）。从山水林田湖草沙一体化系统治理与人类命运共同体的高度，科学认识土地资源及环境问题，全面把握其综合效应，不断规范环境政策，严格落实环境法规，大力开展环境治理，对于环境问题的解决以及土地利用变化的客观实践，具有重要的现实意义。

2. LUCC 功能特征及变化规律

基于相关学科交叉融合理念与研究方法，探索创新性理论与方法。研究对象和内容涉及 MODS 的众多问题，属于干旱区研究的热点和前沿领域，具有创新的本底和基础。研究着重沿空间耦合界面展开研究，侧重绿洲及荒漠生态系统界面结构及功能的研究。在耦合界面上，突出要素相互作用过程及其效应，生态系统服务功能评价体系建立，碳汇功能及其效应。研究理念与思路有利于揭示 LUCC 及其演变规律。以绿洲为核心，以水资源形成、转化和消耗为主线，从绿洲生态系统结构、功能与绿洲化动力学过程，退化生态系统恢复重建，绿洲-荒漠界面的调控等方面，探讨绿洲稳定性机制和安全维护（框B7-1）。

框 B7-1

□ 绿洲-荒漠界面开拓了生态功能研究的思路与方向。绿洲-荒漠界面生态功能评价体系的建立，为人类合理开发利用资源以及确保区域可持续发展提供重要支撑。绿洲-荒漠界面综合研究，对探索绿洲生态系统、荒漠生态系统的结构与功能，及其彼此之间的相互关系，提供了一个典型范式。

□ 绿洲-荒漠界面的组成结构与分布格局具有独特性。探索植被生态需水量的特点与规律，了解地下水对植被生态过程的制约作用，掌握干旱区绿洲-荒漠界面的生态水文过程，从而认识生态水文过程对生态系统服务功能的影响，进一步对绿洲-荒漠界面中河岸林的生态服务功能进行定量评价，并探讨绿洲-荒漠界面生态功能管理的一般模式。

□ 绿洲-荒漠界面生态水文过程深化了生态机制研究。包括绿洲-荒漠界面的组成结构与分布格局，地下水对河岸林植被生态过程的影响，植被生态需水的特点与规律。同时，包括绿洲-荒漠界面生态服务功能评价体系，绿洲-荒漠界面生态系统管理模式。

7.2 BGC 过程研究

7.2.1 BGC 过程一般特征

BGC 以追踪化学元素的迁移转化为线索，研究生物与环境相互关系，BGC 过程表征物质的变化过程。地球上形形色色的生命活动受控于基本的动力学和热力学机制，探索地球化学元素在流域尺度中的丰度、形态、运动及各种驱动力场，分析流域自然环境与植物、动物及微生物之间的关系，以及生物与自然环境相互影响的特点及其过程，对于认识物质循环、能量流动与信息传递具有重要作用。而陆地生态系统中，生物要素及环境要素的相互作用及其表达，对于科学认识与评价生态系统的功能具有重要作用（于贵瑞等，2004）。无论是水循环过程，还是气体循环过程（C 循环、N 循环等）、沉积型循环过程（P 循环等），在诸多学科领域备受关注。

研究流域 BGC 过程与水文耦合过程及其调控机制具有重要理论价值。生物圈中的水分传输孕育了生物与环境相互依存的统一体（Wang, et al., 2000）。流域生态系统的水文和 BGC 过程通过水文通量的物理作用耦合在一起，其时空尺度的物质和能量耦合为流域 BGC 过程的物质平衡和能量流动提供重要基础。在认识流域生态水文特征过程中，往往需要通过研究流域尺度 BGC 过程-水文耦合过程，揭示水循环驱动下流域生态系统 C 循环、N 循环与人类活动及气候系统的生物学、物理学和化学过程的耦合规律。基于此理念思路，针对流域生态系统 BGC 过程与水文耦合关系，探索营养元素循环在不同时空尺度上的耦合特征，进一步阐明流域营养物质的 BGC 过程与水文耦合过程随时空尺度在不同要素及其水-土界面、陆-气界面的耦合变异性。借助于生态化学计量原理与方法，能够有效地分析流域水土、水盐耦合过程，帮助人们更好地理解流域及生态系统与景观尺度的生态水文、BGC 和生态动力学机制。同时，模型模拟在该过程中发挥着重要作用，BGC 模型（biogeochemical model）就是一类具有重要意义的生态学模型。为了研究物质的 BGC 过程，人们往往基于已有的知识积累，通过模型将因果关系与输入和输出联系起来，在没有关于系统内物理、化学和生物机制信息的状态下，判识、推理、界定、表达及预测其可能的变化状态。随着 DNDC（denitrification-decomposition）BGC 模型的应用，人们通过该脱氮脱碳模型，借助于计算反硝化和有机质分解来模拟 N 和 C 从土壤丢失而转移入大气时的变化特征，极大地提升了人们对物质循环过程的认识。C 循环是全球变化研究的重要内容，C 循环模型的研究已经成为陆地 C 循环研究中最重要的组成成分。作为 C 循环模型的两大类型，生物地理模型和生物化学模型在认识要素演变特征及过程等方面发挥着重要作用。地下水模型在流域亦发挥着重要作用，如 FEFLOW（finite element subsurface FLOW system）模型是地下水众多模拟软件中的一种，也是有限元地下水数值模型的典型代表，其功能强大，可适用于解析模拟水热盐迁移耦合关系。掌握地下水水力学（groundwater hydraulics）理论，构建地下水概念模型（conceptual model），进行数据处理（data processing），是合理应用此类模型，科学认识地下水动态变化以及水盐耦合关系的基础。

7.2.2　BGC 过程研究范例

1. 飞播林 BGC 过程

植被建设是生态建设的关键，中国在不同区域开展来了一系列植被修复与重建试验示范，并研究了 BGC 过程，分析了生态保护的综合效应。黄土高原的土地利用变化及植被建设对于维护区域生态稳定具有重要意义（傅伯杰，2022）。位于黄土高原的陕西榆林飞播林区是中国山水工程的典型代表之一，也是重要的生态修复工程，土壤地球化学特征具有一定代表性，自然背景下的人为工程行为，对于区域 BGC 过程具有重要影响。以榆林飞播林区为研究对象，重点采集不同林分样地的土壤样品，经处理后实验室分析土壤微生物、土壤养分和土壤可溶性盐分。分析表明，土壤属硫酸盐型，土壤层分异特征不显著，土壤仍处于初级发育阶段。土壤总盐与养分的相关性不明显，适当增加 K^+ 利于真菌的存活和生物量的积累。在土壤表层，适量减少 Cl^- 能促进土壤细菌的生长；在 40 cm 土层的盐分上行过程中出现表聚现象；在土壤中层，出现板结现象；在土壤底层，HCO_3^- 和 Na^+ 质量分数的增加，有利于 TN 质量分数的增加，且 HCO_3^- 的影响力最强。对飞播林的林区土壤可溶性盐变化规律及其与土壤养分、微生物的相关性进行研究，为水土资源可持续利用以及飞播造林生态效应的提高提供理论依据。

2. 防护林 BGC 过程

干旱区土壤理化性质与人工植被性状的关系紧密。植树造林是应对气候变化，减缓 CO_2 排放的重要生物措施，在提倡低碳减排目标的背景下，对干旱区塔里木盆地南缘墨玉县域的生态产业区进行野外调查，开展土壤理化性质和人工植被生长状况研究，成为认识与评价防护林结构与功能的重要基础。监测与分析表明，实验样地内土壤容重值 $1.15\sim1.55$ g·cm^{-3}，变异系数为 9.75%；土壤的相对含水率最大仅为 3.89%；SOM、TN、TP、TK、AN、AP 和 AK 的平均值分别为 1.205 g·kg^{-1}、0.081 g·kg^{-1}、0.553 g·kg^{-1}、20.762 g·kg^{-1}、9.705 mg·kg^{-1}、0.960 mg·kg^{-1} 和 129.727 mg·kg^{-1}，变异系数分别为 22.149%、35.615%、6.590%、6.187%、108.505%、36.843% 和 53.894%，反映了研究区内的土壤水分状况较差，普遍缺少 N 和 P，K 含量虽较丰富但分布不够均衡，特定区域亦有缺少。大多数人工植被的先锋树种存活率大于 60%，处于繁殖期。人工植被存活率较高，种群属于增长型，需要及时引水灌溉和施肥。此外，小沙枣+新疆杨混交林和小沙枣+榆树混交林配置方式，具有较高的物质循环效率与生产力，具有推广的必要性。与此同时，基于对不同结构防护林土壤理化性质的测定结果，分析了不同结构防护林土壤水分的分布特征，并探索了土壤水分与土壤理化性质之间的关系。结果表明，防护林土壤水分具有规律性分布特征，即从防护林西南方向到东北方向，土壤的相对含水率呈增大趋势，且不同结构防护林土壤相对含水率大小各异。防护林土壤水分与土壤热容量呈显著的线性（R^2=0.9903）正相关，与土壤全盐含量呈一定的梯度分布。不同结构防护林土壤水溶性盐分的空间变化明显，防护林土壤有一定的积盐特征，土壤全盐含量已从 2008 年的 0.444 g·kg^{-1} 变为 2009 年的 10.332 g·kg^{-1}。总之，根据防护林不同结构配置类型，在研究区内选取 11 块样地进行调查取样，采用常规分析法测定土壤养分、土壤盐分（包括 pH、电导率、全盐以及土壤水溶性盐总量)。监测与分析发现,在防护林不同种植模式下土壤相对含水率差异较大,多层次防护林的种植可改良土壤盐分,减少可溶性盐分在土壤中的积聚。不同结构防护林土壤养分的空间变化明显,多层次防护林种植模式下对土壤养分的集聚与土壤肥力的提高有明显的正效应,也增加了防护林内的生物种类。

3. 碳汇林 BGC 过程

全球变化背景下,CO_2 减排成为实现碳减排的重要途径。2022 年在埃及召开的 COP27,进一步促进了世界各国共同努力,认识到实现《巴黎协定》目标的必要性与紧迫性。中国石油基于绿色发展理念,调整产业结构,建造了干旱区人工碳汇林,成为中国生物减排的典范。以新疆干旱区人工碳汇林区为研究对象,分析减排林区的植被状况及其土壤可溶性盐分离子、地下水矿化度,运用描述性统计和相关性分析等方法,研究景观地球化学特征,为盐渍化土壤改良和沙漠化防治提供理论依据。结果表明,干旱区减排林区土壤 Cl^-、SO_4^{2-}、Ca^{2+} 在 0~80 cm 变异系数较大,80~100 cm 范围内土壤总盐和各离子变异系数相对较小。盐分表聚现象严重,该地区盐土类型主要是硫酸盐型,其中 SO_4^{2-} 和 Na^++K^+ 为土壤可溶性盐的主要成分。研究区地下水呈弱碱性,除 HCO_3^- 外,其他离子和矿化度表现出较强的变异性。地下水的化学类型主要为 $Cl·SO_4$-Na,矿化度和 Cl^-、SO_4^{2-}、Na^++K^+ 相关系数较为显著。种植减排林后,除土壤 HCO_3^- 含量有轻微上升外,其他离子均有所下降,其中 SO_4^{2-} 含量的降低趋势最为明显。俄罗斯杨林分土壤含盐量随种植年限的增长明显降低,种植后的土壤盐渍化状况有明显改善。

7.3　再生资源遥感研究

关于再生资源概念,此处主要是从资源分类的角度而言的,与不可再生资源相对应,强调的是能够通过自然力以某一增长率保持或增加蕴藏量的自然资源。对于可再生资源来说,主要是通过合理调控资源使用率,实现资源的持续利用。可再生资源的持续利用主要受自然增长规律的制约。来自自然界动植物的可再生资源(农作物、林木、海产品加工废弃物等,统称为生物质)是人类社会赖以生存与发展的重要资源。20 世纪 80 年代中后期,社会经济发展逐渐加快,迫切需要开发资源,促进经济振兴。而对于可再生资源,特别是区域分布的动植物、土地和水资源等本底状况还不完全清楚,要及时准确地为国家建设提供资源支持,快速发展的遥感技术成为调查可再生资源的重要途径。在缺少遥感信息源、缺少遥感图像处理软件、缺少技术人员与技术手段的背景下,以再生资源遥感为科学导向，并紧密结合现实农、林、牧业发展需求，构建农业遥感、林业遥感、土壤遥感、草地遥感等学科与技术体系，成为中国遥感科学发展的重要国家需求与重大事件。

对于不同地区植被、土壤、水文要素的全面调查，是再生资源遥感调查研究的重要基础。遥感光谱特征是识别植被、土壤、水体等要素的重要前提。植被光合作用的效能特别是生长变化阶段在特定的光谱段具有特殊的反映，土壤的各种理化性状，地形的分异作用以及水分状况、气候变化在多平台、多波段、多时相遥感信息源上均有不同反映，成为遥感信息机理的核心（陈述彭，1998）。张人禾等（2016）研究了中国土壤湿度的变异及其对中国气候的影响，揭示了气候变化驱动要素的复杂性。土壤水分遥感监测要经过复杂的中间过程，波段及变量选择、传感器性能等因素对土壤水分监测是至关重要的。研究方法及途径的选择都要根据土壤类型、传感器性能以及工作目的等因素合理确定，该领域的研究有待进一步完善。用遥感手段监测土壤水分的动态变化涉及一系列问题，选择对土壤水分较为敏感的光谱波段，则是进行有效监测的前提及基础，通过对样区内土地水分的测试及光谱数据的采集，结合回归分析等方法选择适用于土壤水分遥感监测的理想波段。世界上遥感研究比较发达的国家从 20 世纪 70 年代初就开展了各类地物遥感研究，我国则起步稍晚，20 世纪 90 年代再生资源遥感研究系列化成果的问世，以其丰富的理论、方法及应用内涵（庄逢甘和陈述彭，2004），成为中国遥感技术体系以及世界遥感研究的重要组成部分。基于遥感技术，开展资源环境研究，作者参与相关研究的成果如图 7-1 所示。

图 7-1　再生资源遥感研究系列化成果

Fig.7-1　Serialization results of remote sensing research on renewable resources

7.4　环境及灾害评价研究

无论是资源问题与生态问题，还是环境问题与地理问题，研究变化过程及其效应需要开展不同类型的评价研究。通过定性与定量相结合、理论与现实相结合，就可以直观地感悟到所要探讨的问题。目前，作者及团队围绕学科研究热点，开展生态安全、生态风险、生态健康、生态脆弱性、生态适宜性、生态稳定性、气候变化评价、灾害特征评价、资源禀赋评价、环境效应评价、人居环境评价、太阳能评价、风能参数评价、生态质量评价、气象生态评价、大气负氧离子（negative oxygen ion，NOI）评价、景观格局评价、城市合理性评价等一系列研究工作。而针对科学问题，作者及团队在流域水资源评价、土地资源评价、环境污染评价、生态服务价值评价、气象灾害评价（郭进修和李泽椿，2005）、环境影响评价、绿色 GDP 核算等方面，开展了一系列工作，对于拓展与深化人们对相关问题的认识，深化相关学科领域评价研究具有一定积极意义。

需要强调的是，近年来关于生态价值及生态产品的评价正成为人们关注的重要热点（吴丰昌，2023）。以生态价值为标准形成的生态评价体系作用于复合社会、环境、经济的生态巨系统中，包含了一系列复杂内涵特征。一方面，生态价值在一定程度上可以指导生态评价的实施，作用于生态评价项目本身、生态评价的全过程及生态评价后的人文社会影响等各个方面。另一方面，生态评价作为生态价值方法论的体现，可对生态价值即生态评价的标准或施行因素的合理性进行真伪性检验。生态评价是对一个区域内各个生态系统，特别是起主要作用的生态系统本身质量的评价。利用生态学的原理和系统论的方法，对自然生态系统功能进行系统评价，可以理解为对复合生态系统中各子系统（即自然或环境子系统、社会子系统、经济子系统）功能的评定。生态评价是以区域生态系统为评价对象，为实现循环经济的目标，依据循环经济和生态经济学理论，运用科学的方法和手段来评价和监测区域生态系统的发展状态、发展水平和发展趋势，为绿色低碳高质量发展提供决策依据。常采用的生态评价方法主要包括图形叠加法、生态机理分析法、类比法、列表清单法、质量指标法、景观生态学方法、生产力评价法和数学评价法等。针对不同的问题，需要对应的方法来进行评价。生态修复评价的方法较多，常用的有统计学方法、综合评价法、模糊评价法、灰色关联度分析评价法、PSR 框架模型法等。目前，对生态修复的生态评价常常多个方法综合运用，以弥补单一评价方法的局限性。

环境评价即环境影响评价，是对规划和建设项目实施后可能造成的环境影响进行分析、预测和评估，提出预防或者减轻不良环境影响的对策和措施，进行跟踪监测的方法与制度。环境影响评价的方法一般有影响识别方法、影响预测方法及影响综合评估方法。

7.4.1　风险评价

　　干旱区的自然地理状况决定了生态的脆弱性，不同生态系统蕴含着一定的风险性。从区域自然条件和人为干扰状况出发，定量评价生态风险是维护生态系统健康、建立生态补偿机制，保障可持续发展的重要基础。水资源时空变化直接制约着流域尺度不同区域的生态环境质量，也蕴含了生态风险的程度及状况。选择地表水矿化度、GWD、大风和沙尘暴日数、NDVI 指数、水利基础设施密度等作为生态风险评价的指标，建立生态风险评价指标体系，并运用 AHP-模糊综合评价方法构建塔里木河流域生态风险评价模型。在此基础上，通过加权平均方法对模糊评价结果进行处理，借助 ArcGIS 生成风险评价图像表达结果。定量评价结果表明，塔里木河干流的生态风险分布具有明显的空间差异性。塔里木河干流上、中、下游的生态风险指数量化值有一定的时空差异性，生态风险指数上游小于下游，生态风险程度上游小于中游及下游。生态风险大的区域主要分布在干流下游地区。加大对生态风险敏感因素的控制与管理力度，是降低生态风险与维持生态稳定的重要途径。在此基础上，明确生态风险与生态补偿主体的关系，拓展生态补偿的思路与途径，构建生态补偿机制，是实现流域生态环境治理目标的重要途径。

　　针对流域生态环境质量特征，按照 RSEI 的内涵特征及其时空表现规律，开展滹沱河流域生态环境质量及其风险评价。将 RSEI 分为 5 个等级，对滹沱河流域生态环境质量进行评价。滹沱河流域为海河流域子牙河系两大支流之一，发源于山西省繁峙县五台山北麓，穿越太行山进入河北省平山县境，东流至献县，与滏阳河汇合后入子牙河。评价过程中，以定量与定性相结合的原则制定评价标准，其中，1、2、3、4、5 分别表示差（0～0.2）、较差（0.2～0.4）、一般（0.4～0.6）、良（0.6～0.8）、优（0.8～1）。由于人为活动的影响，RSEI 差和较差等级的区域始终集中在滹沱河流域的桥西区、新华区、长安区和裕华区，主要土地利用类型为建设用地及裸岩等。在太行山和华北平原的交界处，山势崎岖，基岩裸露，坡面植被较为稀疏，同时，受人为强烈生产活动的影响，井陉地区矿产资源的开采使得该区域的 RSEI 等级也较低。RSEI 较高的地区集中在东部平原及西部部分山区，主要土地利用类型为耕地及林地。2001～2015 年，各个地区 RSEI 等级总体变化不大，2018 年，滹沱河流域 RSEI 为优等级的区域显著增加。图 7-2 为滹沱河流域生态环境等级分布图。

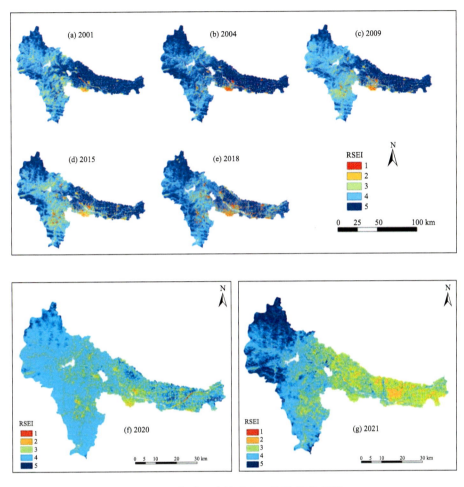

图 7-2　滹沱河流域生态环境等级分布图

Fig.7-2　Eco-environment level distribution map of Hutuo River Basin

贵州自然地理要素复杂多样，各类风险较多。根据 2010～2019 年贵州省各县（市、区）暴雨次数，运用反距离权重法进行插值，分析暴雨灾害风险状况。贵州省暴雨洪涝灾害在全省范围存在 3 个较集中的暴雨多发区和 2 个少暴雨带。暴雨多发区位于贵州省西南部，中心在普定附近；次暴雨多发区出现在黔南自治州的东南部，中心在都匀和荔波附近；第 3 个相对暴雨多发区在东北部，包括大娄山东段余脉的东南侧与梵净山之间的地区，另有松桃多暴雨中心与之相通，形成东西间带状。图 7-3 为分辨率 500 m 的 MODIS 卫星影像（NDVI 数据 MOD13A1），时间为 2023 年 10 月，反映了云贵高原区域以植被 NDVI 特征为代表的自然地理背景状况。

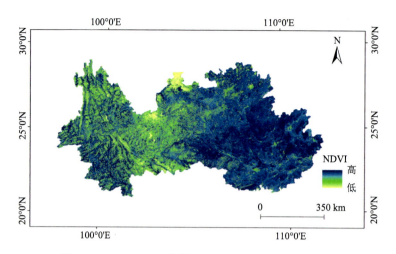

图 7-3　MODIS 卫星数据反映的云贵高原 NDVI 特征

Fig.7-3　NDVI characteristics of the Yunnan-Guizhou Plateau reflected by MODIS satellite

7.4.2　灾害评价

干旱区生态环境脆弱，自然灾害频繁。塔里木盆地是我国面积最大的内陆盆地，干旱、大风、沙尘暴（石广玉等，2018）、洪水、泥石流、地震、雪灾等自然灾害频发，严重地影响到盆地的生态安全。在 RS、GIS 及 GNSS 等技术支持下，研究各自然灾害的孕灾机理及过程，建立区域自然灾害的监测评价及预警系统（崔鹏等，2011），探索灾害损害赔偿模式，对于塔里木盆地生态环境建设具有重要意义。基于 MOD13A1 和 MCD43A3 数据，通过建立 NDVI 和 Albedo 的空间关系，构建荒漠化差值指数（DDI），并应用土壤风蚀模型计算损害固沙量，再进行相应的风蚀损害赔偿计算。结果表明，2010～2015 年，研究区荒漠化程度有了一定的改善，但也存在退化现象。同期研究区整体荒漠化状况有所缓解，中高等级的荒漠化土地面积出现不同程度的下降，主要发生强度荒漠化向中度荒漠化的转移。2015 年不同荒漠化土地的生态损害量具有一定的时空差异性，生态损害经济赔偿标准符合当地经济发展水平。

贵州省地处云贵高原东部，地势西高东低，自中部向北、东、南三面倾斜，全省地貌可概括分为高原、山地、丘陵和盆地四种基本类型。贵州地处中国西南内陆地区腹地，气候和生态条件复杂多样，立体农业特征明显，农业生产的地域性、区域性较强，适宜农业整体综合开发，适宜发展特色农业（框 B7-2）。

框 B7-2

☐ 地貌特征：高原、山地、丘陵和盆地四种基本类型，属于中国西南部高原山地。

□ 气候特点：温暖湿润，属于亚热带湿润季风气候。
□ 河流分布：处于长江和珠江水系上游的交错地带，是长江、珠江上游地区重要的生态屏障。
□ 植被状况：多样性丰富（亚热带特征），组成种类繁多，区系成分复杂。

贵州是长江经济带重要组成部分，内陆开放型经济试验区，中国西南地区交通枢纽，全国首个国家级大数据综合试验区，国家生态文明试验区。在贵州开展气象风险监测、评估等工作，是践行新发展理念，应对气候变化，实现气象现代化建设与生态文明建设的需要。研究区域冷、热、干、湿、风、云、雨、雪、霜、雷、电的特征及其变化规律，重点研究暴雨洪涝、干旱灾害、凝冻灾害以及冰雹灾害，科学把握气象灾害孕灾机理，开展气象灾害的风险识别、风险预测以及风险评价（李泽椿等，2007），对于防灾减灾，应对气候变化，具有重要现实意义。表 7-1 为气象灾害风险评估的相关内容。

表 7-1　气象灾害风险评估
Tab.7-1　Meteorological disaster risk assessment

区域规划	气象灾种	重大工程	其他
◆典型流域	◆干旱	◆大型水利	◆气象保险指数
◆城市环境	◆暴雨洪涝	◆大型桥梁建设	◆经济果树指数
◆乡村发展	◆城市暴雨内涝	◆输变线路	
◆生态系统	◆台风	◆高速铁路	
◆功能区	◆风暴潮	◆风电	
◆海岸带	◆高温热浪	◆光伏	
……	◆寒潮	◆高层建筑火险	
	◆低温冷害	◆城市火灾预警系统	
	◆冰雹	◆城市能源系统	
	◆大雾		
	◆雪灾		

贵州环境问题多样，石漠化严重、土壤重金属污染、水土流失、不合理开发环境负效应等灾害种类多、频率高，具有区域性、群发性等特点。表 7-2 反映了贵州暴雨灾害算法。图 7-4 及图 7-5 分别反映了暴雨洪涝灾害风险评估算法的概念模式、干旱灾害评价指标选取及算法构建过程。

161

表 7-2　贵州暴雨灾害算法汇总

Tab.7-2　Summary of Guizhou rainstorm disaster algorithm

一级	二级	三级	计算方法
暴雨洪涝灾害评估	致灾因子综合评价（算法一）	暴雨平均降水量	$A_j = \dfrac{1}{n}\sum_{i=1}^{n} P_{ij}$
		日降水极值	$R_{\max j} = \max\,(P_{ij})$
		出现日数	为评估时段内 j 站点的暴雨日数
	暴雨危险性指数（算法二）	暴雨危险性指数	$A_{ij} = \dfrac{\sum_{m=1}^{k} x_{ijm}}{N_{\text{day}}}$
	孕灾环境综合评价	河网影响指数	根据距离河流越近，洪水危险性越大的原则进行赋值
		地形影响指数	计算某个栅格 3×3 邻域内的高程相对标准差，根据高程和高程标准差的不同组合赋值
		植被覆盖指数	$f_c = \dfrac{(\text{NDVI} - \text{NDVI}_{\text{soil}})}{(\text{NDVI}_{\text{veg}} - \text{NDVI}_{\text{soil}})}$
	承灾体综合评价	人口分布模型	$S = P_c \times 0.67 + h_{\text{gdp}} \times 0.33$
		经济分布模型	
	抗灾能力	人均 GDP	运用承灾体中获取的人口分布数据与经济数据计算人均 GDP

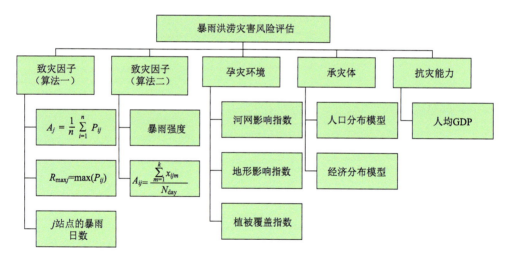

图 7-4　暴雨洪涝灾害风险评估（算法）概念模式

Fig.7-4　Conceptual model of rainstorm flood disaster risk assessment （algorithm）

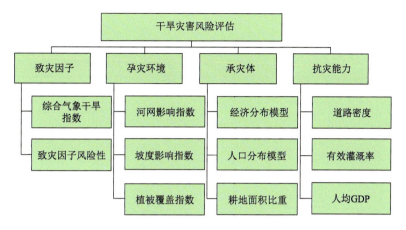

图 7-5　干旱灾害评价指标选取及算法构建

Fig.7-5　Drought disaster evaluation index selection and algorithm construction

7.4.3　宜居评价

人居安全与健康,以及生态宜居是人们追求的目标,倡导人居高质量发展与城乡治理现代化,是新时代社会发展的客观要求(吴良镛,2019;徐匡迪和郑新钰,2017)。从地球科学发展战略客观而言,宜居地球的过去、现在与未来存在着一系列复杂问题(朱日祥等,2021),气候环境条件仅仅是影响宜居的一个重要因素。运用多层次评价模型,从气象灾害、大气环境、人体健康及生态气象 4 个层面筛选出 20 项指标,构建区域气候环境宜居性的评价体系,基于 AHP 确定各指标的权重,并以南京江北新区为例,对其宜居水平进行评价。特别是利用南京江北新区老山森林、农庄、珍珠泉、石桥万诚 4 个观测点 2014 年 10 月～2015 年 10 月大气负氧离子(negative oxygen ions,NOI)观测资料,评价 NOI 的时空特征及其与气象条件的关系,分析 NOI 浓度的时空变化特征及其与气象因子的关系。江北新区日平均 NOI 浓度为 688 个·cm^{-3};最大值约在 21:00,为 986 个·cm^{-3};最小值约在 12:00,为 610 个·cm^{-3}。江北新区年平均大气 NOI 浓度为 675 个·cm^{-3},其中夏季最高,为 728 个·cm^{-3};冬季最低,为 538 个·cm^{-3}。江北新区 NOI 空间分布规律为农庄>珍珠泉>老山森林>石桥万诚。不同天气条件下 NOI 与气象因子的相关性不同,如雨日,NOI 与降水量、气温、相对湿度显著相关($P<0.01$):无雨天,NOI 与日照显著相关($P<0.05$)。评价结果表明,2011～2014 年,江北新区宜居水平整体呈上升趋势,属于宜居范畴,并接近非常宜居的标准。表 7-3 反映了气象领域引人关注的生态现象与生态问题。

表 7-3 气象领域生态现象与生态问题

Tab. 7-3 Ecological phenomena and ecological problems in the field of meteorology

主要内容	生态环境	生态经济	气象灾害风险	特色气象服务	生态气象标准制定	领导干部离任审计	气象生态服务体系建设
热点方向	ERA 及 ESS 效应评价 碳汇交易 损害赔偿 水碳足迹	生态补偿 能值分析 生态气候 资源开发	气象防灾减灾 农业灾害保险 气象站点选址	旅游气象 交通气象 生态气象 气象可行性论证	标准引领 成果转化 终极目标 森林气象 农业气象	GGDP NPP 精细化评估	气象现代化 交通及装备 智慧气象 大数据共享 生态文明建设

7.4.4 演变评价

针对生态环境时空演变特征及其规律，开展以祁连山自然保护区（Qilian Mountain Nature Reserve，QLMNR）为代表的生态环境演变分析与评价。

1. 生态环境时间序列特征评价

1）遥感生态指标时序变化

基于多源遥感数据，应用 ENVI 和 ArcGIS 软件提取 QLMNR 的湿度、绿度、干度和热度指标，并将 4 个指数进行归一化处理，构建区域生态环境图集。RSEI 能够反映研究区不同维度的生态环境状态。

将 1989～2019 年 RSEI 各指数标准化处理，均值指标范围为[0,1]。其中，QLMNR 绿度指标（NDVI）与湿度指标（WET）偏低。1989～2013 年的 NDVI 均低于 0.40，甚至在 2001 年低至 0.3248。2013 年后存在明显上升趋势，至 2019 年上升了 32.20%。NDVI 主要反映研究区植被覆盖，土地类型中林地、草地对植被覆盖度贡献率较大，结合 QLMNR 的土地利用及生态空间变化情况可知，草地、林地等生态用地面积增加明显，因此 NDVI 变化趋同。WET 则在 0.4180 附近浮动，1989 年即为最低值 0.3890，后呈缓慢上升趋势，2016 年达到 0.4981，增幅达 28.05%。WET 反映研究区植被和土壤的水分状况。在研究时段内，干度指标和热度指标较高，整体呈现出先上升后下降的趋势，这是由于 QLMNR 裸地面积占比较大，生态破坏较为严重。2010 年一系列生态保护政策及生态保护措施的出台和实施初见成效。各指标的演变趋势初步表明 QLMNR 生态环境质量经历了先下降后缓慢上升的趋势，2010 年前后区域生态质量得到了恢复并逐渐向好发展（图 7-6）。

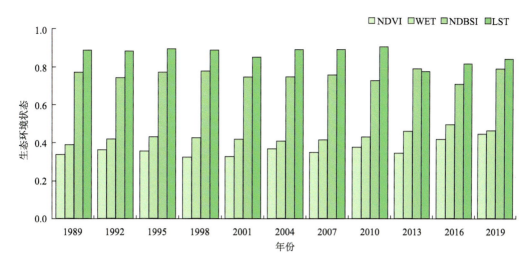

图 7-6　不同年度 QLMNR 生态指标年均值变化特征

Fig.7-6　Characteristics of annual mean change of QLMNR's ecological indicators in different years

2）生态质量时间演变趋势分析

为了全面分析 QLMNR 生态环境状况，将归一化后的湿度、绿度、干度和热度指标进行叠加，对图层进行主成分分析（PCA），最终得到 1989～2019 年 QLMNR 的 11 期 RSEI。由 PCA 结果可知，各年份 PC1 的特征值贡献率均高于 85%，表明 PC1 包含了绝大部分的生态质量信息，对于湿度、绿度、干度和热度指标具有很好的代表性，能够对生态环境现象进行合理解释，其他主成分参数值之间规律不明显，因此不进行讨论。进一步对 PC1 进行归一化处理，得到 RSEI。根据计算结果可以很直观地看出 QLMNR 1989～2019 年生态环境演变规律及其特征。

1989～2019 年，QLMNR 各时间节点 RSEI 呈现缓慢降低的趋势，1995 年 RSEI 的均值为 0.7514，2016 年降至 0.6677，下降 11.14%。但对 2009～2019 年的 RSEI 进行趋势分析发现其呈上升态势，2019 年 RSEI 增长至 0.7181，与 2016 年相比增长 7.55%，与年均 RSEI 持平。祁连山历来一直存在非法采矿、水电设施违法建设等问题，对区域生态环境破坏严重。针对祁连山的生态破坏问题，相关部门多次整改但收效甚微。直至 2017 年 2 月成立中央督查组，开展专项督查工作，同年 6 月印发了《关于甘肃祁连山国家级自然保护区生态环境问题督查处理情况及其教训的通报》，QLMNR 环境问题得到国家高度关注后，得到重视和改善。由于生态环境恢复是一个不断积累的过程，生态效应表现出一定滞后性。结果表明，1989～2019 年，QLMNR 的整体生态环境逐渐变差，但经过一系列生态环境治理措施的有效开展，近 5 年开始出现变好的趋势。

2. 生态环境空间演变特征评价

1）生态质量等级空间分布

获得的生态状况指标可以以定量的方式刻画研究区的生态环境质量，同时还可以对区域环境的空间分布和时空演变进行可视化、定量化的表达，以实现对不同时期生态环境状况的对比。因此，基于《生态环境状况评价技术规范（试行）》（HJ/T192—2006）与研究区域现实状况，进一步将 1989～2019 年 QLMNR 的 RSEI 划分成差[0～0.2]、较差[0.2～0.4]、一般[0.4～0.6]、良[0.6～0.8]、优[0.8～1]5 个等级。

统计结果表明，1989～2019 年 RSEI 等级状况基本相似，总体生态环境质量以良为主，特别是在 2004 年和 2010 年良好等级占比甚至达到 55%以上。2019 年生态环境良好的区域占 QLMNR 总面积的 52.50%，较 1989 年增加 1430.77 km^2。其次等级为优的面积占比也较大，但波动较为明显，例如在 1995 年生态环境质量为优的区域面积占比为 42.64%，至 2016 年仅为 22.72%，下降近 20 个百分点，2019 年研究区生态环境质量为优的区域为 18190.52 km^2，占比达 32.64%。一般、较差、差等级的面积均占比较小。差等级在 1989～2010 年占比均为最少，特别是 1992 年研究区不存在差等级区域，但在 2013 年后其占比突增，由原来的不足 1%增至 2016 年的 3.09%，为研究时段内占比最高。与差等级相反，在 1989～2010 年较差等级所占面积比例总高于差等级，但在 2010 年开始，由占比 5.54%逐渐减小至 2019 年的 1.81%，面积共减少 2076.823 km^2，小于差等级面积。生态环境一般的区域面积在 1989～2019 年呈缓慢增长态势，甚至在 2016 年占比达到了 21.98%，面积为 12252.38 km^2。综合可以看出，1989～2019 年，QLMNR 的生态环境质量经历了先变差后变好的趋势，在 2013 年后生态环境存在两极化趋势。因此，QLMNR 在未来的生态环境保护工作中，除了开展整体性的治理措施，还应当重点关注生态环境较差等级以下的地区，防止局部生态环境的进一步恶化。

根据 QLMNR 生态环境随时间变化的情况，进一步选取 1989 年、2001 年、2010 年和 2019 年进行空间演变规律分析。QLMNR 生态环境质量空间分布在不同时间节点具有相似性，区域生态质量随海拔升高逐渐降低，从以优、良为主下降至以一般生态等级为主。

具体而言，1989 年，肃北蒙古族自治县、天祝藏族自治县以优生态等级为主，但在肃北蒙古族自治县北部的高海拔地区集中分布有较差生态等级区域，德令哈市、祁连县、民乐县、山丹县、永昌县以良生态等级为主，肃南裕固族自治县、冷湖行政委员会、天峻县、门源回族自治县以一般生态等级为主。肃南裕固族自治县西北部区域集中分布部分生态环境较差区域。2001 年，QLMNR 生态环境进一步恶化，除了西部肃北蒙古族自治县高海拔地区生态环境整体向好外，其他区域均出现不同程度的恶化。天峻县高海拔地区由较差生态等级进一步恶化至差的生态等级,天祝藏族自治县由 1989 年的以优生态等级为主变化到以良生态等级为主。2010 年,QLMNR 生态环境整体继续退化,西部地区主要以良生态等级为主,东部地区则以一般生态等级为主。天峻县高海拔地区分布的差生态等级有所好转但仍为较差等级。天祝藏族自治县、门源回族自治县、肃南裕固族自治县的生态环境以一般等级为主,并出现较差生态等级集中分布区域。随后 QLMNR 生态环境开始向好发展,2019 年研究区优、良生态等级面积明显增加,生态质量自西向东呈现优、一般等级的交叉分布规律,特别是在研究区东部的门源回族自治县和肃南裕固族自治县生态环境质量由一般恢复至研究初期以优生态环境等级为主的状态。但是在 QLMNR 西部的高海拔地区,即研究期初期生态环境较差的区域的恶化状况没有得到遏制,集中分布差生态等级的区域。

2）生态质量空间趋势分析

为了更直观地表示研究区生态质量的演变情况,进一步基于 RSEI 计算、分析 1989～2019 年 QLMNR 生态质量的时空演变规律。根据以往研究及 Slope 值的实际情况,结合 Sen 趋势分析和 MK 检验的分级结果,同样划分为 5 种变化类型,得到像元尺度上 RSEI 的变化趋势数据。

1989～2019 年,QLMNR 整体生态环境质量趋于变差的区域主要集中于低海拔地区,特别是肃南裕固族自治县东南地区、天祝藏族自治县西南地区以及肃北蒙古族自治区与德令哈市交界处属于明显恶化区域。轻度改善区域主要分布在肃南裕固族自治县西部和天峻县,肃北蒙古族自治县也零星分布有轻度改善区域。其中,肃南裕固族自治县西北部区域集中分布有生态环境明显改善区域。空间演变与时间变化密切相关,1989～2001 年 QLMNR 整体呈现“改善-恶化-改善”的规律性分布,其程度均较轻。其中,存在轻度恶化趋势的面积占 QLMNR 整体面积的 34.80%。2001～2010 年,QLMNR 除肃南裕固族自治县西北部和天峻县西北部集中分布有轻度改善区域外,其余分布为轻度恶化地区,仅有少量改善趋势的区域零星分布。此时轻度恶化趋势的面积占 QLMNR 整体面积的 60.44%,生态环境进一步恶化。2010～2019 年,QLMNR 生态环境有所好转,主要表现为轻度改善面积所占比重上升,轻度恶化面积比重下降,特别是肃南裕固族自治县东南部及门源回族自治县、天祝藏族自治县好转明显,为轻度改善集中分布区域。但在此时段内,存在零星分布的恶化区域,在整体向好发展时出现的恶化更应当引起重视(图 7-7)。

3. 生境质量时空演变及其模拟

生境是区域气候、水文、土壤、植被和地形地貌的综合表现,在一定程度上受到生态环境和土地利用变化的影响,利用 InVEST 模型,基于土地利用数据获得 2000～2020 年 QLMNR 生境质量结果。生境质量数值在 0～1 之间,数值越大则代表生境质量越好,

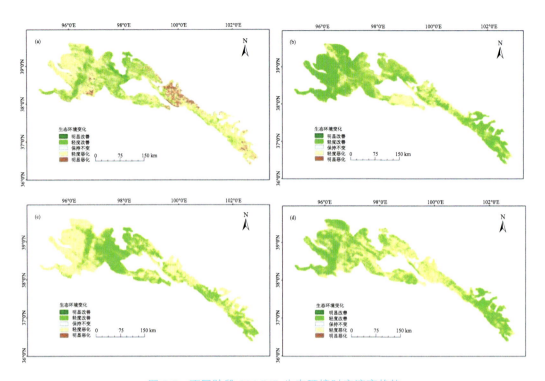

图 7-7　不同阶段 QLMNR 生态环境时空演变趋势

Fig.7-7　Spatio-temporal evolution trend of QLMNR eco-environment in different stages

（a: 1989～2019; b: 1989～2001; c: 2001～2010; d: 2010～2019）

反之则越差。在 GIS 平台上，根据自然断点法将生境质量等级分为低（0～0.2）、较低（0.2～0.4）、中等（0.4～0.8）、较高（0.8～0.9）、高（0.9～1）。生境质量高值区主要分布于 QLMNR 东南部和中部林地覆被较多的地区；较低值区主要位于西北部未利用地占比较多的区域，该区域主要以裸地、戈壁和盐碱地为主，生境质量较差；低值区穿插于较低值区域内，该区域主要分布道路和建筑用地等，受人为影响较大；中值区点状分布于东南部耕地为主的区域；生境质量较高值区块状分布于中部，该区域主要土地利用类型为水域湿地。总体而言，QLMNR 生境质量呈现东南高、西北低的空间分布规律。2000 年、2010 年、2015 年和 2020 年生境质量均值分别为 0.6562、0.6658、0.6646 和 0.6657，从时间跨度来看，QLMNR 生境质量先上升再下降后又有所回升，总体生境质量较高。

基于未来土地利用数据预测结果，得到 2030 年不同情景下的 QLMNR 生境质量空间分布。2030 年研究区生境质量空间分布仍然呈现西北低、东南高的格局。其中，自然发展情景下的生境质量均值为 0.6656，较 2020 年略有下降；生态保护情景下的生境质量均值为 0.6679，与 2020 相比有所上升，生境质量向好发展。

从各生境质量等级面积及占比情况来看，生境质量等级主要以较低等级和高等级为主，占据总面积的 90% 以上。2000～2020 年，低生境质量区域面积先增多后减少，主要是由于2000~2010年经济的发展增加了一些耕地等受人为影响较大的用地类型面积，使得低生境质量面积有所增加；但2015~2020年，随着一系列针对祁连山的生态保护政策施行，该等级生境质量面积有所下降。在对2030年生境质量的预测中，自然发展情景下的低生境质量区域面积有所增加，占比为1.63%；而生态保护情景下的低生境质量面积则明显减少，达到2000~2030年间的最低值，所以区域的生态保护不可松懈。较低生境质量等级区域面积在2000~2010年间逐渐下降，主要源于对未利用地的开发，部分未利用地向草地和水域转化，使得原本较低生境质量区域生境质量提高；2010~2015年间该等级区域面积又有所增加，可能由于该时期水域和林地面积减少，水土流失情况较严重；2015~2020年间该等级面积逐渐下降，依赖于2017年祁连山山水林田湖草沙生态修复工程试点项目的实施，一系列水环境治理与植被恢复措施增加了林地和水域的面积。中等生境质量等级区域面积占比较小，基本维持在0.33%左右；较高等级和高等级生境质量面积总和在2000~2020年间呈现先增加再减少后增加的趋势，在2030年两种不同情景模拟下，生态保护情景中这两类生境质量等级面积较自然发展情景增长较多，相较于2000年占比分别提升了1.39%和1.7%。由此可见，合理增加生态用地的面积，限制草地的转出，控制耕地和建设用地的扩张，有利于维持区域高生境质量水平。

根据生境贡献率公式，计算2030年不同情景下土地利用方式转变对生境质量的贡献度。评估发现对生境质量提升贡献较大的地类转换是未利用地向草地的转化，其次是未利用地向水域的转化，自然发展情景下未利用地未向草地转移，向水域转移了6.28 km^2，生态保护情景下未利用地向草地和水域分别转移了96.74 km^{2}和57.06 km^2，贡献率达19.6%和10.13%；使生境质量下降的地类转移主要是草地向建设用地的转化以及草地向水域的转化，生态保护情景下禁止了草地向建设用地的转化，且草地向水域转化的负向贡献率值要小于自然发展情景。综合而言，生态保护情景下各地类转化对生境质量贡献率之和为27.82%，而自然发展情景下的贡献率之和为-2.4%，生态保护情景下的生境贡献率要明显大于自然保护情景。所以在生态保护情景下，区域生境呈上升趋势。

7.5 生态补偿研究

在迈向全面建设现代化新征程的新时代，随着环境保护、生态建设与社会发展各项事业的进步，实施生态补偿对于倡导公平发展理念，促进人与自然和谐目标具有重要现实意义。生态补偿是指国家或社会主体之间约定对损害资源环境的行为向资源环境开发利用主体进行收费或向保护资源环境的主体提供利益补偿性措施，并将所征收的费用或补偿性措施的惠益通过约定的某种形式，转移到因资源环境开发利用或保护资源环境而自身利益受到损害的主体的过程。在资源开发与经济发展中，生态补偿的理论与实践问题错综复杂，生态补偿的原则、对象、方式、财政制度等是补偿机制建立的关键，ESS研究以及生态足迹核算，是探索生态补偿定量化的重要途径。倡导生态经济的利益补偿机制，是建立环境管理新模式，体现社会公平与生态文明理念的重要方式。在建设美丽中国，探索环境友好型社会的背景下，实施生态补偿机制是环境管理的一种创新模式。在新时代的生态建设实践中，结合科技进步、经济发展规律，强化生态伦理，统筹运用政府财政资金，充分发挥政府宏观调控和市场机制在生态补偿中的作用，多元化筹集生态补偿资金，完善生态补偿机制，对于提升生态建设效率、创新生态管理模式、促进生态文明进步具有关键性作用。

7.5.1 生态补偿的现实作用

生态保护与区域发展具有不可分割的关系（蒋有绪等，2012）。生态补偿是实现环境保护与社会公平的重要途径。生态补偿问题归根到底是一个利益分配的问题，这一问题如能得到合理解决，生态补偿机制如能得到有力贯彻，该策略必将成为社会公平一个有力保障。完善的生态补偿制度能够解决利益矛盾，促进生态建设和环境保护顺利推进，成为环境保护的动力机制、激励机制和协调机制。在以往的发展历程中，环境不公加剧了社会不公。为此，加快探索生态补偿机制，建立生态补偿制度，在新时代生态实践中彰显社会公平具有重大意义（框 B7-3）。

框 B7-3

☐ 生态补偿的理论与实践问题错综复杂。生态补偿的对象、实体、财政制度等是补偿机制建立的关键。

☐ ESS 及生态足迹核算是生态补偿定量化的重要途径。探索生态补偿定量化的重要途径，也是建立绿色 GDP 核算体系的重要基础。

☐ 生态经济的利益补偿机制是生态建设的必要模式。探索生态补偿的原则，是体现社会公平与生态文明理念的重要方式。建立健全的生态补偿机制是科学配置资源的重要途径，节约各类资源的重要基础，以及实现可持续发展目标的重要保障。

☐ 多学科理论融合促进生态补偿体系构建。在环境经济学、资源经济学与生态经济学的理论指导下，构建保障国家环境健康与生态安全的生态补偿机制，制定中国生态补偿机制的财政对策，完善生态补偿的生态税费制度，建立中国生态补偿政策评估体系，是提升生态产品质量、实施环境管理新模式的必然要求。

　　在理论与实践过程中，结合生态资产估算、环境危机管理等当代城市发展中的重大问题，实施生态补偿是实现环境保护与社会公平的重要途径。特别是在现阶段，政府应当大力运用市场手段让社会各阶层之间进行生态补偿，富裕人群消费多，应付出的补偿更多。如城市生活污水收费，用水多的应当额外付费，特困户在生活用水范围内应给予补贴，占用空间大的高档住宅、排气量大的汽车应该适当多付费。资源开发对生态的危害有时难以避免，如何遵循资源开发红线，进行合理生态规划，整治无序开发模式，实施生态修复策略，应是现阶段的发展方向。在建立和谐社会的进程中，通过生态补偿体现社会公平，同时，把环境作为战略资源，全面推动绿色国土建设。《生态环境损害赔偿制度改革方案》中强调，通过在全国范围内试行生态环境损害赔偿制度，进一步明确生态环境损害赔偿范围、责任主体、索赔主体、损害赔偿解决途径等，形成相应的鉴定评估管理和技术体系、资金保障和运行机制，逐步建立生态环境损害赔偿的修复和赔偿制度，加快推进生态文明建设。与此同时，环境巡查与督查制度也在环境治理等方面发挥了积极作用。目前，生态文明制度尚未全面建立，推动发展方式转型，加强生态环境保护和完善生态补偿制度，是落实"两山"理念与推动生态文明建设的重点工作。

　　生态补偿是实现低碳绿色可持续发展的重要模式。在当代社会发展过程中，人类活动给生态系统及环境资源造成的破坏和污染后果极其严峻，严重地制约了当代社会的高质量发展。探寻有效的生态补偿模式，也是实施环境保护国策的重要保障，对于降低大气、水体及土壤污染，保护生物多样性，应对气候变化，促进低碳绿色发展具有极大的创新价值。CDM 是《京都议定书》确定的实现温室气体排放控制目标的一种灵活机制，它为实现经济的可持续发展提供了一种很好的思路。在新发展阶段，全面落实新发展理念，保障生态建设健康发展，推进中国经济发展双循环机制，确保资源环境及社会经济的可持续发展。

7.5.2　生态补偿的一般模式

　　围绕创建和谐社会与构建生态文明的社会环境的战略需求，在目前生态环境背景、经济发展水平与科学技术支撑下，需要不断地探索开展生态补偿理论与实践的理念与途径。针对人类的一些行为对环境的负面影响，在生态学、环境学、地理学、经济学、

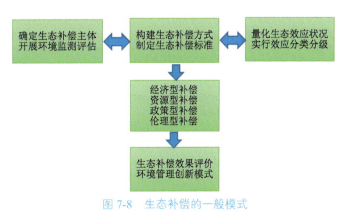

图 7-8　生态补偿的一般模式

Fig.7-8　General patterns of ecological compensation

管理学、伦理学等学科理论指导下，充分认识资源、环境要素的时空特征及其演变规律，探索生态补偿模式，建立生态补偿制度，构建保障国家生态安全的全方位生态补偿机制，制定多层次的中国生态补偿机制的财政对策，完善生态补偿的生态税费制度，建立中国生态补偿政策评估体系，是实施环境管理新模式的必然要求（图7-8）。

7.5.3 生态补偿的重点领域

在生态建设、环境保护与社会经济发展中，应逐步建立绿色 GDP 核算体系，完善生态环境保护法律体系，通过各种政策措施推动循环经济体系的建立，并且要在倡导公众参与的前提下，加快建立生态安全体系。在大力推进美丽中国建设进程中，尽快建立国家生态补偿政策评估体系，完善监管机制，成为解决环境保护与经济发展等问题的重要手段。在资源、环境与生态经济学理论指导下，从生态功能区补偿、流域生态补偿和生态要素补偿等角度，针对当前生态补偿面临的紧迫问题和可能的应对措施，构建具有中国特色的生态补偿机制和政策评价体系，是未来生态建设可持续发展的重要途径。表7-4反映了生态补偿重点领域。

表 7-4 生态补偿重点领域
Tab.7-4 Key field of ecological compensation

生态补偿 重点策略	全方位的国家生态 安全体系	多层次的国家生态 补偿机制	生态补偿的生态 税费制度	中国生态补偿政策 评估体系
具体思路及途径	遵循生态规律，做好生态系统保护与修复，全面落实《全国重要生态系统保护和修复重大工程总体规划（2021—2035 年）》，围绕青藏高原生态屏障区、黄河重点生态区（含黄土高原生态屏障）、长江重点生态区（含川滇生态屏障）、东北森林带、北方防沙带、南方丘陵山地带、海岸带等"三区四带"为核心的全国重要生态系统保护和修复重大工程总体布局，并根据各区域的自然生态状况、主要生态问题，统筹山水林田湖草沙系统各生态要素，部署青藏高原生态屏障区生态保护和修复重大工程等九大工程。持续维护"三区四带"重要生态功能区安全	涉及诸多领域，诸如政府财政转移支付的生态补偿基金，建立地方财政的环境政策体系，开发者补偿与受益者补偿双向调节机制，生态破坏者赔偿与生态保护者获偿的对称机制，对生态破坏受损者与减少生态破坏者双向补偿机制，保护生态环境与消除贫困联系机制和生态补偿监测评估机制等，均具有良好的合理性与适用性，而不同层次财政的投入以及市场机制的引导与参与意义重大；围绕生态补偿中的融资资本、融资方式、融资效率等问题，积极探索为生态融资活动提供理论指导和行动策略的思路与模式，成为生态补偿财政政策实施的有效保障	根据我国目前经济发展的特点，以及现行关于环境税费制度的运行状况，我国的环境税费制度改革应该加大力度，以适应新时代 ECC 的需求；在政府主导下，现阶段需要规划构建多元化的长效制，设立多样化的公益性的生态基金，支持不同区域、不同类型、不同规模、不同效应的生态工程实践；同时，探索低碳发展背景下的生态税费制度，结合不同地区、不同行业"双碳"目标，创新有益于生态补偿的生态税费方式	生态补偿是生态建设实践中的新问题，虽然在水资源开发、土地资源开发以及相关生态实践中进行了试点，但仍然有诸多问题需要创新思维，适应复杂多样的生态补偿实践；目前，生态补偿领域已经取得一系列进展，但生态补偿政策及其补偿模式的评估体系还需加强；中国生态补偿机制和政策在法律法规体系、财政制度、重大生态建设工程、生态税费制度和市场交易模式等方面取得的经验成效以及存在的问题，还需要进一步凝练推广与提升完善

7.6 生态产品及 ECP 研究

7.6.1 生态产品及其内涵

生态产品是生态系统服务的中国化表达，其概念内涵在理论研究与实践运用中不断拓展。对生态产品的概念定义、理论内涵、价值的核算方法等方面的诸多研究，构建生态产品价值的理论体系和实现路径还仅是初期阶段。2010 年底，国务院发布《全国主体功能区规划》，在政府文件中首次提出了生态产品概念。狭义生态产品最初作为国土空间的一种主体功能而存在，是指维系生态安全、保障生态调节功能、提供良好人居环境的自然要素，包括清新空气、清洁水源和宜人气候等。广义生态产品既涵盖生态系统所生产的自然要素，也包括人类在绿色发展理念指导下，采用生态产业化和产业生态化方式生产的生态农产品、生态旅游服务等。2022 年，国家发改委和统计局发布《生态产品总值核算规范（试行）》（以下简称《规范》）中指出，生态产品是指生态系统为经济活动和其他人类活动提供且被使用的货物与服务贡献，包括物质供给、调节服务和文化服务三大类。《规范》中关于生态产品的定义与西方的"生态系统最终服务"最为接近，强调物质供给、调节服务、文化服务三大类，突出可被交易的货物产品属性，且强调人的参与生产和消费。生态产品可分为公共型生态产品、准公共型生态产品和经营型生态产品。生态产品不但具有生态属性，同时还兼具独特的社会经济属性。生态产品兼具公共和商品双重属性。随着人们对于生态产品认识的不断深化，生态产品的诸多属性被逐步地揭示出来。在市场经济规律背景下，特别需要指出的是商品性作为生态产品的重要特性，在生态建设实践中将发挥重要的调控作用。

生态产品是 ECC 的一个核心理念，强调的是自然生态系统产生的生态系统服务，即生态效益，包括物质产品和生态服务。同时，也可以讲生态产品是指生态系统为了维系生态安全、保障生态调节功能、提供良好人居环境而提供的产品。如前文所述，大致可以分为 3 类：一是供给服务类产品，如木材、水产品、中草药、植物的果实种子等；二是调节服务类产品，如水涵养、水净化、水土保持、气候调节等；三是文化服务类产品，如休闲旅游、景观价值等。虽然两者的表述不同，但基本含义是相同的，即自然资源提供的产品和服务，是一个流量，内含着某一个时间段（如 1 年核算期）内的价值。生态功能区提供生态产品的主体功能主要体现在吸收 CO_2、制造 O_2、涵养水源、保持水土、净化水质、防风固沙、调节气候、清洁空气、减少噪声、吸附粉尘、保护生物多样性、减轻自然灾害等方面。一些国家或地区对生态功能区的生态补偿，实质是政府代表公众购买这类地区提供的生态产品。

生态产品相比于传统的农产品或工业品，是由生态系统和人类社会共同作用的产物。生态产品的目的是通过市场交易实现"绿水青山"向"金山银山"的切实转化，从而满足人类日益增长的优美生态环境需要。经营性生态产品和准公共性生态产品可以看作是公共性生态产品通过市场机制或政府管控从而实现价值的衍生物。生态产品价值实现需要通过政府或市场路径，把生态产品转化为生产力要素融入市场经济体系。随着理论与实践的不断深化，生态产品的概念内涵得到了进一步的发展。生态产品就是绿水青山在市场中的产品形式，生态产品所具有的价值就是绿水青山的价值，保护绿水青山就是提高生态产品的供给能力。核算生态产品价值时应先核算生态产品的功能量，再采用适当的方法将生态产品的功能量转化为价值量，即在生态产品功能量核算的基础上，确定各类生态产品的价格，核算生态产品价值，一个地区的生态产品价值总和称为生态系统生产总值（GEP）。习近平总书记指出："要积极探索推广绿水青山转化为金山银山的路径，选择具备条件的地区开展生态产品价值实现机制试点，探索政府主导、企业和社会各界参与、市场化运作、可持续的生态产品价值实现路径。"目前，生态产品价值实现已经由地方试点、流域区域探索上升为国家层面的重要任务。积极探索生态产品价值实现路径，促进我国生态资产与经济协同发展，对于提升生态产品质量和经济发展水平具有重要意义（框 B7-4），表 7-5 反映了生态产品内涵、特征及估算方法。

框 B7-4

☐ 生态资产是能给人类带来服务效益和福利的生态资源。生态资产是在一定的时间和空间内，自然资产和生态系统服务能够增加的以货币计量的人类福利。

☐ 生态资产评估需要多学科理论及方法的支撑。生态资产评估是市场经济条件下客观存在的经济范畴，它既涉及生态科学、环境科学的专业基础，又涉及经济学、管理学、法学等方面的知识背景，要求多科学、多层次、多角度的协同与集成，共同开拓这一创新领域。

☐ 建立生态产品价值实现机制势在必行。开展生态资产的价值量研究，对于促进生态产品的价值实现、维护城市环境健康具有重要的理论价值与现实意义。生态产品同农产品、工业品和服务产品一样，都是人类生存发展所必需的。将生态产品所具有的生态价值、经济价值和社会价值，通过生态保护补偿、市场经营开发等方式体现出来，建立生态环境保护者受益、使用者付费、破坏者赔偿的利益导向机制。

表 7-5　生态产品内涵、特征及估算方法

Tab.7-5　Connotation, characteristics and estimation methods of ecological products

生态产品	具体内容及特点
概念内涵	生态系统生物生产和人类社会生产共同作用提供给人类社会使用和消费的终端产品或服务,包括保障人居环境、维系生态安全、提供物质原料和精神文化服务等人类福祉或惠益;生态产品的概念内涵丰富,具有多要素、多属性、时空动态变化等特征
属性特征	是与农产品和工业产品并列的、满足人类美好生活需求的生活必需品;具有生产劳动性、外部性、稀缺性、不平衡性、依附性等
类型划分	依据生产消费特点与基本属性特征,生态产品可分为公共性、经营性和准公共性生态产品
估算方法	服务价值核算法、当量因子法、基于能值的生态元法等

随着生态文明建设不断推进,生态产品数量及质量的客观需求将进一步增强。从经济社会绿色转型角度来看,建立与健全生态产品价值实现机制,提升生态产品供给水平,是推动生态环境领域国家治理体系和治理能力现代化的必然要求,对推动经济社会发展全面绿色转型具有重要意义。在生态风险状况调查方面,区域生态风险调查评价是生态产品价值实现的前提条件,需借助多种类型数据、RS、GIS 空间分析和对地观测手段,掌握区域生态状况、生态产品的分布质量与变动情况。在生态产品价值核算方面,生态产品价值核算是实现生态产品交易的基础,不同区域的生态产品价值也不尽相同,需要立足当地,构建不同的生态产品价值核算体系,并逐步精确化。在生态产品价值实现路径方面,探索多元化生态补偿方式,实现多方参与,完善生态补偿模式;建立不同生态产品间换算体系,探索不同区域之间生态产品交易的规则,促进生态产品进一步实现经济价值。中国计划到 2025 年,生态产品价值实现的制度框架初步形成,比较科学的生态产品价值核算体系初步建立,生态保护补偿和生态环境损害赔偿政策制度逐步完善。2035年,全面建立完善的生态产品价值实现机制。

7.6.2　ECP 内涵及其模式

在中国快速城市化背景下,生态问题已直接影响到资源、环境及社会经济的可持续发展(钱易和唐孝炎,2000)。在"互联网+"理念及技术不断发展的信息化条件下,基于对生态文明内涵及新时代发展特征的梳理,系统地挖掘生态经济、生态环境、生态人居、生态制度和生态文化 5 个子系统内涵,针对城市化过程中的现实状况,构建了城市街道尺度的包含 25 个二级指标的 ECP 指标体系,并界定了约束性指标和引导性指标。同时,基于生态问题的复杂性和广泛性,以及 ECP 的必要性和迫切性,应用 RS 以及信息技术的原理和方法,结合"互联网+"等理念和技术,构建 EIOT 模式。在此基础

上，针对区域 ECP 特点，提出了基于 GIS 技术的 ECP 数据管理平台，对于实施生态环境损害赔偿制度，建设美丽中国具有重要的技术支撑作用与现实指导价值（图 7-9 和图 7-10）。

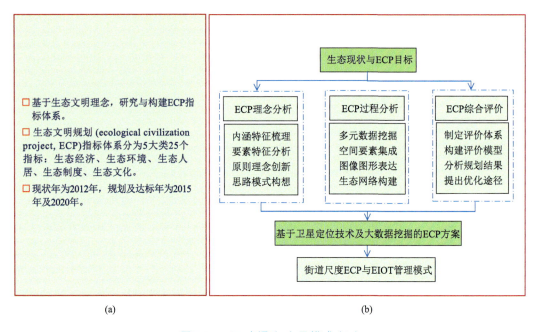

(a)　　　　　　　　　　　(b)

图 7-9　ECP 内涵（a）及模式（b）

Fig.7-9　Connotations (a) and modes (b) of ECP

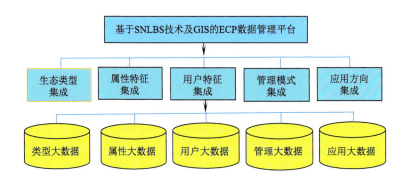

图 7-10　基于 SNLBS 技术及 GIS 的 ECP 数据管理平台

Fig.7-10　ECP data management platform based on SNLBS technology and GIS

7.7 GNSS 及北斗研究

随着人类探索宇宙空间进程的加快以及精细化认知地球系统需求的加强，各类航天器层出不穷，中国北斗卫星导航系统（BDS）就是继美国 GPS 系统、俄罗斯 GLONASS 系统以及欧盟 GALILEO 系统后，研发出的具有中国特色的卫星系统。北斗卫星导航系统也是全球唯一集通-导-遥等功能于一体的卫星系统（刘经南等，2022）。

目前，中国已将卫星导航定位应用产业列入国家重点新产品项目和国家高新技术产业示范工程，作为卫星导航定位应用产业的关键核心技术之一（陈俊勇，2010）。北斗卫星导航系统是我国自行建设的具有完全自主知识产权的卫星定位和通信系统。它能为用户提供快速定位、授时和短报文通信服务，目前系统服务区覆盖中国和全球，可以保证中国重点用户在导航定位方面不依赖于国外的定位导航系统。在卫星导航定位系统发展历程中，全球卫星导航系统（Global navigation satellite system，GNSS）卫星测量技术是测绘发展史上的一个里程碑（杨元喜和王建荣，2023），建立和发展局域差分全球性定位系统和广域差分全球定位系统是提高 GNSS 实时定位精度的有效手段。利用设在地面参考点上和飞机上的 GNSS 接收机进行载波相位差分测量及区域网平差，可以满足多种比例尺航测成图对空中三角测量的精度要求。目前，RS、GIS 与 GNSS 的集成技术仍然是地球空间信息学研究的重要内容，三者综合利用，成为整体的、实时的和动态的对地观测、分析和应用的运行系统。GNSS 系统的发展过程及组成部分（GPS、GLONASS、GALILEO、BDS）发展迅速，GNSS 定位、GNSS-R、GNSS 掩星、组合导航、嵌入式等技术研发进入新阶段。卫星导航定位正日益成为国民经济发展的重要标志之一。

GNSS 是当前全球发展最快的信息产业之一，其原理主要是依靠接收导航卫星发射的导航定位信号，实时测定运动载体的位置、速度，进而完成导航。卫星导航与定位技术是获取位置、速度、时间等信息的重要手段，进而通过获取这些基础信息经过互联网、云计算、IOT 和大数据等方法处理后，为社会乃至个人更好地服务。因此，SNLBS 技术是获取数据必不可少的途径，它对信息产业的发展有着特别重要的意义，它带动了电子、通信、地理信息等相关产业和信息服务业的发展。由于 SNLBS 技术能够提供运动物体的位置、速度和时间等信息，且准确度不断提高，已经成为现代社会获得信息的重要手段。中国的 COMPASS 利用自身独有的短报文通信，将北斗终端应用于野外等偏远地区，可准确、及时地采集地区数据信息，并用北斗终端发送数据信息。同时，这也保证了移动基站无法覆盖的地区实现数据通信，提高了通信效率、应急反应能力和综合控制能力。随着 BDS 卫星数量的增加，BDS 的覆盖范围逐步增大，位置服务精度也逐渐提高，并正在"一带一路"倡议沿线地区及全球相关领域发挥着愈来愈大的作用。随着 BDS 的不断发展，被广泛应用于生态建设和诸多行业领域（框 B7-5）。

框 B7-5

☐ BDS 是理论与技术创新的成果。随着 BDS 的不断完善，其基础理论探索与应用技术研发得到了空前的关注。

☐ BDS 具备多种拓展功能。BDS 具有定位、授时（PNT）、导航、双向短报文通信等功能，还可以进行独特的短报文通信功能。

☐ BDS 具有诸多应用领域。BDS 为大气环境监测、农业发展、智慧物流、防灾减灾等领域逐步融合发展，基于不同目标所研发的诸多新技术，为"一带一路"倡议沿线地区资源环境监测与评估的信息化、智能化提供了重要支撑。

☐ BDS 开拓技术体系新方向。基于多元化应用对信息技术的客观需要，不同学科从 BDS 信息的发送、传输、接收、处理及应用等方面，全面地探索一系列关键问题，并研发诸多新技术。

中国 BDS 的快速发展，极大地促进了生态及相关领域的应用，并在区域及全球生态环境演变及区域发展中发挥着越来越大的作用（孙家栋，2012）。BDS 的快速发展，使其在"一带一路"倡议的实施中发挥着越来越大的作用。通过梳理 BDS 在导航、定位及信息传输等方面的技术特点，凝练出了"BDS+"及 IOT 和 SNLBS 技术在"一带一路"倡议沿线地区建设中的地位与作用。基于 SNLBS 技术，结合大数据技术、IOT 技术、精准农业技术等，针对乡村振兴战略中的乡村产业发展、环境监测、人居健康及信息化、网络化等问题，阐述"BDS+"与乡村振兴战略的密切联系；并从产业主导模式及资源驱动模式等方面，分析 SNLBS 技术与乡村振兴战略的模式的多样化特征。在 SNLBS 等技术的支撑下，乡村低碳绿色发展前景广阔。基于"互联网+"的理念（孙家栋，2015），拓展"互联网+环境"的应用模式，把生态环境信息与信息技术有机地融合起来，在大数据及 IOT 支撑下，进一步构建 EIOT 的理念及模式，对于环境保护与可持续发展具有重要促进作用。

位置服务（Location based service，LBS）始终是 BDS 个性化及多用户应用的重要领域。电子地图技术的进步，特别是兴趣点（POI）技术在信息采集及处理中的应用，拓展了 LBS 的内涵及范畴；"互联网+"背景下，BDS 在智慧城市及灾害监测预警领域正在发挥重要作用，将极大地提升智慧城市综合感知与智能决策的能力（龚健雅等，2019）。如前所述，随着 BDS 的不断完善，位置服务能力得以快速提升。同时，导航定位与数据挖掘算法、云计算、专业性技术及信息系统研发层出不穷。在此背景下，"互联网+"及 O2O 等成为新的发展热点。基于 LBS 特征及其新需求，分析卫星系统与"互联网+"的特点及其对人们观念与社会的影响，展望 LBS 与相关技术的发展前景，是拓展北斗应用的重要思路。随着 BDS 的不断完善，卫星导航定位技术得到了快速发展。三网融合、测绘技术进一步促进了北斗系统的应用。卫星导航定位技术在大地测量与工程测量、数字地形模型、电子通信、资源环境以及信息网络等领域的应用日益深化。未来 RS、GIS 以及导航定位技术的融合，将不断促进地理信息产业的全面发展（李德仁，2001）。

卫星导航定位技术发展迅速，已在诸多领域得到了广泛应用。卫星导航定位技术是 GITP 构建的信息源及重要技术支撑，也是环境保护、低碳减排、城市规划、交通安全的重要保障。BDS 的研发与应用，在智能交通（刘经南，2019）、智慧环保等领域的应用潜力正在得以发挥，IOT 技术及云计算技术的发展将进一步促进卫星导航定位技术的智能化发展。目前，我国卫星导航产业政策逐步拓展，卫星导航定位在气象监测、灾害评估、国土测量、城镇化建设及智能交通等领域的应用不断得到发挥。BDS 是科学技术不断发展的产物，并在相关传统或新兴产业领域逐步得到应用。

高科技及其产业化问题是创新的源泉，也是促进社会进步的重要目标（王选，1998）。在全球卫星导航系统的发展及其产业化现状的基础上，基于北斗导航系统的特点及产业化发展的特点，借助于"数字地球"及"智慧地球"理念，分析北斗卫星系统在促进国民经济建设及国防安全领域的重要作用，成为 IOT 及导航定位、测绘制图、日常通信等方面发展的重要方向。

7.8　碳排放足迹研究

如前文所述，碳足迹（carbon footprint）表示一个人或者团体的"碳耗用量"。碳的本质就是石油、煤炭、木材等由碳元素构成的自然资源。碳耗用得越多，导致地球暖化的 CO_2 也制造得越多，碳足迹就越大；反之，碳足迹就越小。现实社会当中，碳足迹指的是由企业机构、活动、产品或个人引起的 GHG 排放的集合。GHG 排放渠道主要包括交通运输、食品生产和消费、能源使用以及各类生产过程。GHG 排放与诸多要素具有密切关系，SOM 矿化与 GHG 释放直接相关（单正军等，1996），研究植物固碳释氧过程是探索植被与 GHG 关系的重要途径。通常所有 GHG 用二氧化碳当量（CO_2 e）来表示，对 GHG 的观测是评估其效应的基础（Lu and Liu，2014）。随着人们对自然规律认识的深化，碳足迹定量化研究也取得了新进展。利用生命周期评价法（LCA）、能源矿物燃料使用排放量计算法、投入产出法以及 Kaya 碳排放恒等式法等方法进行碳足迹估算，对于揭示研究对象的碳循环规律，把握资源流域效率具有重要现实意义。作者团队针对江苏能源碳足迹、钢铁生产工程碳足迹、天山北坡经济带工业碳足迹、艾比湖生态碳足迹等开展了相关研究，对于产业结构调整、促进新业态发展具有积极意义。

伴随着大气污染防治攻坚战和蓝天保卫战的全面扎实推进，中国空气质量已取得阶段性显著提高。但近年来，O_3 污染成为大气环境管理的新难题，大气复合污染问题仍然突出。与此同时，在国内高质量发展转型需求和国际应对气候变化行动的共同推动下，中国加快减污降碳的决心也在不断增强。在经济发展转型关键期和环境质量优化攻关期叠加的背景下，如何抓住新一轮科技革命和产业变革的历史机遇，同时实现空气质量根本提高，以及碳达峰与碳中和的目标，其关键是推动生态文明理念下的减污和降碳的深度融合（张远航和戴瀚程，2023）。根据《巴黎协定》签约国的自主贡献计划，到 2030 年 CO_2 排放量将增加 10.7%，这只能将全球升温限制在 3℃以内。要想实现 1.5℃以内温控目标，到 2030 年必须减少 45% 的 CO_2 排放量，这是经过很多科学家研究、计算获得的结果。所谓碳中和就是净零排放，即吸收量等于排放量（丁一汇，2022）。中国为实现碳减排目标，正在建立健全绿色低碳循环发展的经济体系，将低碳环保纳入生态文明建设总体布局，并提出重点领域和行业政策措施和行动，主要包括能源绿色低碳转型行动、节能降碳增效行动、交通运输绿色低碳行动、循环经济助力降碳行动、绿色低碳科技创新行动、碳汇能力巩固提升行动、绿色低碳全民行动等。从国家层面要科学设计长效机制，避免运动式减碳，把碳减排真正落到实处。科技支撑始终是解决现实问题的关键途径，围绕绿色低碳问题，国家自然科学基金委员会于 2021 年发布了若干重大基础科学问题指南，引导科技工作者探索碳减排难题，服务于中国碳减排行动计划（框 B7-6）。

框 B7-6
☐ 中国海生态系统碳汇格局、清单及不确定性
☐ 中国海生态系统固碳关键过程与调控机制
☐ 海洋微型生物驱动与耦合的综合负排放机理
☐ 中国陆地生态系统碳库现存量及其不确定性
☐ 中国陆地生态系统固碳速率及其不确定性、稳定性和持续性
☐ 中国陆地生态系统碳固持与碳汇功能的关键过程与调控机制
☐ 中国陆地生态系统增汇潜力及风险评估
☐ 中国区域岩溶碳汇机理、清单及增汇潜力
☐ CO_2 封存的地质体结构透明化表征方法与埋存场地选址
☐ 深地 CO_2 封存多相流体与地质体的长时耦合作用

□ 去碳目标导向的 CO_2 驱油与埋存的关键理论与技术
□ CO_2 地质封存潜力与资源协同方法……

英国皇家学会（The Royal Society）提出了加快实现 GHG 净零排放、提高应对气候变化能力的 12 个科学技术问题。组织协调了 20 多个国家的 120 多位不同学科专家参与，针对 12 个技术领域概述了到 2050 年实现净零排放的研发部署优先事项，为政府决策提供参考。针对目前碳减排领域的发展状况，国外 41 位学者澄清碳中和的 10 个认识误区，特别指出不能以所谓的负排放技术代替减排技术（框 B7-7）。

框 B7-7

□ 误区 1：到 2050 年达到净零排放足以解决气候危机
□ 误区 2：可用所谓"基于自然的解决方案（nature-based solutions，NbS）"（如植被和土壤碳封存）补偿化石燃料排放
□ 误区 3：净零排放目标和碳中和增加了减排的动力
□ 误区 4：低收入国家的碳减排力度必须增加以满足巴黎协定
□ 误区 5：投资可再生能源项目是抵消化石燃料排放的好办法
□ 误区 6：CO_2 去除的技术解决方案将解决问题
□ 误区 7：植树造林（相比不破坏既有森林）可吸收更多的碳
□ 误区 8：热带地区植树对自然和当地社区来说是一个经济高效的双赢解决方案
□ 误区 9：每吨 CO_2 都是一样的，可以互换处理

气候变化对全世界人民、国家、儿童和弱势群体构成了生存威胁，迅速和持续的减排对于应对气候危机和履行《巴黎协定》承诺至关重要。各类固碳技术研发对于碳减排无疑具有重要作用。生物固碳强调自养的生物吸收无机碳，转化成有机物的过程，在 CO_2 减排中发挥着重要作用，已经发现的生物固碳途径有卡尔文循环（CBB，Calvin-Benson-Bassham cycle）、还原性三羧酸循环（rTAC，tricarboxylic acid cycle）、还原性乙酰辅酶 A 途径（W-L 循环）、3-羟基丙酸/4-羟基丁酸（3-HP/4-HB）、3-羟基丙酸（3-HP）、二羧酸/4-羟基丁酸（DC/4-HB）等。随着植物生理生态及分子生物学等研究的开展，人们对于碳循环与碳减排的认识会进一步深入。而国内外常用的碳足迹核算方法有生命周期评价法（life cycle assessment，LCA）、投入产出法（input-output analysis，IOA）、《2006 年 IPCC 国家温室气体清单指南》（即 IPCC 法）、碳计算器等。这些方法能够帮助人们定量地评价碳循环过程（朴世龙等，2022），分析碳足迹特征，实现碳减排。

大气中 CO_2 含量的增加是导致全球气温增加的主要因素之一，陆地生态系统是全球的三大碳库之一。围绕碳在森林、草地、湿地以及农田等陆地生态系统中的收支问题，重点评价碳在不同陆地生态系统中的积累部位和积累量；分析影响不同陆地生态系统释放碳的因素，提出增加陆地生态系统对 CO_2 截存和减少 CO_2 排放的措施。长三角地区在我国社会经济发展中具有重要地位与作用，也是碳减排的优先实施区域。基于国内外生态足迹研究的理论基础与方法途径，将遥感影像、环境信息和经济数据相结合，在系统地获得各类土地利用基础数据的基础上，探索江苏生态足迹的特征及其变化规律。结果表明，江苏省 2010 年人均生态足迹为 2.435 2 hm^2，人均可利用生态承载力为 0.370 9 hm^2，人均生态足迹赤字为 2.064 3 hm^2。其中，化石燃料用地对人均生态足迹的贡献率最大，是江苏省生态足迹的主要足迹组分。通过对江苏省生态足迹及能源消费碳足迹的特征分析发现，江苏省目前处于生态赤字状态，可持续发展能力还有待提高。生态足迹与能源足迹具有密切的关系。基于江苏省能源消费数据，利用碳排放方法分析 21 世纪前 10 年不同能源消费类型和不同产业部门的碳排放特征。结果表明，碳排放量是随着能源消费量的增加而增加的，碳排放强度由于经济的快速增加，呈现了快速下降的趋势。在碳排放总量中，第二产业的能源消费是主要的碳排放来源，年均增长率为 14.9%，其中，工业占主导地位，年均碳排放量为 51.84 Mt；生活消费和第三产业碳排放次之，年均增长率分别是 2.23% 和 3.4%。而在第二产业中，原煤是工业碳排放的主要来源，年均碳排放量为 31.15 Mt。江苏省能源消费碳排放总量增长速率小于经济的增长速率，各年碳排放强度以年均 5.2% 的幅度下降。进一步分析表明，在经济快速发展的同时还未实现 CO_2 绝对减排。同时，南京作为长三角地区的重要城市，在碳减排中具有重要示范意义。基于 Landsat/TM 影像与气象数据，利用温度、水分胁迫系数改进 CASA 模型，对南京市森林生态系统 NPP 与碳储量估算。结果表明，南京城市森林生态系统植被 NPP 空间分布较均匀，平均为 200～1400 g·m^{-2}·a^{-1}；河流、城区裸地植被 NPP 最小为 0～100 g·m^{-2}·a^{-1}；整个南京市植被 NPP 空间分布由北向南呈现逐渐增加趋势，由于最南部地区为自然森林区，保留了原始的自然环境状态，NPP 最大。而在南京市的各个森林区，森林植被 NPP 均在 1300～1426 g·m^{-2}·a^{-1} 之间。利用生物量–蓄积量方程计算出南京市针叶林、阔叶林、针阔混交林碳储量分别占全市森林碳储量的 24%、59% 及 17%。全市森林生态系统碳储量为 111.73×10^{4}t，平均森林植被碳密度为 17.38 t·hm^{-2}，郊区的森林植被碳储量远远高于市区，但是两者碳密度并无很大差异。不同行业在碳减排中具有不同作用，钢铁生产过程碳足迹研究对于改进生产工艺、提升生产效率、减少污染及碳排放具有重要意义。工业生产过程碳足迹是了解生产效率与提升产业效益的重要方式，针对钢铁生产过程碳足迹问题，基于碳平衡原理构建生产过程碳足迹模型，并通过总碳足迹、吨钢碳足迹、吨工序碳足迹等计算方法，定量化评估钢铁生产过程中的碳足迹变化。依据某钢铁企业

2005～2011 年化石燃料、熔剂、动力介质及（副）产品的统计数据，分析了企业不同年度生产过程碳足迹的变化特征。结果表明，2011 年该企业生产过程总碳足迹为 1716.3×10^4t，比 2005 年增加了 53%；吨钢碳足迹从 2005 年的 $2.583\ t\cdot t^{-1}$ 减少到 2011 年的 $2.245\ t\cdot t^{-1}$；炼铁工序中吨钢碳足迹比其他所有工序总和要多。实施节能减排及 CDM 后，碳减排取得了一定的成效。

西部干旱区生态环境脆弱，实施生态修复及人工植被培育策略，在碳减排中具有重要意义。中国实施的"中国山水工程"在国际上备受关注，并被 UNEP 等国际组织推荐为保护环境的示范工程，在碳减排以及生物多样性保护与应对气候变化中发挥着重要作用。基于区域自然地理背景、生态环境状况，通过对新疆塔里木盆地南缘墨玉县人工减排林样地进行实地调查取样，获得该地区人工植被生长状况的基础数据，采用生物量与蓄积量关系为基础的植物碳储量估算方法及土壤剖面 SOM 百分含量推算土壤碳储量的方法，分别对人工林植被、土壤碳储量进行估算。结果表明，干旱区墨玉县玉北固阻结合流沙固定技术试验示范区人工林现有碳储量 4522.01 Mg，波斯坦库勒天然稀疏植被封育区现有碳储量 1840.12 Mg，土壤平均碳储量相差不大，分别为 $25.91\ t\cdot100m^{-2}$ 和 $27.39\ t\cdot100m^{-2}$。波斯坦库勒天然稀疏植被封育区内大多是幼龄林，碳储量并未达到最大，随着树木生长，这些林木还能够固定一定量的大气碳，生态后效应将进一步显现，天然稀疏植被封育区的生态系统碳储量能力还将不断提升。

全球变化背景下，减少大气 CO_2 成为缓解温室效应的重要途径。CO_2 捕获与储藏技术（CCS）成为实现这一目标的重要方法。近年来，专家们开展了适合中国地质特点的 CO_2 埋存标准制定及应用潜力评价、CO_2 地下埋存的地质学原理研究、CO_2 地下埋存的监测和前缘预测技术研究、CO_2 驱替过程中多相多组分非线性渗流机理和规律研究、O_2 与 CO_2 循环燃烧及污染物的协同脱除技术研究、燃煤 CO_2 分离与富集技术研究等，为长期稳定地有效地应对温室效应提供了创新思路。作者团队在 973 计划中，主要开展了减排林区水土耦合关系及生态安全研究，为生物减排及生态系统稳定性研究提供了重要支撑。

第3篇
实 践 探 索

第8章

科 学 考 察

　　人类对于陆地、海洋与太空的探索，从来就没有停歇过。探索未知世界的过程，也是人类认识世界的过程，科考是认识未知事物特征的重要途径。科考一般指研究人员就某一主题在实验室以外进行的实地研究考察工作。这种考察的目的主要是观察研究对象在自然环境中的状态以及收集样本。中国曾开展了一系列的科学考察活动，对资源开发、环境保护与社会经济发展起到了巨大的推动作用。在全球变化与"一带一路"倡议提出的背景下，无论是过去，还是现在对于地理地貌、气象水文（王会军等，2020）、生态环境、森林草原、水域湿地、矿产资源等考察活动，凝聚着人们探究自然的情怀。

　　为了实现新时代的生态环境保护与社会经济发展目标，目前，国家开展了自然资源领域（土壤、植被、环境、地理、冰川……）的一系列考察活动，对于第二个百年奋斗目标的实现意义重大。2017 年 8 月，在第二次青藏高原综合科学考察研究启动之时，习近平同志发贺信指出："青藏高原是世界屋脊、亚洲水塔，是地球第三极，是我国重要的生态安全屏障、战略资源储备基地，是中华民族特色文化的重要保护地。开展这次科学考察研究，揭示青藏高原环境变化机理，优化生态安全屏障体系，对推动青藏高原可持续发展、推进国家生态文明建设、促进全球生态环境保护将产生十分重要的影响。"从科学的角度而言，自然资源调查是指查明某一地区资源的数量、质量、分布和开发条件，提供资源清单、图件和评价报告，为资源的开发和生产布局提供第一手资料的过程；查清各类自然资源家底和变化情况，是科学编制国土空间规划，逐步实现山水林田湖草沙一体化的整体保护、全面修复和综合治理，为实现国家治理体系和治理能力现代化提供服务保障的一系列重要基础性工作。在长期的自然调查过程中，人们把自然资源调查又分为基础调查和专项调查。针对特定自然地理背景下的资源调查需要，人们往往把基础调查和专项调查相结合，共同描述自然资源总体情况。特别是在实践中，通过统一调查分类标准，衔接调查指标与技术规程，统筹安排工作任务，实现资源调查的目的。一般而言，原则上采取基础调查在先、专项调查递进的方式，统筹部署调查任务，全方位、多角度、多层次地获取信息，按照不同的调查目的和需求，整合资源大数据成果并构建信息管理系统或数据库平台，使得文字、数字、图像图形各类信息能衔接、可集成，确保两项调查全面综合地反映自然资源的相关状况。需要指出的是科考是实现该目标的重要途径。土壤普查（national soil survey）是以全面清查土壤资源合理利用和改良土壤为目的，按统一调查规程，由下而上逐级实施土壤调查、制图，编制汇总土壤资料和成果验收的过程。2022 年 2 月，国务院印发《关于开展第三次全国土壤普查的通知》，第三次全国土壤普查工作全面启动，到 2025 年实现对全国耕地、园地、林地、草地等土壤的"全面体检"，摸清土壤质量家底，为守住耕地红线、保护生态环境、优化农业生产布局、推进农业高质量发展奠定坚实基础。20 世纪 50 年代和 80 年代，我国在新疆先后开展过两次大规模的综合科考，为编制开发新疆的 30 年长远规划提供科学依据。2022 年，第三次新疆综合科学考察正式启动，旨在掌握 30 多年来新疆自然资源与生态环境变化状况，着力解决国家及新疆生态环境与绿色发展的水资源支撑保障问题，从而为推进"一带一路"倡议实施、生态文明建设及绿色高质量发展提供更加可靠的科学基础。

科学考察历来是人类认识自然的重要途径，只有充分认识自然环境，合理利用自然资源，才可能促进人与自然和谐发展。作者参与了数十项国内外科学考察与考察活动，对于了解生态环境状况，掌握自然地理规律，认识资源环境特征，把握产业生产过程，促进社会经济发挥了重要作用；同时，对于拓展学科研究领域，提升认知能力，产生了积极的影响。

8.1　资源及生态考察

8.1.1　三北防护林遥感调查

三北防护林工程是指在中国三北地区（西北、华北和东北）建设的大型人工林业生态工程。地理位置在东经 73°29′～129°50′，北纬 33°30′～50°14′之间。前已述及，2022 年底"中国山水工程"被 UNEP 和 FAO 授予"世界生态恢复十年旗舰项目"，其中三北防护林建设项目也位列其中。中国政府于 1978 年决定把这项工程列为国家经济建设的重要项目，这是我国一项具有战略意义的生态建设工程（徐冠华，1994），被国际上誉为生态工程之最。工程规划期限为 73 年，分八期工程进行，已经启动第六期工程建设（表 8-1）。工程建设范围涵盖了三北地区 13 个省（自治区、直辖市）的 725 个县（旗、区），占我国国土总面积的 45%，在国内外享有"绿色长城"之美誉。2018 年 11 月 30 日，三北工程建设 40 周年总结表彰大会在北京召开。2020 年国家林业和草原局公告：三北防护林体系建设工程五期即将完成，三北工程累计完成造林保存面积 $3.014 \times 10^7 hm^2$，工程区森林覆盖率由 5.05%提高到 13.57%。

　　建设三北防护林工程是改善生态环境，减少自然灾害，维护生存空间的战略需要。通过对三北地区地形、土壤、植被、水文、气候等综合性监测与分析，应用自然地理学、生态学、林学、生态规划、RS 与 GIS 等原理与方法，构建乔、灌、草植物相结合，林带、林网、片林相结合，多种林、多种树合理配置，农、林、牧协调发展的防护林体系，实现景观结构与功能，环境效应与经济效益相协调的生态工程良好效益，成为世界生态建设领域的壮举。研究不同区域三北工程的实施特点、过程变化以及综合效应，是科学评价农田保护、水土保持、防风固沙等效应的基础，对丰富未来"中国山水工程"建设内涵，提升区域生产力，建设美丽乡村与现代化城市（唐孝炎等，2005），具有重要现实意义。目前三北工程还在进行中，中国学者在防护林建设模式、过程监测、效应评价及综合管理等方面，开拓性地创建了防护林学的理论体系、方法体系、应用体系与管理体系，成为世界人工干预自然，保护生态环境的壮举。遥感技术与林学的交叉融合，又拓展了资源遥感、环境遥感与生态遥感的理论与途径，是世界山水工程的重大进展，也为智能遥感发展创新了思路与模式。

　　经过 40 多年的建设，中国的三北工程已经成为"世界生态工程之最"以及"全球生态治理的成功典范"；创建与形成了一系列产业带与产业集群，构建和发展了生态建设理念与模式，并辐射拓展到了中亚、非洲以及其他地区。作者于 1987 年至 20 世纪 90 年代初参与了"新疆沙漠绿洲农田防护林遥感调查"及"三北防护林生态环境遥感研究"研究项目；目前正开展"阿克苏河流域山水林田湖草沙一体化保护和修复研究"，并在阜康、且末、洛浦、和田、富蕴、阿瓦提，以及昆仑山、天山与三工河、车尔臣河、和田河（玉龙喀什河、喀拉喀什河）、阿克苏河等流域开展综合研究，参与了多项国家层面的研究项目交流与成果凝练等工作，见证了防护林建设区域资源、环境、生态、经济等发生的巨大变化。

　　通过人为长期的生态工程建设，以条田林网为特征的农田防护林体系在沙漠绿洲犹如一道道生命线，成为当代山水林田湖草沙一体化的重要组成部分。"新疆沙漠绿洲农田防护林遥感调查"由北京、新疆、湖北等地的科研、教学、生产部门十多个单位的 80 余位科研人员参与联合攻关。目标是应用现代遥感技术，以新一代航天遥感信息源为主（土地卫片、Landsat/TM、SPOT），结合航空遥感及非遥感资料，进行多层次、多学科的

表 8-1 三北防护林建设工程信息表

Tab.8-1 Information table of the Three-North Shelterbelt Construction Project

建设阶段	建设期	建设年限	建设范围	布局重点	目标任务
第一阶段	1	1978~1985 年	东起黑龙江省的宾县，西至新疆的乌孜别里山口，北抵国界线，南沿天津、汾河、渭河、洮河下游、布尔汗布达山、喀喇昆仑山，东西长 4480 km，南北宽 560~1460 km。	沙区以遏制土地沙化为根本，加大封禁保护力度，构建乔灌草复合防护林体系。 山区以水土保持为重点，山水田林路综合治理，构建生态经济型防护林体系。	2020 年，森林覆盖率达到 12%。平原农区建成区域性防护林体系，农业综合生产能力显著增强。沙化土地扩张趋势得到基本遏制，水土流失得到不同程度治理，土地承载力和人口环境容量明显增强。
第一阶段	2	1986~1995 年			
第一阶段	3	1996~2000 年			
第二阶段	4	2001~2010 年	包括陕西、甘肃、宁夏、青海、新疆、山西、河北、北京、天津、内蒙古、辽宁、吉林、黑龙江 13 个省份的 725 个县（旗、市、区）。 工程建设总面积 435.8 万 km²，占全国国土总面积 45.3%。	平原农区以增强农业生产能力为目标，建设-改造-提高模式相结合，构建高效农业防护林体系。 抓好科尔沁沙地、毛乌素沙地、呼伦贝尔沙地、新疆绿洲外围和河西走廊的防沙治沙；加大黄河流域、辽河流域、松花江和嫩江流域、石羊河流域、塔里木河流域的水土流失治理力度。 强化江河源头和风沙源的综合治理，依法划定封禁保护区，从源头控制风沙和水土流失危害。	2050 年，森林覆盖率达到并稳定在 15%左右。风沙危害和水土流失得到有效控制，生态环境和人民生产生活条件从根本上得到改善，建成较完善的森林生态体系，较发达的林业产业体系和较繁荣的生态文化体系。
第二阶段	5	2011~2020 年			
第三阶段	6	2021~2030 年			
第三阶段	7	2031~2040 年			
第三阶段	8	2041~2050 年			

注：据多种资料修编

遥感综合研究，对新疆三北一期工程的 14 个造林重点县近 $4.0 \times 10^5 km^2$ 范围的防护林建设及效益，有关的草场、土地资源和造林适宜性进行定性与定量的调查评价。在此基础上建立典型县资源与环境信息系统，提交可靠的资源数据与系列图件和研究报告。目前，三北工程在新理念与新方法的指导下，还在持续进行。2023 年 6 月 6 日，习近平总书记在内蒙古自治区巴彦淖尔市主持召开加强荒漠化综合防治和推进"三北"等重点生态工程建设座谈会并发表重要讲话，强调加强荒漠化综合防治，深入推进"三北"等重点生态工程建设，事关我国生态安全、事关强国建设、事关中华民族永续发展，是一项功在当代、利在千秋的崇高事业。中国荒漠化防治和三北工程建设已取得了举世瞩目的辉煌成就；三北工程区森林覆盖率由 5.05%增至 13.84%，45%以上可治理沙化土地面积得到有效控制，4.5 亿亩（即 0.3 亿公顷）农田得到防护林网的保护。在新发展理念指导下，努力创造新时代中国防沙治沙新奇迹，把中国北疆这道万里绿色屏障构筑得更加牢固，在建设美丽中国上取得更大成就。图 8-1 分别反映了三北防护林区考察情景。

图 8-1　防护林、濒危古树资源与区域地理景观考察（1988）

Fig.8-1　Shelterbelt forest, endangered ancient tree resources and regional geographical landscape
investigation (1988)

（a）阜康农田小气候监测；（b）上左：玉龙喀什河山地流域（昆仑山）；上右：古核桃树；下左：古柽柳树；下右：古
梧桐树

(a) Farmland microclimate monitoring in Fukang; (b) Above Left: Mountain basin of the Yulong Kashi River, Above right: Ancient
walnut tree, Below left: Ancient Tamarix tree, Below right: Ancient indus tree

8.1.2　塔克拉玛干沙漠考察

塔克拉玛干沙漠位于新疆塔里木盆地中心，是中国最大和唯一的暖温带沙漠，也是继非洲撒哈拉沙漠后的世界第二大流动性沙漠。塔克拉玛干沙漠东西长约 1000 km，南北宽约 400 km，面积达 3.3×10^5 km²。国家科委于 1987 年组织塔克拉玛干沙漠综合科学考察，并列为国家"七五"重点科研项目。该项考察是 1987 年国务院总理李鹏、国家科委主任宋健视察塔里木油田时提出，并由宋健组织的。这次考察是彼时塔克拉玛干沙漠考察史上规模最大、历时最长、范围最广、学科专业较多、科学内容丰富的综合性科学考察。学科专业涉及气候、地貌、第四纪地质和沉积环境、水文水资源及开发利用、土地资源利用与评价、生物资源评价、历史时期人类活动与环境变迁、资源与环境等，参与研究人员百余人。考察活动产生了一系列新发现，对深入认识塔克拉玛干沙漠地理环境、生态环境，探究水文地质、土地资源、油气资源，开发利用沙漠资源，产生了重大影响（框 B8-1）。

框 B8-1

□ 首次多专业考察塔克拉玛干沙漠腹地。对塔克拉玛干沙漠自然地理及其生态环境开展了系统性的考察，对相关专业领域形成了完整性的新认识。

□ 初步掌握沙漠现代天气及气候特征和规律。对沙漠中央部分地貌特征取得一系列新认识；对沙漠水、土、生物资源取得较为系统的认识和初步量化的了解。

□ 提出"沙漠环境考古学"及"沙漠工程学"的新概念。全面性地对人类活动与沙漠环境演变的关系进行探索。

□ 发展区域特色产业。依托沙漠油气勘探和周边经济发展，注重与生产实践的结合，开拓了区域产业发展的新思路。

□ 探索诸多新领域。揭示了诸多新问题，成果展示了大量新理念、新认识、新观点，产生了重要的社会影响。

□ 产生重大国际影响。考察活动为沙漠及沙漠化研究的学术交流和国际合作创造了条件。

作者先后多次参与了和田河考察，搭乘直升机由石油沙雅勘探基地进入沙漠腹地开展生态环境考察，以及在塔里木盆地周边等地开展考察活动（图 8-2）。

(a)

图 8-2　塔克拉玛干沙漠及周边考察

Fig.8-2　Investigation of the Taklimakan Desert and its surroundings

（a）沙漠腹地石油勘探基地；（b）沙漠腹地考察（1990）；（c）塔克拉玛干沙漠腹地不同微地貌对降雪的滞纳特征景观（1990）；（d）和田河流域考察：麻扎塔格（1989）；（e）罗布人村寨及塔里木河畔的沙丘景观（2022）；（f）梦断楼兰——历史脚步（2022）；（g）柑约楼兰——若羌枣花节（2022）；（h）孑遗植物——不朽的胡杨；（i）塔里木盆地南缘生态地理景观（2022）；（j）沙漠驿站及其周边景观（2022）

(a) The hinterland oil exploration base in the desert; (b) An expedition to the desert hinterland (1990); (c) Landscape characteristics of snow retention in different micro-landforms in the hinterland of the Taklimakan Desert (1990); (d) Exploration of Hetian River Basin: Mazartag (1989); (e) Lop Nur People Village and the dune landscape along the Tarim River (2022); (f) Dreams broken at Loulan-the footsteps of history (2022); (g)Meet at Loulan-Ruoqiang Jujube Flower Festival (2022); (h) Relict plants-the immortal *Populus euphratica*; (i) Ecogeographic landscape of the southern margin of Tarim Basin (2022); (j) Desert station and its surrounding landscape (2022)

截至 2023 年，塔里木沙漠公路共有 6 条，分别是轮台县至民丰县（522 km，1995年通车）、塔中至且末县（216 km，2001 年）、阿拉尔市至和田市（全长 422 km，2007年），阿拉尔市至塔中镇（136 km，2019 年）、图木舒克市至皮山县（148.8 km，2021 年）、尉犁县至且末县（333 km，2023 年）；而 1995 年贯通的首条塔里木沙漠公路（塔克拉玛干沙漠公路）为世界上在流动沙漠中修建的最长的公路（图 8-3）。

图 8-3　塔克拉玛干沙漠公路
Fig.8-3　Taklimakan Desert Highway

（a）首条沙漠公路（轮南-民丰，2006）；（b）沿和田河的沙漠公路（和田-阿拉尔，2022）

(a) The first desert highway (Lunnan-Minfeng，2006); (b) Desert Highway Along the Hetian River (Hetian-Alaer，2022)

8.1.3　内陆河流域生态考察

1. 塔里木河流域考察

塔里木河（简称"塔河"）是中国境内最长的内陆河，为世界第五大内陆河。发源于天山山脉及喀喇昆仑山，沿塔克拉玛干沙漠北缘，最后尾闾到达台特玛湖。全长 2179 km（若以最长支流和田河为源，全长 2376 km），上源源流目前主要有阿克苏河、叶尔羌河及和田河（有两条主要支流，玉龙喀什河及喀拉喀什河）；下源源流有孔雀河。干流全长 1321 km，流域面积 1.02×10^6 km²。塔河主干最早曾注入罗布泊，由于河流水量减少加之河道摆动改道，卫星影像显示，1972 年以前尾水也可达台特玛湖，后来终点进一步退缩到了铁干里克的大西海子水库（图 8-4）。作者从事塔里木河流域研究十余年，参与流域各类考察活动不计其数，特别是在 20 世纪 90 年代对塔里木河干流进行全面调研，在中下游布设植被、地下水监测点，在下游阿拉干周边沿国道 2 km 为空间单位设置样地观测植被特征、土地利用状况以及沙漠化变化，监测沙丘移动断面，获取了十分珍贵的原始资料，起草了《塔里木河流域生态环境整治》报告，为后续相关研究及规划治理提供了重要支撑。中国政府于 21 世纪初，投资 107 亿元人民币，开始全流域治理；作者是国家塔里木河治理的亲历者及参与者（图 8-5～图 8-7，框 B8-2）。

框 B8-2
- 塔里木河是内陆河的典型代表。塔里木河在中国西部干旱区以及世界干旱区具有典型性。
- 塔里木河流域要素耦合关系复杂。流域荒漠河岸林水土、水沙、水盐、水热耦合关系，是认识地表水文过程的重要基础。
- 塔里木河流域水资源具有脆弱性。流域水资源演变规律，是自然背景下人为活动强烈影响的综合效应体现；水资源脆弱性是流域生态环境及产业发展脆弱性的重要诱因。
- 塔里木河流域综合发展潜力巨大。流域生态产业发展是促进区域高质量发展的重要基础，在新发展理念指导下，未来蕴含着巨大发展潜能。

塔里木河是新疆各族人民的母亲河与故乡河，也是中华民族的一条永不停息的生命之河与希望之河，人们永远深情地把她传唱称颂（图 8-6）。围绕塔里木河的考察研究一直以来受到社会各界的关注，也成为作者研究的重要目标对象（图 8-7～图 8-10）。

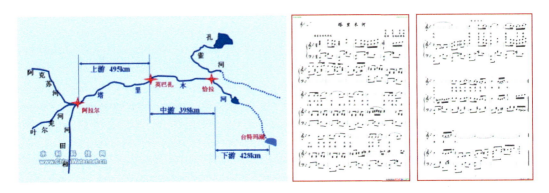

图 8-4　塔里木河流域模式图与《塔里木河》歌谱
Fig.8-4　Pattern of Tarim River basin and the musical score of *Tarim River*
左：塔里木河流域分段概况图；右：《塔里木河》歌谱
Left: Overview of Tarim River basin segments; Right: The musical score of *Tarim River*

图 8-5　塔里木河上游考察

Fig.8-5　Investigation in the upper reaches of TR

（a）左:阿克苏河周边环境（2023）；右:叶尔羌河周边环境（2023）；（b）和田河支流之一喀拉喀什河（1988）；（c）阿克苏河流域植被及其环境景观（2023）；（d）柯柯牙地区原始地貌、现时生物与环境景观（2023）；（e）上游阿拉尔生物与环境景观（2022）；（f）上游沙雅生态景观（2022）

(a) Left：Surroundings of the Akesu River (2023)，Right：Surroundings of the Yarkant River (2023); (b) Karakash River, one of the tributaries of the Hetian River (1988); (c) Vegetation and its environmental landscape in Akesu River basin (2023); (d) The original geomorphology, current present biological and environmental landscape of Kekeya Area (2023); (e) Biological and environmental landscape of Alaer, upper reaches of TR; (f) Ecological landscape of Shaya in the upper reaches of TR（2022）

图 8-6　塔里木河流域中游考察

Fig.8-6　Investigation in the middle reaches of the TR basin

（a）塔里木河中游及水面结冰景观（1999）；（b）中游英巴扎地区地理环境（2002）；（c）中游英巴扎地区植被景观（2003）；
（d）中游英巴扎地区荒漠河岸林景观（2006）；（e）中游下段（2006）

(a) Frozen landscape of the water surface in the middle reaches of TR (1999); (b) Geographical environment of Yingbazha Area in the middle reaches of TR (2002); (c) Vegetation landscape of Yingbazha Area in the middle reaches of TR (2003); (d) Landscape of desert riparian forest in Yingbazha Area in the middle reaches of TR (2006) ; (e) Lower section of the middle reaches of TR （2006）

图 8-7　塔里木河流域下游考察

Fig.8-7　Investigation of the lower reaches of TR basin

（a）下游恰拉枢纽及生态景观（2006）；（b）下游植被及其生态景观（2022）；（c）下游环境背景（上左：铁干里克，上右：阿拉干，下左及下右：罗布庄；2022）；（d）塔河下游下段生态景观（2003）；（e）尾闾台特玛湖区自然景观（2006）；（f）尾闾台特玛湖区及其周边环境（2022）

(a) Qiala Water Conservancy Project and the ecological landscape in the lower reaches of TR (2006); (b) Vegetation and ecological landscape in the lower reaches of TR (2022); (c) Environmental background of lower reaches of TR (Above left: Tieganlike，Above right: Alagan，Below left and right: Lop Nur People Village；2022); (d) Ecological landscape of the lower reaches of TR (2003); (e) The natural landscape of Taitema Lake area at the end of TR (2006); (f) Taitema Lake area at the end of TR and its surrounding environment (2022)

　　水资源是 21 世纪世界各国关注的重大问题，也是人类可持续发展的重大问题，干旱区中的内陆河流域的水资源问题更加严峻与紧迫。中国塔里木河流域水资源利用及生态环境演变与整治是实现流域可持续发展的重大问题，需要多学科、多层次、多尺度地开展研究。围绕流域水资源及重大生态环境问题所开展的相关研究，具有一定的前瞻性与创新性。特别是流域水盐耦合关系、BGC 过程、土地利用时空变化、沙漠化演变规律、生态脆弱性评价、生态风险评价、荒漠河岸林碳收支、流域生态补偿机制模式以及流域信息化管理等问题，是认识流域水资源形成、转化与消耗规律，促进土地资源高效利用，维护流域生态稳定与安全的重大理论与实践问题。

　　围绕塔里木河流域水资源与生态环境监测、评价、预警与综合管理等工作，除了与乌兹别克斯坦合作开展塔里木河生态保护外，中德合作在塔里木河生态建设中已发挥了重要作用，中国科学院原副院长陈宜瑜院士曾在《科学时报》撰文"携手共创中德科学合作美好未来"（陈宜瑜，2010），对于塔里木河治理也具有积极意义。多年来，作为参与者作者在塔里木河流域考察研究过程中也取得了一些成果（图 8-8）。

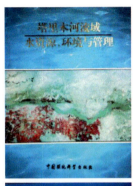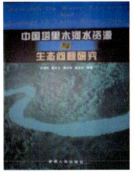

图 8-8　内陆河流域考察研究部分专著成果
Fig.8-8　Some monograph results of the inland river basin investigation and research

2. 伊犁河流域考察

　　伊犁河是亚洲中部的一条内陆河，为跨越中国和哈萨克斯坦的国际河流。伊犁河的主要源流特克斯河发源于天山汗腾格里峰北侧，向东流经中国新疆的昭苏盆地和特克斯谷地，又向北穿越伊什格力克山，与右岸支流巩乃斯河汇合后称伊犁河，西流至霍尔果斯河进入哈萨克斯坦境内，流经峡谷及沙漠地区，注入中亚的巴尔喀什湖。从河源至入湖口，全长 1236 km，流域面积 15.1×10⁴ km²，其中中国境内河长 442 km，流域面积 5.6×10⁴ km²。地貌类型复杂多样，主要划分为 4 类，山地分布在境内西南部、东北部和准噶尔盆地西部，丘陵分布在山麓缓坡地带，平原分布在天山谷地、乌伦古河河谷、额尔齐斯河河谷、准噶尔盆地及盆地西部山区山间谷地，另外还有沙漠分布。伊犁属温带大陆性气候，呈北凉南热特征。

　　伊犁哈萨克自治州境内生长着 3000 多种种子植物，分布在州直境内的野生动物 363

种，生物多样性丰富。伊犁果子沟（即塔勒奇达坂）是一条北上赛里木湖，南下伊犁河谷的著名峡谷孔道，全长 28 km；也是一处保藏着山区资源的地方。整个沟谷的河滩、山坡，长满了野生苹果和山杏、核桃。果子沟还生长着百种中药材，如党参、当归、贝母、独活、蒌芫、佩兰、山大黄、赤芍、白芍等，是重要的野生植物基因库，也是世界生物多样性保护的重要区域。果子沟峰峦叠嶂，古为我国通往中亚和欧洲的丝路北新道的咽喉，现为一条现代化的大通道（图 8-9）。

图 8-9　伊犁河流域及周边考察（荒地农业）

Fig.8-9　Investigation of Ili River basin and surrounding area

（a）伊犁河流域考察（2004）；（b）伊犁河流域考察（2005）

(a) Investigation of Ili River basin (2004); (b) Investigation of Ili River basin (2005)

8.1.4　祁连山国家公园考察

祁连山脉位于中国青海省东北部与甘肃省西部边境，是中国主要山脉之一。由多条西北—东南走向的平行山脉和宽谷组成，东西长 800 km，南北宽 200～400 km，海拔4000～6000 m。1988 年，国务院发布《关于公布第二批国家级森林和野生动物类型自然保护区的通知》，标志着祁连山自然保护区已经成为国家级森林和野生动物类型自然保护区之一。甘肃祁连山国家级自然保护区地处青藏高原、蒙新高原、黄土高原三大高原交会地带的祁连山北麓。该保护区为森林生态系统类型的自然保护区，以青海云杉、祁连圆柏、蓑羽鹤等生物为保护对象。由于过度放牧、矿产开采、水土流失等自然与人为活动，生态环境严重受损。为了遏制生态环境退化问题，2017 年起，中国在祁连山地区开始创建祁连山自然保护区试点工作。国家与地方也实施了一系列研发项目与治理工程，为祁连山保护及生态安全提供方案与模式（任继周，2023）（框 B8-3）。

框 B8-3

☐ 祁连山生态建设是构建以国家公园为主体的自然保护地建设体系的重要组成部分。在大力推进生态文建设背景下，祁连山自然保护区作为我国西部干旱区的重要生态屏障，也成为国家试点建设的十大国家公园之一。

☐ 国家公园建设对于保护不同尺度水平的生物多样性具有重要作用。同时，对于维护生态安全，促进区域发展，具有重要的战略价值。

☐ 生态学理论是表征自然保护区生态环境质量的科学基础。研究自然保护区生态环境演变的驱动要素及过程特征，发现自然保护区生态环境评估及预警的生态阈值规律，对于综合性地开展保护区生态环境预测模型研究，具有重要理论价值与现实意义。

☐ 基于大数据的生态环境监管系统是信息管理的重要平台。运用云计算、IOT 等信息化手段，加强保护区监测数据集成分析和综合应用，全面掌握保护区生态系统构成、分布与动态变化，综合分析维持保护区生态环境稳定敏感性参数的阈值，对所能承受的人类活动与经济发展的支撑程度进行综合评价，提出生态环境预警依据与预警程度。

☐ 生态修复模式与优化管理策略是维护保护区质量稳定的途径。积极探索缓解并解除生态环境警情的可行策略与模式，为自然保护区现代化科学管理与高质量发展提供依据。

近年来，受气候变化和人类活动的影响，祁连山自然保护区面临着一系列生态环境问题，如冰川、雪线不断退缩，植被退化，水土流失等，科学把握生态环境变化是环境治理与修复的前提。基于多源数据，结合构建的长中短期气候气象和人类活动情景模式，重点开展自然保护区土地资源时空格局和景观格局特征、自然保护区生态服务功能、未来情景下保护区生态环境变化模拟以及自然保护区生态环境变化系统动力学模型构建，研发具有物理机制且覆盖水、土、气、生关键要素的生态环境时空变化模拟预测技术，预测保护区未来生态环境演变趋势，阐明未来生态环境与生态系统服务功能的演变趋势与主控因素，成为探索生态环境演变的重要内容。通过研究，对于科学认识祁连山自然保护区生态环境变化规律，提升生态环境保护理念具有一定理论价值与现实意义。作者于 2000 年、2018 年、2020 年、2023 年多次开展自然地理、生态环境以及人为影响等实地调研，力图为祁连山生态环境演变与调控提供科学依据（图 8-10～图 8-17）。针对祁连山自然保护区自然地理背景与生态环境状况，基于气候变化的不确定性以及生态系统复杂性，以山地生态系统结构与功能为重点，辨析影响生态环境质量的自然及人为驱动要素；基于生态物联网理念，实现航天遥感、无人机及地面生态环境信息监测，定量分析生态系统及景观尺度上祁连山生态环境质量特征，探索生态环境演变过程及其作用机制；构建不同气候情景下生态环境演变模型，提出生态环境预警体系及人为调控策略。

图 8-10　黑河源头景观——八一冰川（2020）

Fig.8-10　Heihe River Source Landscape—Bayi Glacier（2020）

图 8-11　小孤山黑河大桥及周边景观（2020）

Fig.8-11　Xiaogushan Heihe River Bridge and the surrounding landscape（2020）

图 8-12　祁连山大野口观测基地及森林植被（2020）

Fig.8-12　Dayekou Observation Base and the forest vegetation in Qilian Mountain（2020）

图 8-13 神奇祁连山（2020）

Fig.8-13 Fantastic Qilian Mountain（2020）

图 8-14 壮美祁连山（2020）

Fig.8-14 The magnificent Qilian Mountain（2020）

图 8-15 秀丽祁连山——不同类型草地景观及其环境状况（2020）

Fig.8-15 Beautiful Qilian Mountain—the different grassland landscapes and their environmental conditions（2020）

图 8-16　QLMNR 矿山修复区（肃南县）以及生态修复试验区、缓冲区及核心区（康乐草原区域）（2020）

Fig.8-16　Mine restoration area of QLMNR (Sunan County) and ecological restoration test area, buffer zone, and core area (the grassland area in Kangle)(2020)

图 8-17　祁连山自然保护区景观外貌（底行左为 2020 年，其余为 2018 年）

Fig.8-17　Landscape appearance of QLMNR (the left in bottom is in 2020, others in 2018)

8.2　环境与地理考察

8.2.1　准噶尔盆地地理考察

准噶尔盆地（Junggar Basin）位于中国新疆北部，是中国第二大内陆盆地；地处阿尔泰山与天山之间，西侧为准噶尔西部山地，东至北塔山麓。发源于阿尔泰山的额尔齐斯河，沿山前断陷平原流向西北，经过俄罗斯的斋桑泊、鄂毕河，注入北冰洋。其余河流，如发源于阿尔泰山东部的乌伦古河，发源于天山的乌鲁木齐河、玛纳斯河、奎屯河等分别注入盆地中的布伦托海、玛纳斯湖、艾比湖。由于大量引水灌溉，玛纳斯湖已经干涸，艾比湖的面积也已缩小。盆地呈不规则三角形，地势向西倾斜，北部略高于南部，北部的布伦托海湖面高程为 479.1 m，中部的玛纳斯湖的湖面高程为 270 m，西南部艾比湖的湖面高程为 189 m，是盆地最低点。

准噶尔盆地有大面积的沙漠、戈壁及盐碱滩，同时，盆地四周还分布着星罗棋布的绿洲，以及无数奇特的自然及人文景观。如乌尔禾的胡杨林及雅丹地貌"魔鬼城"、额尔齐斯河的五彩滩和金色河岸、乌伦古湖的芦苇和野鸟、卡拉麦里山有蹄类动物保护区、古尔班通古特沙漠中的火烧山和五彩城、东部将军戈壁的"地史博物馆"——奇台硅化木和恐龙国家地质公园，以及木垒原始胡杨林。在国土空间规划背景下，围绕土地资源开发与水资源合理利用，借鉴国际调水工程的经验（王光谦等，2009），区域实施的"北水南调"工程，是新形势下水资源科学配置的具体实践，力图更有效地提升干旱区水资源利用水平，促进区域高质量发展。

古尔班通古特沙漠内部植物生长较好，沙丘上广泛分布着以白梭梭、梭梭、嵩草属、蛇麻黄和多种一年生植物为主的小乔木沙质荒漠植被。植被覆盖度在固定沙丘可达 40%～50%，半固定沙丘也在 15%～25%，为中国面积最大的固定与半固定沙漠，也是优良的冬季牧场（图 8-18～图 8-20）。

图 8-18　准噶尔盆地考察（2006）

Fig.8-18　Investigation in Junggar Basin

（a）五彩湾及其周边；（b）建设工程及盆地盐碱地景观；（c）水资源调配工程；（d）准噶尔盆地荒漠环境景观

(a) Wucai Bay and its surrounding areas; (b) Construction works and saline-alkali landscape of the basin; (c)Water resource allocation engineering; (d) Desert environment landscape in Junggar Basin

图 8-19　准噶尔盆地西南缘植被及环境地理考察（2010）

Fig.8-19　Investigation of the southwest margin of Junggar Basin（2010）

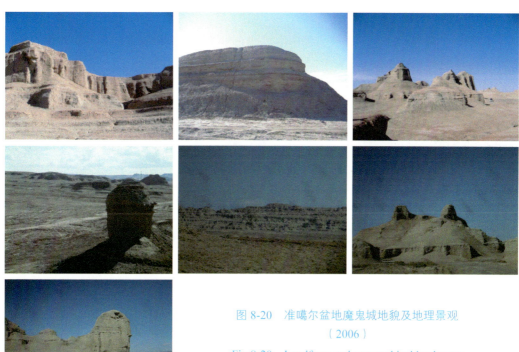

图 8-20　准噶尔盆地魔鬼城地貌及地理景观
（2006）

Fig.8-20　Landform and geographical landscape
of Devil City in Junggar Basin (2006)

8.2.2　盐城湿地环境考察

　　江苏盐城被誉为"东方湿地，百河之城""麋鹿的故乡，丹顶鹤的家园，中华鲟的摇篮"，足以反映了其独特自然环境以及生物多样性的特色。江苏盐城国家级珍禽自然保护区是亚洲大陆边缘最大的海岸型滩涂湿地。在中国 3 条鸟类迁徙通道中，盐城湿地位于最重要的 1 条沿途，也是东亚大约 90%的鸟类迁徙时的停留地。丹顶鹤正是迁徙鸟类中最为珍稀的一员。在全世界 1500 只左右迁徙的丹顶鹤中，每年冬天来到盐城湿地的就有 1000 只左右，1983 年盐城沿海滩涂珍禽自然保护区成立，1992 年成为国家级珍禽自然保护区，2002 年成为国际重要湿地。

　　近岸海域水质变化机理及生态环境变化对于保障海岸带生态系统稳定具有重要意义（丁德文等，2009）。加强湿地基础理论研究，服务国家湿地保护战略（陈宜瑜，2022），是新形势下提升湿地生产力重要策略。盐城国家级珍禽自然保护区地处我国东部沿海中部，包括东台、大丰、射阳、滨海、响水 5 个县（市）的沿海滩涂，海岸线长达 586 km，总面积为 453 000 hm^2，是我国最大的沿海滩涂湿地类型的自然保护区。保护区的海岸线是中国湿地类型保护区中最长的，其滩涂面积大，沿海岸长达 120 km，生物多样性特别丰富。保护区面对南黄海，背靠苏北平原，是淤泥质平原海岸的典型代表。

图 8-21　丹顶鹤自然保护区考察

Fig.8-21　Investigation of Red-crowned Crane Nature Reserve

左：保护区生态景观（2007）；右：保护区环境外貌（2014）

Left: Ecological landscape of Red-crowned Crane Nature Reserve (2007);

Right: Environmental appearance of Red-crowned Crane Nature Reserve (2014)

盐城世界自然遗产地正式名称为中国黄（渤）海候鸟栖息地（第一期），主要由潮间带滩涂和其他滨海湿地组成，拥有世界上规模最大的潮间带滩涂，是濒危物种最多、受威胁程度最高的东亚–澳大利西亚候鸟迁徙路线上的关键枢纽，也是全球数以百万迁徙候鸟的停歇地、换羽地与越冬地。该区域为 23 种具有国际重要性的鸟类提供栖息地，支撑了 17 种世界自然保护联盟（International Union for Conservation of Nature, IUCN）濒危物种红色名录物种的生存，包括 1 种极危物种、5 种濒危物种和 5 种易危物种。作者多次考察了盐城湿地以及丹顶鹤自然保护区（图 8-21）。

8.2.3　滹沱河流域环境考察

生态气象环境评估是生态环境研究的重要基础，是实现气象信息化与气象现代化的重要技术支撑。为合理规划石家庄地区生态系统结构，维护生态环境安全，提升气象服务于生态文明建设的能力，开展石家庄市气候变化及生态环境的监测与评价。对石家庄地区气候变化及生态环境进行监测与评价，既是践行国家生态环境保护与高质量发展的战略需求，也是落实京津冀生态环境一体化治理的客观需求，可为合理规划石家庄地区景观生态格局，保护"生态红线"，为维护山水林田湖草沙一体化的生态安全提供科学保障，对促进石家庄美丽省会城市建设与生态文明建设具有重要的现实意义。

构建多年卫星遥感、气象、环境数据集，融合多源数据，应用现代生态科学、大气科学的理论与方法，对石家庄市域及滹沱河流域生态气象环境变化及气象生态宜居性进行分析评估。其一，数据预处理及数据集构建。建立近 30 年逐月中分辨率卫星遥感植被监测数据集，建立典型年份高分辨率卫星遥感地物分类数据集；建立近 30 年气象资料数据集；建立近 5 年环境监测资料数据集。其二，石家庄生态气象环境质量特征及变化分析。通过构建评价指标体系、划分生态气象环境质量等级，获得石家庄市和滹沱河流域的生态气象环境质量和生态服务价值的动态变化，对比分析不同时期石家庄市和滹沱河流域的生态环境质量，形成石家庄地区和滹沱河流域的生态气象环境质量评估报告。其三，石家庄生态宜居性评价。基于多元数据，从气象条件、生态环境和生态文明等方面，构建生态气象宜居性评价指标，确定指标权重，综合加权获得生态宜居性指数，获得石家庄和滹沱河流域的生态气象宜居性的时空演化规律。

滹沱河是海河水系子牙河的上游支流之一，它发源于山西省忻州市繁峙县泰戏山桥儿沟村一带；滹沱河在河北省沧州市献县与滏阳河交汇形成子牙河，滹沱河全长 587 km，流域面积 $2.73 \times 10^5 \text{km}^2$。石家庄绿色发展的目标把滹沱河治理放在了十分重要的地位（表 8-2，图 8-22，图 8-23）。基于石家庄"一河两岸三组团"空间规划模式与发展策略，当地气象部门完善气象灾害监测网络，消除气象灾害监测盲区，发挥"智慧气象"在生态宜居及城市生态建设等方面的应用潜力（表 8-3）。

表 8-2　石家庄绿色发展背景

Tab.8-2　Background of Shijiazhuang's green development

现代化发展现实需求	京津冀环境治理客观需求	对气候变化迫切需求	生态文明建设战略需求
◆新时代气象行业发展	◆区域城市链的关键节点	◆气候雄心峰会 2020	◆保护"生态红线"
◆拓展气象业务服务	◆生态环境问题持续频发	◆COP15、COP26、COP27	◆"一山一河一城"特色景观
◆生态气象体系构建	◆提升区域环境质量重点	◆环保低碳减排目标	◆山水林田湖草沙一体化
◆地方支撑国家气象事业	◆2+26 城市环境综合整治	◆"1+N"政策体系	◆生态环境保护与高质量发展

图 8-22　滹沱河流域（2020）

Fig.8-22　Hutuo River Basin (2020)

图 8-23　石家庄西山生态景观（2021）

Fig.8-24　Ecological landscape in West
Mountain, Shijiazhuang (2021)

表8-3 石家庄生态气象监测评估及管理策略

Tab.8-3 Monitoring, evaluation and management strategies of ecological meteorology in Shijiazhuang

完善生态气象综合监测与保障体系	提升滹沱河流域生态治理水平					构建部门协同与信息共享机制
◆构建气象信息共享平台和气候系统观测平台目标 ◆强化生态气象的综合监测保障能力 ◆智慧气象：生态气象、农业气象、交通气象	全面构建滹沱河数字流域 ◎数字经济 ◎信息技术 ◎互联网+ ◎生态资产核算与绿色低碳发展	不断提升区域生态宜居水平 ◎倡导拥河发展理念 ◎拓展"三生"空间 ◎打造幸福美丽家园	持续提高滹沱河流域环境质量 ◎综合整治工程 ◎一期完成石家庄主城区段和藁城段综合整治 ◎二期突出"一河三湖"核心构架 ◎三期强化"一河两湖三湿地"空间布局 ◎河长制监督管理机制	引导建设市级美丽乡村样板 ◎区域差异及其治理效果 ◎创新驱动引领乡村振兴	努力倡导特色产业典型示范 ◎打造多种特色产业示范基地 ◎规划现代新兴产业园和服务功能区 ◎建设低碳绿色的高水平生态经济带 ◎促进石家庄城市高质量发展	◆环保部门强化常规环境要素监测与评价 ◆水利部门统筹水资源合理配置，提升利用效率 ◆林业部门强化指导植树种草与重点区域（如滹沱河流域）的植被保护

8.2.4 阿勒泰区域地理考察

阿勒泰地区是丝绸之路经济带北通道和新疆参与中蒙俄经济走廊建设的重要节点，拥有3个国家陆路口岸，素以"金山银水"著称，是人类滑雪起源地、中国雪都。阿勒泰地区地貌类型复杂多样，主要划分为山地、丘陵、平原和沙漠。阿勒泰地区属典型的温带大陆性寒冷气候，夏季干热，冬季严寒，平原地区降水量少，蒸发量大，昼夜温差大，光照充足，全年多季风。阿勒泰地区是新疆丰水区之一。有额尔齐斯河、乌伦古河、吉木乃山溪三大水系。阿勒泰地区境内有喀纳斯湖、河狸自然保护区、蝴蝶沟、白沙湖、鸣沙山，以及高山风光、冰川雪岭、湖泊温泉、岩画石刻、切木尔切克古墓群及草原石人等。喀纳斯湖及可可托海声名远扬（框B8-4）。

框 B8-4

□ 阿勒泰地区自然资源丰富。它是新疆的相对丰水区，全国六大林区之一，同时为水源涵养型山地草原生态功能区。

□ 额尔齐斯河孕育了世界四大杨树派系（白杨、胡杨、青杨、黑杨）。流域素有"杨树基因库"之称；欧洲黑杨、银灰杨等8种天然林是中国唯一的天然多种类杨树基因库，也是中国唯一的天然多种杨树林自然景观。

□ 阿勒泰地区具有多种多样的成矿地质条件。区域矿产资源较为丰富，矿种齐全，储量较为丰富，盛产有色金属和名贵宝石。

□ 阿勒泰山地、绿洲及荒漠地理特色明显。孕育了独特的山水林田湖草沙生命共同体，各类资源及环境成为特色产业发展的重要基础。

    准噶尔盆地北缘的新疆阿尔泰山地区为重要的资源富集区域，资源开发在不同阶段具有不同的特色。作者多次专门考察该区域的生态产业、农业、林业、旅游业等产业的发展状况，特别是对于北屯市周边生产建设兵团开展农业资源及环境调研，发现开展节水对于区域农业发展至关重要（西北农业大学农业水土工程研究所和农业部农业水土工程重点开放实验室，1999），调研对于精准农业、数字农业、高效农业发展具有重要指导作用；同时，对于国家"藏粮于地、藏粮于技"，维护"耕地红线"，保障粮食安全具有重要现实意义（图8-24～图8-27）。

图 8-24 阿尔泰山地生物地理环境景观（植被及喀纳斯湖周边，2003）

Fig.8-24 Biogeographic environment landscape in Altay Mountains (the vegetation and surroundings of Kanas Lake, 2003)

图 8-25 阿尔泰山区湿地与草原景观（2002）

Fig.8-25 Wetland and grassland landscape in the Altay Mountains Area (2002)

图 8-26 北屯植物地理与资源环境考察

Fig.8-26 Investigation of plant geography and resource environment in Beitun

（a）北屯绿洲农田作物及土壤监测考察（2006）；（b）额尔齐斯河及其天然杨树基因库（2006）

(a) Monitoring and investigation of farmland crops and soil in Beitun Oasis (2006); (b) Ertix River and its natural poplar gene bank (2006)

图 8-27 古尔班通古特沙漠北缘考察（2006）

Fig.8-27 Expedition to the northern edge of Gurbantunggut Desert (2006)

8.3 产业与发展考察

8.3.1 区域考察

1. 且末考察

且末县位于昆仑山和阿尔金山的北麓，塔里木盆地东南缘，是中国面积第二大县。针对且末车尔臣河东部恰瓦勒墩地区开发考察，发现该地区是区域资源开发及产业发展的典型代表。

且末恰瓦勒墩地区在 20 世纪 90 年代前为车尔臣河东部广袤的未开发之地，是昆仑山前冲洪积扇区域，水资源丰富，土地资源广阔，植被资源独特。从水资源合理利用的角度而言，实现可持续的水管理，对于挖掘区域产业发展潜力，促进区域经济发展具有重大现实意义（夏军，2005）。但该地区资源环境本底不清，承载力不明。在当时社会经济背景下，政策制度以及开发模式如何支持区域开发还不明朗，开展区域水资源、林业、草地等资源调查，进行未来产业规划，就成为地方迫切需要解决的问题。经过多方协调，特别是在政府有关部门协作指导下，大规模的考察活动逐步展开，并在考察中梳理凝练出"农户+产业"的产业发展思路与模式。目前，恰瓦勒墩地区附近有胡杨林民族风情园、木孜塔格峰、扎滚鲁克古墓群、莫勒切河谷岩画等旅游景点，有且末羊、且末红枣、罗布麻等特产以及丰富的民族文化，资源开发相互促进，带动当地地方经济全面发展，特别是农牧业、林果业以及沙产业发展迅速，效益良好。目前，该地区已经成为特色林果业（红枣）、生态治沙业（药材、肉苁蓉、沙枣、牧草）、高效农业种植的重要基地（框 B8-5）。

框 B8-5
- 曾在古丝绸之路发挥重要作用。位于东昆仑山、阿尔金山北麓，塔里木盆地东南缘，是丝绸之路南道重要的必经之路。
- 水资源相对较为丰富。全域有车尔臣河、喀拉米然河、莫勒切河、米特河、江格萨依河、塔什萨依河等 8 条河流，年总径流量 18 亿 m^3。
- "玉石之路"的发祥地。为和阗玉山料的主产地，传统玉石文化富有特色。
- 草地资源丰富。草场主要分布在昆仑山、阿尔金山两大山系和车尔臣河流域。
- 沙漠面积大。风沙灾害频发，生态环境极其脆弱，治理荒漠环境，在当地发展生态产业以及特色林果业，成为新时期区域经济发展的重要着力点。

作者于 20 世纪 90 年代、2003 年 10 月及 2022 年 6 月多次赴且末考察，特别是考察了车尔臣河流域以及恰瓦勒墩地区（河东），对于区域资源环境状况与产业发展有了较为系统的认识。且末曾为汉代西域 36 国的且末国和小宛国所在地，是"玉石之路"的发祥地和"丝绸之路"的南道重镇，是塔东南文明长廊一颗璀璨的明珠，历史文化积淀极其深厚。2014 年，且末被评为中国红枣之乡。进入 21 世纪以来，当地生态产业得到了快速发展，在治理生态的同时，依托区域资源环境，孕育了大芸种植及产品开发，大芸产业蒸蒸日上。此外，先秦时期，且末玉就已有"昆山之玉"的美谈，特别是且末盛产的白玉、粉玉、青玉和金山玉，白玉以白如羊脂、粉玉以红似炭火、青玉以碧如绿叶、金山玉以黑似纯漆而出众，且末是新疆重要的玉器生产基地；玉石文化产业得到了快速发展（图 8-28）。

图 8-28　且末县考察

Fig.8-28　Investigation in Qiemo County

（a）恰瓦勒墩地区考察（车尔臣河东，畜牧业）（1988）；（b）恰瓦勒墩地区（大芸种植）（2003）；（c）车尔臣河下游及其河东草牧业（2003）；（d）车尔臣河南岸外围沙漠景观（沙产业）（2022）；（e）特色林果业（有机红枣园）（2022）
(a) Chawaledun area survey (eastern part of Qarqan River, the animal husbandry) (1988); (b) Chawaledun area (planting of *Cistanche deserticola* Ma, 2003); (c) Grass husbandry in the lower reaches of Qarqan River and its eastern part (2003); (d) Desert landscape of the south bank of Qarqan River(the sand industry)(2022); (e) Special forest and fruit industry (organic jujube orchard) (2022)

2. 祁门考察

祁门县地处黄山西麓，东北与黄山市黟县接壤，东南与黄山市休宁县为邻，西北连池州市石台县、东至县，西南迄省境，与江西省毗邻。

祁门县属皖南山区，地貌以山地丘陵为主，中山、低山、丘陵、山间盆地和狭窄的河谷平畈相互交织，呈网状分布。地势北高南低，黄山山脉自东北入境，主脉西至赤岭口。黄山支脉牯牛大岗横亘于祁门县与石台县之间，主峰牯牛降海拔 1728 m。中部为低山丘陵，南部最低点倒湖仅海拔 79 m，相对高差达 1649 m。属北亚热带湿润季风气候，气候温和，日照较少，雨量充沛，四季分明。2021 年，祁门县正式加入"万里茶道"申遗城市联盟。祁门县山水相依，气候温润、雨量丰沛，县域全年空气质量优良率达 99.45%，NOI 年平均浓度达 2900 个·cm^{-3}。2022 年，祁门县被授予"中国天然氧吧"称号。祁门县是新安医学的发源地，可以欣赏九龙池、鲁溪湾、冯家顶的大自然美景，游客可以在这感受到富含非遗文化魅力的目连戏、古戏班等。

牯牛降保存着结构复杂，功能齐全的自然生态系统，有"绿色自然博物馆""华东地区物种基因库"之称。1988 年 5 月，牯牛降成为安徽第一个国家级的以森林生态类型为主的综合性自然保护区；2004 年 2 月，被录入国家地质公园名录。区域内森林覆盖率达到了 97% 以上，蕴藏着丰富的动、植物资源。祁门为世界三大高香茶之首——祁门红茶的原产地，被誉为中

图 8-29　安徽祁门产业考察（2009）
Fig.8-29　Qimen survey in Anhui Province（2009）

国红茶之乡。近年来，秉持"两山思想"的发展理念，地方政府高质量建设"世界红茶之都，美丽康养祁门"。神奇牯牛降，飘香祁门红，已成为祁门的重要标识。同时，特色种植及繁育产业不断发展（图 8-29）。

3. 草原考察

中国有五大牧区，发展畜牧业是草原地区重要的支柱产业。内蒙古是中国重要的畜牧业发展地区之一，畜牧业发展比较活跃。当地乳业企业提出"上山下乡与农民朋友一起共建社会主义新农村，环保牧场与循环经济接轨开创科学养牛新时代"，在一定程度上

是生态理念、乡村振兴、循环经济与信息化技术有机结合的体现，是现代草业及畜牧业发展的典型案例（图 8-30）。

　　新疆具有仅次于内蒙古呼伦贝尔草原的中国第二大草原巴音布鲁克草原及其他重要的草原，也是中国重要畜牧业发达地区。而新疆的那拉提草原又以其风光旖旎受到世人的青睐。那拉提位于新源县境内，地处天山腹地，伊犁河谷东端。1999 年，那拉提风景区成立，总规划面积 1848 km^2。那拉提风景区集草原、沟谷、森林于一体，植被覆盖率高，野生动物资源丰富，自然生态景观和人文景观独具特色，被誉为"天山绿岛""绿色家园""五彩草原"（图 8-31）。

图 8-30　草原现代畜牧业——养牛及乳品
加工业（2006）

Fig.8-30　Grassland modern animal
husbandry——cattle raising and dairy
processing industry （2006）

图 8-31　旅游业及草业（那拉提
草原）（2004）

Fig.8-31　Grassland tourism and
grassland industry (Nalati
Grassland)(2004)

4. 秦岭考察

随着乡村振兴战略的实施，随着新兴产业的孕育与发展，美丽乡村建设得到逐步深化。秦岭-淮河为中国地理上最重要的南北分界线。作者于20世纪80年中期在秦岭开展了树木学、土壤学、森林病理学、森林昆虫学、森林生态学以及经济林学等学科的实践活动，初步了解了秦岭的自然地理、生态环境与产业状况。近年来，秦岭国家植物园的建设，对于推进国家自然保护地建设战略，落实COP15的相关议程目标，促进秦岭资源开发与生态高质量发展具有重大现实意义。随着新时代生态产业化与全面乡村振兴的大力推进，秦岭腹地实施了一系列新兴产业，如绿色茶产业、绿色养殖业、绿色种植业、绿色加工业、绿色康养以及绿色旅游产业等生态产业，取得了一系列成效（图8-32）。

图 8-32　秦岭山地实施的绿色产业（汉中）（2023）
Fig.8-32　Green industries implemented in Qinling Mountains (Hanzhong，2023)

8.3.2　西北考察

西部大开发（China's Western Development Policy）是我国促进全面发展的一项重要政策（刘守仁，2001；安芷生，2000），政策目的是把东部沿海地区的剩余经济发展能力用于提高西部地区的经济和社会发展水平。2000年1月，国务院成立了西部地区开发领导小组，经过全国人大审议通过之后，国务院西部地区开发领导小组办公室于2000年3月正式开始运作。2000年6～7月，全国人大、政协、国家林业局倡导开展"西部大开发，保护绿色家园"活动。考察活动由生态、环境、林业等方面的全国高级专家和新华社、中央电视台、北京电视台、中央人民广播电台、《人民日报》、《中国绿色时报》等单位和媒体的人员组成。王涛、关君蔚、李文华、马建章4位院士带队，分为西北组、西南组、东北西部-华北北部组，以生态环境建设为主要内容，对天然林保护、退耕还林还草、防沙治沙、生态工程建设、自然保护区建设、湿地保护和草地建设等问题，进行了实地考察和采访（考察报告编写组，2000）。作者作为西北组成员，考察了陕西的延安、

图 8-33　宁夏枸杞（特色种植业）（2000）

Fig.8-33　Ningxia wolfberry (special planting industry)(2000)

榆林地区，宁夏的银北、银南地区，青海的海北、海西、海南地区及格尔木市，以及新疆的相关地区，深入农村、林区、牧区，参观防沙治沙、治理水土流失、退耕还林还草的示范典型，获得了大量基础性资料（图 8-33，表 8-4）。特别是考察了西北五省（自治区）生态环境建设状况，与省（自治区）政府、人大、政协相关方面进行了交流。在陕西，作者见到了"七一勋章"获得者、全国劳动模范石光银，参观了其治沙的林场（陕西定边）；还见到了中国"十大女杰"、全国"劳动模范"治沙模范牛玉琴（沙产业基地）。2001 年 3 月，在成都举办了针对本次考察活动的"西部大开发，建设绿色家园学术研讨会"，从理论与实践相结合的角度，交流了生态环境建设经验与模式，探索新的生态发展之路。

表 8-4　考察的主要区域或工程

Tab.8-4　The main area or project to be inspected

省（区）	考察的主要工程区域	听取的主要生态建设工作汇报
陕西	宜川县天然林资源，延安市宝塔区川口、枣河山川秀美示范区，绥德县龙湾退耕还林示范区，榆林市瑶镇乡流动沙丘，神木县采兔沟治沙，榆林臭柏保护区，神木县锦大路中段绿色通道工程，榆林市樟子松造林，靖边县牛玉琴承包的荒沙地造林点，定边县石光银承包的治沙区等	省政府、省林业厅汇报，延安市黄龙山林业局天然林保护工程情况汇报，延安市山川秀美工程建设情况汇报，榆林市生态环境建设情况汇报等
宁夏	盐池县沙边子治沙基点、白春兰治沙点、柳杨堡万亩干旱平铺沙地灌木林，银川广夏葡萄基地、中卫市西郊林场、沙坡头铁路治沙，中宁枸杞基地等	自治区政府、人大、政协、林业局、农牧厅、计委、水土局、草原站以及科研院所等
青海	柴达木盆地，青海湖周边等治沙工程，退耕还林还草工程等	省政府、人大、林业局等

西部地区具有丰富的自然资源，在国家经济发展中与"一带一路"倡议中发挥着愈来愈大的作用；特别是风电与光伏清洁能源建设，极大地改变了人们对于资源、能源、环境等的认识（石元春，2011），在新时代中国式现代化进程中承担着重要责任（图 8-34）。

图 8-34　西北能源考察（达坂城风电清洁能源产业）（2022）
Fig.8-34　Northwest energy survey (Dabancheng wind power)(2022）

　　经济发展离不开产业支撑，基于资源环境、地理条件、人文背景以及社会发展态势，特别是产业基础，在新形势下，不断开拓新产业、新业态，是促进经济发展的重要驱动力。在西部大开发以及贯彻"一带一路"倡议的背景下，特色产业正在新时代引领区域经济大发展（图 8-35）。

(a)

图 8-35　区域产业考察[（f）为 2005 年，其他为 2004 年]

Fig.8-35　Regional industry inspection [(f) is in 2005, others in 2004]

（a）特色果业（左：绿色葡萄基地；右：种业）；（b）种畜繁育业（左：种牛繁育基地；右：种羊繁育基地）；（c）电业（特变电业）；（d）加工业（面粉加工业）；（e）植物繁育业（花卉繁育业）；（f）左：亚洲大陆地理中心（2005）；右：北庭古城遗址的硅化木局部（2005）

(a) Specialty fruit (Left: Green grape base, Right: Seed industry); (b) Breeder breeding (Left: Breed cattle breeding bases, Right: Breed sheep breeding bases); (c) Electricity (special substation); (d) Processing industry (flour processing industry); (e) Plant breeding (flower breeding); (f) Left: The geographical center of the Asian continent (2005), Right: A part of silicified wood preserved in Beiting Ancient City (2005)

8.3.3　工业考察

　　工业在国民经济与社会发展中具有重要地位，钢铁及其制造业是支撑现代化进程的重要工业产业。南京钢铁集团有限公司（以下简称"南京钢铁"）拥有国内中厚板领域的板材生产线和特色明显、高效高质低成本的特钢生产线，位居 2021 年世界钢企技术竞争力第 12 位，中国制造业 500 强第 58 位。2018 年，南京钢铁利用云计算、大数据、IOT技术，持续开展南京钢铁工业互联网建设，推动由智能装备、智能工厂、智能运营和智能互联四层架构组成的 NISCO Frame，提升了企业的核心竞争力。面向钢铁产品全生命周期，通过高级计划排程技术、信息物理技术、RFID、仿真技术、冶金智能机器人等智能制造关键技术的攻关应用，构建集智能装备、智能工厂、智能决策、智能互联于一体的智能制造体系。同时，借助 IOT、互联网、云平台、大数据等新一代信息技术，整合产业链资源，实现上下游产业链间的工业互联、业务信息化、服务网络化、运营智能化，助推产业链价值最大化。目前，南京钢铁积极贯彻新发展理念，把握绿色低碳和双主业两大发展主题，构建"钢铁+新产业"双主业相互赋能的复合产业链生态系统，建成世界一流的特钢中厚板精品基地、特钢精品基地、复合材料基地等。所有新兴科技产业都来自于核心技术的突破（施一公，2020）。目前，新产业聚焦产业互联网、智能制造、能源环保、新型材料、产业链延伸等战略性新兴产业。南京钢铁是江苏钢铁行业的重要企业，为地方经济发展做出了重要贡献。关于钢铁行业环境保护、低碳与能源碳足迹研究，是高质量发展的重要基础，也是企业承担社会责任的重要体现。

制造业是国际竞争的重要领域，关系到中国的现代化事业发展（宋健，2003）。"中国制造 2025"需要科技创新、技术创新与管理创新，需要一大批制造业的开拓与发展。中国科学院原副院长詹文龙院士曾强调："推进科研事业单位改革，提升科技创新能力"（詹文龙，2012），力图推动国家创新体系新进展。作者结合产学研合作以及区域发展考察，专程参观考察了相关产业园区，在全国各地及国外考察了汽车制造业、轨道车辆制造业、石油采掘业、矿产开采业、光伏能源产业、风能产业、地热能源利用业，以及现代农业、林业、畜牧业、养殖业、水利、电力、环保、电子信息等行业，特别是学习了多种现代产业的生产与经营模式，了解了现代企业创新理念，节能环保，提高效益，承担社会责任的相关特点（图 8-36）。

 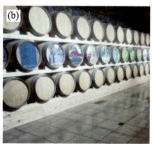 

图 8-36　能源产业与加工业考察

Fig.8-36　Energy industry and processing industry investigation

（a）石油采掘业（2005）；（b）葡萄加工业（2022）；（c）中华人民共和国第一座大型水电站——新安江水电站（2009）

(a) Petroleum extraction industry (2005); (b) Grape processing industry (2022); (c) The first large-scale hydroelectric power station in the People's Republic of China — Xin'anjiang Hydropower Station(2009)

8.3.4　地热考察

羊八井热泉群（地热区）坐落于西藏拉萨市西北当雄县境内的念青唐古拉山下，处于青藏公路和中国通往尼泊尔公路的交叉点上，这里是海拔 4300 m 的一片开阔盆地，南北两侧的山峰均在海拔 5500 m 以上，山峰发育着现代冰川，藏布曲河流经热田，河水温度年平均为 5℃，当地年平均气温 2.5℃。羊八井地热电站坐落在拉萨市西北当雄县羊八井镇，距拉萨市约 90 km，地处青藏、中尼公路交界处，北靠念青唐古拉山，南临唐古拉山。拉萨河最大的支流——藏布曲河，流经羊八井热田。羊八井热田主要分布于中尼公路南北侧，出露于羊八井断陷盆地中部，浅层热储面积约 14.62 km^2。附近一带经济以牧业为主，兼有少量农业，青藏、中尼两条公路干线分别从热田的东部和北部通过。附近山峰连绵起伏，终年冰封雪盖，在银光闪闪的冰川间，空气似乎都会冻结，但在盆地中间，有温度高达 92℃ 的热泉；羊八井热田在白雪皑皑的群山环抱之中，构成了世界屋脊上独特的天然奇观。所处的羌塘草原是个高寒地区，一年有 8～9 个月冰封土冻。然而方圆 40 km^2 的热田，却绿草如茵，青稞垛金灿灿，温泉雾气腾腾。

20 世纪 70 年代，西藏开始有序开发地热资源，并在羊八井镇拉开了中国利用浅层地热资源发电的序幕。1975 年，利用地热局限发电的可行性首次提出。1975～1991 年间，经过三期工程建设，总装机容量 24180 kW·h。1991 年以来，年平均发电量 9500 万 kW·h，机组可利用率达 90%。1997 年，技术人员在羊八井地热城北部的念青唐古拉山体上打出一口 205℃、高压力、强能量的高温井，使羊八井成为世界上少数几个拥有单井发电潜力万余千瓦时的高焓值热流体的地热田。羊八井地热电站为西藏经济发展和人民生活水平提高发挥了重要作用。截至 2020 年 5 月，累计发电量达 34.25 亿 kW·h（图 8-37）。

图 8-37　地热考察（清洁能源产业）（2004）

Fig.8-37　Geothermal industry investigation （clean energy industry）（2004）

8.4　相关综合性考察

8.4.1　野外监测站综合考察

野外站（点）是科技工作者获取原始监测资料，开展试验示范的重要基地。中国科学院及相关部门在长期的发展中，注重野外站（点）的建设，在山地、高原、荒漠、绿洲等自然区域，构建了冰川、草地、森林、农田、湿地等监测站点，形成了多样化的监测体系（框 B8-6）。

框 B8-6

☐ 野外站（点）是构建实验示范与理论研究的桥梁。通过野外假设与验证、监测与评估、建模与分析，提升理论与实践水平，增强科学价值。

☐ 野外站（点）是监测自然要素及其关键问题的基地。同时，也是观测试验、科学研究和社会服务的平台。

☐ 野外站（点）是研究资源环境与社会经济的天然实验室。不同的野外站（点）共同承担着推动科技资源开放共享，为科技创新和经济社会发展提供支撑的公共职能；随站（点）地域特点、关注对象、重点问题以及目标不同，也发挥着各自特有的功能。

☐ 国家野外科学观测研究站面向科技创新和社会发展战略。依据中国自然条件的地理分布规律布局建设，获得了大量定位观测数据，研发了一批重要成果，培养大批野外科技人员，促进相关学科全面发展。

　　围绕资源、环境、生态、地理以及社会经济等方面的研究工作需要，作者在不同的野外站（点）开展过研究工作，特别是在荒漠生态（阜康站）、农田生态（阿克苏水平衡站）、冰川水文（新疆天山 1 号冰川及青海八一冰川等）、森林生态（长白山）、旱地农业（长武黄土高原农业生态试验站）、热带农业（海南热带农业站）、草地演化（新疆巴音布鲁克草原站、内蒙古锡林郭勒草原站）、湿地（鄱阳湖站）等不同的野外站（点）。一些考察的简要经历收录在中国科学院新疆生态与地理研究所建所 60 周年《我和我的研究所》文集中。图 8-38 反映了作者曾考察过的部分野外站（点）。

图 8-38　部分野外站（点）考察

Fig.8-38　Part of the field stations surveys

（a）中国科学院阜康站[左：栽培实验考察（2005），右：博格达峰远眺（2006）]；（b）中国科学院吐鲁番站；（c）中国科学院策勒站及其环境地理（2022）；（d）贺兰山森林生态站周边景观（2022）；（e）祁连山及周边监测站[左：QLMNR标准化管理站；右：黑河上游中国科学院祁连站周边环境地理特征（2020）]；（f）中国科学院黑河流域临泽站（2018）；（g）塔里木河中游景观及英巴扎站；（h）中国科学院长武黄土高原农业生态试验站（2002）；（i）中国科学院沙坡头沙漠站（2000）

(a) Fukang Station，CAS [Left : Cultivation experiment investigation (2005), Right: Bogda Peak overlook (2006)]; (b) Geographical characteristics of Turpan Station, CAS and Mosuowan [Left: Turpan Station（2004），Right：Investigation in Mosuowan Due(1988)]; (c) Cele Station, CAS and its environmental geography (2022); (d) Landscape around the Helan Mountains Forest Ecological Station (2022); (e) Qilian Mountains and surrounding monitoring stations [Left: QLMNR Standardized Management Station， Right: Environmental geographical characteristics of the Qilian Station in the upper Heihe River (2020)]; (f) Linze Station in Heihe River Basin, CAS (2018); (g) The middle reaches of TR and landscape of Yingbaza Station; (h) Changwu Agricultural and Ecological Experimental Station , CAS (2002);(i) Shapotou Desert Station, CAS （2000）

8.4.2 区域地貌及人文考察

无论是在中国还是在世界其他国家，自然地理特征迥异，地貌类型多样，自然资源丰富，人文历史文化深厚。山地地貌、气候（Kirchner,et al.，2020）、土壤、植被以及人文历史，构成了山地独特的自然文化，成为人类生存环境的重要组成部分。泰山、黄山、庐山、天山、昆仑山、武陵源、玉龙雪山、阿尔泰山、阿尔卑斯山、黄河石林等所蕴含的地质地理资源，以及人文历史文化，对于人们体味大自然的壮美与人文情怀，感知"两山"思想，协调人与自然和谐关系，无不产生重要启示。

泰山有"五岳之首"之称，是世界文化与自然遗产。泰山相伴五千年的华夏文明传承历史，承载着丰厚的地理历史文化内涵。自秦始皇起至清代，先后有 13 位帝王亲登泰山封禅或祭祀，另有 24 位帝王遣官祭祀 72 次。泰山景色巍峨雄奇，有石坞松涛、云海玉盘等美丽壮阔的自然景观，其历史文化、自然风光、地质奇观和谐融为一体，具有独特的历史、文化、美学和科学价值（图 8-39）。

武陵源（张家界）被称为自然的迷宫、地质的博物馆、森林的王国、植物的百花园、野生动物的乐园。1992 年，武陵源被联合国教育、科学及文化组织（United Nations Educational, Scientific and Cultural Organization，UNESO）列入《世界遗产名录》的自然遗产项目，并入选中国首批世界地质公园。由于武陵源地处石英砂岩与石灰岩接合部，北部大片石灰岩喀斯

图 8-39　泰山景观（2003）

Fig.8-39　Landscape of Mount Taishan (2003)

特地貌，经亿万年河流变迁降位侵蚀溶解，形成了无数的溶洞、落水洞、天窗、群泉。武陵源生长有野生动物 400 多种、木本植物 850 多种，有一级保护动物豹、云豹、黄腹角雉 3 种，二级保护动物大鲵、猕猴、穿山甲等 25 种。张家界国家森林公园是中国第一个国家森林公园，有国家一级保护植物珙桐、伯乐树、南方红豆杉等 5 种，二级保护植物白豆杉、杜仲、厚朴等 16 种（图 8-40）。

黄山是钱塘江和长江两大水系的分水岭，有丰富的第四纪冰川遗迹。黄山植物群落完整并垂直分布，素有"天然植物园"之称。黄山以奇松、怪石、云海、温泉、冬雪"五

绝"及历史遗存、书画、文学、传说、名人"五胜"著称于世，有"天下第一奇山"之称。1990 年，黄山被 UNESO 列入《世界文化与自然遗产名录》。2004 年，黄山被 UNESO 公布为世界地质公园。图 8-41 为黄山植被及地貌景观。

　　庐山东偎鄱阳湖，南靠南昌，西邻京九铁路，北连滔滔长江，耸峙于长江中下游平原与鄱阳湖畔，长约 25 km，宽约 10 km，主峰汉阳峰的海拔为 1474 m。山体呈椭圆形，典型的地垒式断块山。庐山以雄、奇、险、秀闻名于世。先后被列为世界文化遗产，中华十大名山。2022 年，庐山云海列入中国首批 15 个"天气气候景观观赏地"，图 8-42 为庐山天然植被与地貌及人文景观。

图 8-40　武陵源及黄龙洞地质地貌与自然地理（2017）Fig.8-40 Geological landform and physical geography of Wulingyuan and Huanglong Cave (2017)

图 8-41　黄山植被及地貌景观（2019）

Fig.8-41　Vegetation and geomorphic landscape of Mount Huangshan (2019)

图 8-42　庐山天然植被、地貌及人文景观（2023）

Fig.8-42　Natural vegetation, landforms, and cultural landscapes of Mount Lushan (2023)

云南省昆明市石林风景区已被 UNESO 评为"世界地质公园""世界自然遗产"，是探索区域地貌与地理环境演变的天然实验室。大石林由密集的石峰组成，犹如一片石盆地，石林直立突兀，线条顺畅，并呈淡淡的青灰色，最高大的独立岩柱高度超过 40 m，最著名的当数"石林胜境"（图 8-43）。

图 8-43　云南昆明石林景观（2005）
Fig.8-43　Landscape of stone forest scenic in
Kunming, Yunnan (2005)

黄河石林位于甘肃省白银市景泰县东南部，景区占地约 10 km^2，群山环抱、环境幽静、空气清新、风景秀丽，以古石林群最富特色。景区内石林景观与黄河曲流山水相依，颇具天然大园林神韵。黄河石林是集地貌特征、地质构造、自然景观和人文历史于一体的综合性地质遗迹，是甘肃省地质遗迹自然保护区、国家级地质公园。黄河石林大景区将黄河、石林、沙漠、戈壁、绿洲、村庄等多种资源环境要素组合在一起，风格各异，自然界巨大的作用力在区域地貌景观特征演变过程中得以淋漓尽致的展现（图 8-44）。

阿尔卑斯山脉是一座绵延而神奇的山脉，西起法国东南部，经意大利北部、瑞士南部、列支敦士登、德国南部，东至奥地利和斯洛文尼亚。呈弧形东西延伸，直线长约 1200 km，宽 130～260 km。平均海拔 3000 m 左右。阿尔卑斯山脉分为西、中、东三段。西阿尔卑斯山是山脉最窄、高峰最集中的山段，最高峰勃朗峰（4805.59 m）竖立在法意边境。中阿尔卑斯山介于大圣伯纳德山口和博登湖之间，宽度最大。东阿尔卑斯山海拔相对较低。阿尔卑斯山脉地处中欧温带大陆性湿润气候和南欧地中海式气候的分界线，有气候垂直分异特征。欧洲的多瑙河、莱茵河、波河、罗讷河等许多大河均源出此山。阿尔卑斯山脉周边的主要城镇有法国的格勒诺布尔、奥地利的因斯布鲁克以及意大利的博尔扎诺等，图 8-45 为阿尔卑斯山脉地区自然景观。

图 8-44　甘肃黄河石林（2021）

Fig.8-44　Stone Forest of Yellow River in Gansu Province (2021)

图 8-45　阿尔卑斯山脉考察

Fig.8-45　Alpine expedition

（a）阿尔卑斯山考察（奥地利维也纳）（1996）；（b）阿尔卑斯山考察（奥地利因斯布鲁克）（2006）

(a) Alpine expedition (Vienna, Austria) (1996); (b) Alpine expedition (Innsbruck, Austria)(2006)

　　天山是世界七大山系之一，位于地球上最大的大陆——欧亚大陆腹地，东西横跨中国、哈萨克斯坦、吉尔吉斯斯坦和乌兹别克斯坦四国，全长 2500 km，南北平均宽 250～350 km，最宽处达 800 km 以上。天山是世界上最大的独立纬向山系，同时也是世界上距离海洋最远的山系。天山呈东西走向，中国境内绵延 1700 km，占地 57 万多 km²，占新疆全域面积约 1/3。中国境内的天山山脉把新疆大致分成两部分，南边是塔里木盆地，北边是准噶尔盆地。托木尔峰是天山山脉的最高峰，海拔 7435.3 m。2013 年 6 月 21 日，中国境内天山的托木尔峰、喀拉峻-库尔德宁、巴音布鲁克、博格达 4 个片区以"新疆天山"名称成功申请成为世界自然遗产，成为中国第 44 处世界遗产，图 8-46 为天山山地地貌及其环境地理。

图 8-46　天山山地地貌及其环境地理

Fig.8-46　Mountain landforms and their environmental geography of Tianshan

（a）中国天山东段植物地理（鄯善）（2005）；（b）火焰山区域景观（2017）；（c）火焰山周边地理环境（2005）；（d）托克逊山地（2022）；（e）中国天山北麓中段冬季景观（2005）；（f）中国天山西段景观（伊犁段）（2004）；（g）中国天山西段北麓景观（伊犁段）（2005）；（h）中国天山西段南麓大峡谷（库车境内）（2002）

(a) Plant geography of the eastern Tianshan in China (Shanshan)(2005); (b) Regional landscape of Flaming Mountains (2017); (c) Flaming Mountains surroundings (2005); (d) Toksun Hill (2022); (e) Winter landscape at the middle northern piedmont of Tianshan (2005); (f) Landscape of the western Tianshan in China (Ili section)(2004); (g) Landscape of the western section of the northern foothills of Tianshan in China (Ili section)(2005); (h)Tianshan Grand Canyon in China (Kuche)(2002)

8.4.3　天池及野马中心考察

天山在世界山地中具有重要的地位。继中国"新疆天山"成功申请世界自然遗产后，2017 年 7 月，乌兹别克斯坦、哈萨克斯坦和吉尔吉斯斯坦三国联合申报，"西部天山"入选 UNESO《世界遗产名录》。新疆天山天池位于昌吉回族自治州阜康市境内博格达峰下的半山腰，以天池为中心，北起石门、南到雪线、西达马牙山、东至大东沟，有完整的 4 个垂直自然景观带。2013 年，新疆天山天池风景名胜区被列入 UNESO《世界遗产名录》。 2015 年 6 月，天山天池的西王母神话列入中国第四批国家级非物质文化遗产代表性项目名录。天山天池自然地理独特，为联合国人与生物圈计划（MAB）的重要样带区域，在保护地球资源与环境，促进可持续发展领域具有主要作用（许智宏，2018）（图 8-47），在中国称之为"天池"的地域不止天山天池一个，还有井冈山天池、长白山天池，也各具特色。

图 8-47　天山北部天池及周边景观（2003）

Fig.8-47　Tianchi in the northern of Tianshan and its surrounding areas (2003)

长白山天池（Tianchi Lake on Changbai Mountain），坐落在吉林省东南部长白山自然保护区内，是中国和朝鲜的界湖，双方各拥有一部分水域。天池南北长约 4400 m，东西宽约 3370 m，其池水的海拔为 2189.1 m，最深处为 373 m，平均深度 204 m，水面面积 9.82 km²，周长 13.1 km。长白山天池是中国境内保存最为完整的新生代多成因复合火山，宋朝以后多有喷发。长白山天池也是松花江、鸭绿江以及图们江的发源地。2000 年，长白山天池被"上海大世界基尼斯总部"选为"海拔最高的火山湖"。从某种角度而言，天池是地球形成与演化的重要地貌特征，也是人们认识环境演变的重要地域（刘嘉麒，2023），图 8-48 为长白山天池及其周边景观。

图 8-48　长白山天池及周边景观（2002）

Fig.8-48　Tianchi Lake on Changbai Mountain and the surrounding landscapes (2002)

图 8-49　天山北麓准噶尔盆地南
缘普氏野马繁育基地（2003）

Fig.8-49　Przewalski's Horse breeding base at the
southern edge of Junggar Basin at the northern
foot of Tianshan　(2003)

野马繁育中心位于新疆吉木萨尔县城西北 40 km 处的老台乡境内。该中心培育繁殖的品种为普氏野马，又名准噶尔野马、蒙古野马，原栖息于蒙古国和中国准噶尔盆地。1985 年、1986 年和 1988 年，我国分别从德国和英国引进了 16 匹纯种普氏野马，建立此繁殖中心。目前已繁育三代，计 150 余匹，采用圈养加半放养两种方式。普氏野马属蹄目马科，寿命 25～30 年。繁殖中心目标是先通过培育、繁殖增大种群数量，再通过放野训练增强野马野外生存能力，最终使野马回归自然，使这一区域重新成为野马栖息场所。正如中国对大熊猫、朱鹮等珍稀濒危物种的保护一样，这是人类保护生物多样性的又一重大成功案例（图 8-49）。

8.4.4　中外千岛湖考察

世界上存在着诸多千岛湖，加拿大的千岛湖与中国的杭州千岛湖最富特色。加拿大的千岛湖位于渥太华西南约 200 km 的金斯顿附近。安大略省东部地区，湖泊河流星罗棋布，是珍贵文化遗产保护区。该地区与中国浙江杭州千岛湖、中国湖北黄石阳新仙岛湖并称"世界三大千岛湖"。金斯顿由于地处五大湖的连接处，被称为"水城"，曾是知名的水运要塞。而加拿大千岛湖的千岛则是指圣劳伦斯河与安大略湖相连接的河段，散布着 1800 多个大小不一的岛屿，最小的只是一块礁石，大的可以达到数平方英里（1 平方英里≈2.59 km^2）。加拿大千岛湖对岛的定义是指全年露出水面 1 平方英尺（1 平方英尺≈930 cm^2）以上，并且生长至少一棵树以上的土地。这与中国通常仅以面积为定义并不相同（图 8-50）。杭州千岛湖水位在 108 m 时，面积超过 2500 m^2 的岛屿有 1078 个。如果以加拿大的计算方法，则杭州千岛湖就有大小岛屿 2000 多个，比加拿大千岛湖的岛多 200 多个。无论何种方法计算，中国杭州千岛湖都是名副其实的世界上岛屿最多的湖。

图 8-51 为加拿大千岛湖及中国杭州千岛湖的景观。

图 8-50　加拿大千岛湖（2004）

Fig.8-50　Thousand Island Lake, Canada (2004)

图 8-51　中国杭州千岛湖（2009）

Fig.8-51　Thousand Island Lake, Hangzhou, China (2009)

8.4.5　湖泊与湿地考察

　　湖泊为湖盆（lake basin）及其承纳水体的总称。湖盆是地表相对封闭可蓄水的天然洼地。湖泊依据不同的分类原则，可以分为不同的类型。按成因可分为构造湖、火山口湖、冰川湖、堰塞湖、喀斯特湖、河成湖、风成湖、海成湖和人工湖（水库）等。按泄水情况可分为外流湖（吞吐湖）和内陆湖，按湖水含盐度可分为淡水湖（含盐度小于 $1\,g\cdot L^{-1}$）、咸水湖（含盐度为 $1\sim35\,g\cdot L^{-1}$）和盐湖（含盐度大于 $35\,g\cdot L^{-1}$）。湖水的来源有降水、地面径流、地下水，有的则来自冰雪融水。湖水的消耗主要是蒸发、渗漏、排泄和开发利用（框 B8-7）。

框 B8-7

☐ 湖泊湿地发挥着多种生态功能。属于生态交错带，具有独特的结构和功能。发挥着调蓄洪水、涵养水源、净化水质、控制土壤侵蚀、补充地下水、美化环境、调节气候、维持碳循环和保护海岸等生态功能，是生物多样性的重要发源地。

☐ 湖泊湿地隶属多个学科的研究范畴。一般而言，属于一级学科地理学以及二级学科湿地学；在生态学研究中，也有湿地生态学分支。

☐ 湖泊湿地结构复杂类型多样。湖泊湿地是由高地-水位变幅带-岸边带组成的空间

模式；高地以乔木、灌木为主，水位变幅带以湿生植物、挺水植物为主，岸边带以挺水植物、漂浮植物、沉水植物为主；植物与环境中的动物、微生物等生命体以及阳光、水分、土壤等非生命要素相互制约，具有复杂的耦合关系，形成多样化的类型。

☐ 湖泊湿地存在诸多环境问题。多年来，湖泊湿地面积锐减，环境污染日趋严重，生物入侵导致生态失衡，对水域湿地生态系统的可持续发展形成严重制约。

多年来，作者考察了不同类型的山地湖泊、高原湖泊、沙漠湖泊、城市湖泊，诸如哈纳斯湖、博斯腾湖、赛里木湖、艾丁湖、青海湖、沙湖、太湖、抚仙湖、玄武湖、杭州西湖、武汉西湖、鄱阳湖、安大略湖等，不同类型的湖泊具有共性功能之外，随着区域自然地理背景及形成演化原因的差异，也发挥着各自不同生态功能与环境效应（图 8-52）。

图 8-52　湖泊及其环境景观

Fig.8-52　Lake and its environmental landscape

（a）鄱阳湖及其周边景观（2023）；（b）左：孔雀河源——博斯腾湖（2003），右：博斯腾湖东岸（2017）；（c）青海湖鸟岛（2000）；（d）青海湖及周边环境（2023）；（e）中国陆地海拔最低处——艾丁湖及其周边环境（2002）；（f）高原湖泊——赛里木湖（2004）

(a) Landscape of Poyang Lake and its surroundings (2023); (b) Left: Kongque River Source——Bosten Lake (2003), Right: East bank of Bosten Lake (2017); (c) Bird Island, Qinghai Lake (2000); (d) Qinghai Lake and its surrounding environment (2023); (e) Ayding Lake and its surroundings, the lowest point of Chinese land (2002); (f) Plateau Lake——Sailimu Lake (2004)

　　地球上具有多种多样的生态系统，湿地与森林、海洋并称全球三大生态系统。根据《湿地公约》的定义，湿地包括沼泽、泥炭地、湿草甸、湖泊、河流、滞蓄洪区、河口三角洲、滩涂、水库、池塘、水稻田以及低潮时水深浅小于 6 m 的海域地带等。《湿地公约》所确定的国际重要湿地，是在生态学、植物学、动物学、湖沼学或水文学方面具有独特的国际意义的湿地。每年 2 月 2 日为"世界湿地日"。中国于 1992 年加入《湿地公约》，致力于通过国际合作，实现全球湿地保护与合理利用。 中央电视台于 2013 年推出的"美丽中国·湿地行"活动，以"价值是否突出、形态是否典型、物种是否独特、保护是否有力"为标准，推选出 10 个"中国十大魅力湿地"。它们分别是扎龙国家级自然

图 8-53　宁夏沙湖湿地（2000）
Fig.8-53　Shahu Nature Reserve, Ningxia（2000）

保护区、山口红树林国家级自然保护区、双台河口国家级自然保护区、巴音布鲁克国家级自然保护区、西溪国家湿地公园、沙湖自然保护区、哈尼梯田国家湿地公园、闽江河口湿地国家级自然保护区、微山湖国家湿地公园和澳门湿地。魅力湿地在生态系统完整性、生物多样性、环境保护、景观特色、湿地文化底蕴、科学研究价值、生态经济与社会功能等方面，都具有非常突出的特色（图 8-53）。

8.4.6　国内外高原考察

世界上有诸多高原，不仅丰富了地球的自然环境，而且孕育了众多的资源，形成了复杂的生态系统，成为人类生存与发展的重要基础。

那须高原位于日本栃木县北部的那珂川上游。海拔 1917 m 的那须岳是那须火山的主峰，直径约 100 m、深 20 m 的火山口弥漫着以水蒸气为主要成分的喷烟。那须火山的山脚下绵延起伏的高原地带分布着汤本温泉、高熊温泉、大丸温泉等，形成了那须温泉乡。那须岳从海拔数千百米的地区到东北本线、国道 4 号所通过的海拔 300 多米的地区，呈宽广的缓斜状态。那珂川流经的那须野原和那须高原的西北侧与福岛县的甲子高原相连。从高原地带到平原的广阔区域，那须高原动植物资源丰富（图 8-54）。

高原是地球系统的重要组成部分，具有独特的地形地貌与气候特征，也蕴含着独特的生物多样性。中国的贵州高原位于广西盆地与四川盆地之间，属云贵高原的一部分，处长江水系与珠江水系的分水岭地带，面积 1.8×10^5 km^2。该高原位处中国地势第二阶梯，平均海拔约 1000 m；也是中国洞穴瀑布资源最集中与最壮观地区。贵州高原受青藏高原隆起的影响，表现为山岭纵

图 8-54　日本那须高原（2005）
Fig.8-54　Nasu Plateau, Japan（2005）

横、地表崎岖。贵州高原为高原型亚热带气候，冬无严寒、夏无酷暑。贵州高原发育红壤及黄壤等土壤类型，植物区系成分复杂，植被类型多样，呈现东西和南北过渡特征（图 8-55）。

青藏高原（Qinghai-Xizang Plateau）是亚洲内陆高原（吴国雄 等，2013），也是中国最大、世界海拔最高的高原，被称为"世界屋脊""第三极"。青藏高原南起喜马拉雅山脉南缘，北至昆仑山、阿尔金山脉和祁连山北缘，西部为帕米尔高原和喀喇昆仑山脉，东及东北部与秦岭山脉西段和黄土高原相接。青藏高原受多种因素共同影响，形成了全世界最高、最年轻，且水平地带性和垂直地带性紧密结合的自然地理单元，既具有冈底斯山脉、唐古拉山脉、喜马拉雅山脉等高大山脉，也是长江、黄河、湄公河、萨尔温江、印度河等发源地。中国于 2017 年启动了第二次青藏高原综合科学考察研究工作，已取得了一系列创新性研究成果，图 8-56 为青藏高原地区的典型自然景观。

图 8-55　贵州高原自然资源与 FAST 考察（2020）
图 8-55　Guizhou Plateau natural resources and FAST investigation (2020)

图 8-56　青藏高原自然景观（2004）
Fig.8-56　Natural landscape of Qinghai-Xizang Plateau (2004)
（a）自然生态与环境外貌；（b）巴松措景观外貌
(a) Natural ecology and environmental appearance; (b) Landscape appearance at Basum Lake

图 8-57　青藏高原生物地理环境景观——
世界柏王园林保护区（2004）

Fig.8-57　The biogeographic environment
landscape of Qinghai-Xizang Plateau——
World Park Reserve (2004)

世界上具有众多的植物多样性，长寿树大多为松柏类、栎树类、杉树类、榕树类，以及槐树、银杏树等。西藏柏树王园林是重要的柏树自然资源库，在生物多样性、种质遗传资源、生态系统服务功能，及景观结构与功能等方面发挥着重要作用（图 8-57）。植被及其生境所发挥的多种服务功能，也在维护区域生态稳定性方面发挥着重要作用（傅伯杰等，2021a）。而古老的柏树也成为树木年轮学的重要资源，在环境变化、生态演变、社会经济发展与历史及考古等方面发挥重要价值。特别是利用年轮定年和分析过去气候及环境演化过程，追索或重建自然环境演变的历史过程，目前，该领域已进入年轮木材细胞学研究水平，超越了以年轮宽度为特征的研究阶段。图像识别技术及多维呈现手段可以帮助人们获得更为丰富的自然地理及环境演变信息。

参 考 文 献

安芷生, 2000. 从自然环境背景思考西部开发[J]. 科学新闻, (47): 6.

安芷生, 孙有斌, 蔡演军, 等, 2017. 亚洲季风变迁与全球气候的联系[J]. 地球环境学报, 8(1): 1-5.

白春礼, 2023. 碳中和背景下的能源科技发展态势[J]. 上海质量, (2): 17-21.

常进, 蔡明生, 甘为群, 1999. 太阳高能观测技术[J]. 紫金山天文台台刊, 18(4): 1.

巢纪平, 井宇, 2012. 一个简单的绿洲和荒漠共存时距平气候形成的动力理论[J]. 中国科学: 地球科学, 42(3): 425-434.

巢纪平, 李耀锟, 2010. 热力学和动力学耦合的二维能量平衡模式中荒漠化气候的演变[J]. 中国科学: 地球科学, 40(8): 1060-1067.

陈发虎, 谢亭亭, 杨钰杰, 等, 2023. 我国西北干旱区"暖湿化" 问题及其未来趋势讨论[J]. 中国科学: 地球科学, 53(6): 1246-1262.

陈坚, 任洪强, 堵国成, 等, 2001. 环境生物技术[J]. 生物工程进展, 5: 18-22.

陈军, 蒋捷, 2000. 多维动态 GIS 的空间数据建模、处理与分析[J]. 武汉测绘科技大学学报, 25(3): 189-195.

陈俊勇, 2010. GPS 技术进展及其现代化[J]. 大地测量与地球动力学, 30(3): 1-4.

陈俊勇, 2014. 关于地理国情普查的思考[J]. 地理空间信息, 12(2): 1-3, 7.

陈联寿, 伍荣生, 程国栋, 2004. 中国气象事业发展战略研究-能力建设与战略措施卷[M]. 北京: 气象出版社.

陈述彭, 1998. 遥感信息机理研究[M]. 北京: 科学出版社.

陈述彭, 1990a. 地学的探索(第一卷地理学) [M]. 北京: 科学出版社.

陈述彭, 1990b. 地学的探索(第二卷地图学) [M]. 北京: 科学出版社.

陈述彭, 1990c. 地学的探索(第三卷遥感应用). 北京: 科学出版社.

陈述彭, 1992. 地学的探索(第四卷地理信息系统)[M]. 北京: 科学出版社.

陈述彭, 2001. 地学信息图谱探索研究[M]. 北京: 商务印书馆.

陈述彭, 2003a. 地学的探索(第五卷城市化·区域发展)[M]. 北京: 科学出版社.

陈述彭, 2003b. 地学的探索(第六卷地球信息科学)[M]. 北京: 科学出版社.

陈述彭, 赵英时, 1990. 遥感地学分析[M]. 北京: 测绘出版社.

陈宜瑜, 2010-10-18. 携手共创中德科学合作美好未来[N]. 科学时报,A, 1.

陈宜瑜, 2022. 加强湿地基础理论研究 服务国家湿地保护战略[J]. 中国科学基金, 36(3): 363.

陈竺, 2008-10-26. 生命研究: 进入大科学时代[N]. 文汇报, 007.

程国栋, 肖洪浪, 陈亚宁, 等, 2010. 中国西部典型内陆河生态—水文研究[M]. 北京: 气象出版社.

丑纪范, 2003. 水循环基础研究的观念、方法、问题和可展开的工作[J]. 科技导报, 21(1): 3-6.

崔鹏，何思明，姚令侃，等，2011. 汶川地震山地灾害形成机理与风险控制[M]. 北京: 科学出版社.

邓铭江，2009. 中国塔里木河治水理论与实践[M]. 北京: 科学出版社.

丁德文，石洪华，张学雷，等，2009. 近岸海域水质变化机理及生态环境效应研究[M]. 北京: 海洋出版社.

丁一汇，2009. 中国气候变化: 科学、影响、适应及对策研究[M]. 北京: 中国环境科学出版社.

丁一汇，2016a. 中国的气候变化及其预测[M]. 北京: 气象出版社.

丁一汇，2016b. 地球气候的演变 过去、现在和未来[M]. 北京: 科学普及出版社.

丁一汇，2022. 气候变化正使人类面临前所未有的巨大胁迫与风险〔EB/OL〕. https: //k. sina. com. cn/article_1675977211_63e561fb00101bff6. html

丁仲礼，段晓男，葛全胜，等，2009a. 2050 年大气 CO_2 浓度控制: 各国排放权计算[J]. 中国科学(D 辑: 地球科学), 39(8): 1009-1027.

丁仲礼，段晓男，葛全胜，等，2009b. 国际温室气体减排方案评估及中国长期排放权讨论[J]. 中国科学(D 辑: 地球科学), 39(12): 1659-1671.

方精云，2021-4-27, 构建新时代生态学学科体系[N]. 人民日报，9 版.

方精云，刘玲莉，2021. 生态系统生态学: 回顾与展望[M]. 北京: 高等教育出版社.

方精云，等，2018. 中国及全球碳排放: 兼论碳排放与社会发展的关系[M]. 北京: 科学出版社.

方精云，朱剑霄，等，2021. 中国森林生态系统碳收支研究[M]. 北京: 科学出版社.

冯起，尹振良，席海洋，2014. 流域生态水文模型研究和问题[J]. 第四纪研究, 34(5): 1082-1093.

冯长根，李杰，李生才，2018. 层次分析法在中国安全科学研究中的应用[J]. 安全与环境学报, 18(6): 2126-2130.

冯宗炜，2000. 中国酸雨对陆地生态系统的影响和防治对策[J]. 中国工程科学, 2(9): 5-11, 28.

符淙斌，马柱国，2008. 全球变化与区域干旱化[J]. 大气科学, 32(4): 752-760.

符淙斌，马柱国，2023. 全球干旱/半干旱区年代尺度干湿变化研究的进展及思考[J]. 大气科学学报, 46(4): 481-490.

傅伯杰，2020. 构建统一的自然资源调查监测体系 支撑"山水林田湖草沙" 统一管理与系统治理[J]. 青海国土经略, (6): 26-27.

傅伯杰，2022. 黄土高原土地利用变化的生态环境效应[J]. 科学通报, 67(32): 3769-3779, 3768.

傅伯杰，陈利顶，马克明，等，2011. 景观生态学原理及应用[M]. 2 版. 北京: 科学出版社.

傅伯杰，欧阳志云，施鹏，等，2021a. 青藏高原生态安全屏障状况与保护对策[J]. 中国科学院院刊, 36(11): 1298-1306.

傅伯杰，田汉勤，陶福禄，等，2020. 全球变化对生态系统服务的影响研究进展[J]. 中国基础科学, 22(3): 25-30.

傅伯杰，王帅，沈彦俊，等，2021b. 黄河流域人地系统耦合机理与优化调控[J]. 中国科学基金, 35(4): 504-509.

高俊，1999. 虚拟现实在地形环境仿真中的应用[M]. 北京: 解放军出版社.

高俊，2004. 地图学四面体: 数字化时代地图学的诠释[J]. 测绘学报, 33(1): 6-11.

龚健雅，宦麟茜，郑先伟，2022. 影像解译中的深度学习可解释性分析方法[J]. 测绘学报, 51(6): 873-884.

龚健雅，杜道生，高文秀，等，2009. 地理信息共享技术与标准[M]. 北京: 科学出版社.

龚健雅，张翔，向隆刚，等，2019. 智慧城市综合感知与智能决策的进展及应用[J]. 测绘学报, 48(12): 1482-1497.

关君蔚，1966. 水土保持原理[M]. 北京: 中国林业出版社.

郭华东, 2001. 空间信息获取与处理[M]. 北京: 科学出版社.

郭进修, 李泽椿, 2005. 我国气象灾害的分类与防灾减灾对策[J]. 灾害学, 20(4): 106-110.

韩启德, 胡珉琦, 2020-05-18. 是什么决定学科交叉的成败[N]. 中国科学报, 1.

郝吉明, 李继, 段雷, 等, 2002. SO_2 排放造成的森林损失计算: 以湖南省为例[J]. 环境科学, 23(6): 1-5.

胡建林, 张远航, 2022. 加强 O_3 和 $PM_{2.5}$ 协同控制, 持续改善我国环境空气质量[J]. 科学通报, 67(18): 1975-1977.

黄建平, 张北斗, 王丹凤, 等, 2022. 21 世纪交叉学科的新方向: 气候变化与重大疫情监测预警[J]. 兰州大学学报(医学版), 48(11): 1-3.

黄盛璋, 2003. 绿洲研究[M]. 北京: 科学出版社.

江桂斌, 1999. 环境化学的回顾与展望[J]. 化学通报, 62(11): 14-15, 37.

姜景山, 吴一戎, 刘和光, 等, 2008. 中国微波遥感发展的新阶段新任务[J]. 中国工程科学, 10(6): 10-15, 22.

蒋兴伟, 何贤强, 林明森, 等, 2019. 中国海洋卫星遥感应用进展[J]. 海洋学报, 41(10): 113-124.

蒋有绪, 等, 2012. 大敦煌生态保护与区域发展战略研究[M]. 北京: 中国林业出版社.

蒋有绪, 郭泉水, 马娟, 等, 2018. 中国森林群落分类及其群落学特征[M]. 2 版. 北京: 科学出版社.

金亚秋, 2019. 多模式遥感智能信息与目标识别: 微波视觉的物理智能[J]. 雷达学报, 8(6): 710-716.

康乐, 1996. 分子生态学及其在未来生态学发展中的地位和作用[J]. 科学通报, 41(S1): 36-46.

康绍忠, 刘晓明, 熊运章, 1994. 土壤-植物-大气连续体水分传输理论及其应用[M]. 北京: 水利电力出版社.

康绍忠, 粟晓玲, 杜太生, 等, 2009. 西北旱区流域尺度水资源转化规律及其节水调控模式: 以甘肃石羊河流域为例[M]. 北京: 中国水利水电出版社.

考察报告编写组. 2000. "西部大开发, 建设绿色家园"考察报告. 北京: 中国林业出版社.

匡定波, 1986. 红外技术应用及其进展[J]. 激光与红外, 16(1): 6-8.

赖远明, 刘松玉, 邓学钧, 等, 2001. 寒区大坝温度场和渗流场耦合问题的非线性数值模拟[J]. 水利学报, 32(8): 26-31.

雷志栋, 等, 1988. 土壤水动力学[M]. 北京: 清华大学出版社.

冷疏影, 等, 2016. 地理科学三十年: 从经典到前沿[M]. 北京: 商务印书馆.

李崇银, 2019. 关于年代际气候变化可能机制的研究[J]. 气候与环境研究, 24(1): 1-21.

李德仁, 2001. 对地观测与地理信息系统[J]. 地球科学进展, 16(5): 689-703.

李家洋, 陈泮勤, 马柱国, 等, 2006. 区域研究: 全球变化研究的重要途径[J]. 地球科学进展, 21(5): 441-450.

李甲, 吴一戎, 2011. 基于物联网的数字社区构建方案[J]. 计算机工程, 37(13): 262-264.

李佩成, 2012. 水科学理论研究与工程实践: 李佩成文集[M]. 北京: 科学出版社.

李文华, 赵献英, 1995. 中国的自然保护区[M]. 北京: 商务印书馆.

李小文, 王锦地, 1995. 植被光学遥感模型与植被结构参数化[M]. 北京: 科学出版社.

李绚丽, 谈哲敏, 2000. 大气圈碳循环的模拟研究进展[J]. 气象科学, 20(3): 400-412.

李泽椿, 朱蓉, 何晓凤, 等, 2007. 风能资源评估技术方法研究[J]. 气象学报, 65(5): 708-717.

李振声, 1995. 将增产潜力变成现实[J]. 农村科技, (8): 27-28.

廖克, 等, 2007. 地球信息科学导论[M]. 北京: 科学出版社.

刘昌明, 何希吾, 1998. 中国 21 世纪水问题方略[M]. 北京: 科学出版社.

刘昌明, 王会肖, 1999. 土壤-作物-大气界面水分过程与节水调控[M]. 北京: 科学出版社.

刘纪远，匡文慧，张增祥，等，2014. 20世纪80年代末以来中国土地利用变化的基本特征与空间格局[J]. 地理学报，69(1): 3-14.

刘嘉麒，2023. 火山作用关乎星球的形成演化和人类生存[J]. 科技导报，41(2): 1.

刘经南，詹骄，郭迟，等，2019. 智能高精地图数据逻辑结构与关键技术[J]. 测绘学报，48(8): 939-953.

刘经南，2019. 北斗系统在智能交通中的应用与发展[J]. 科学中国人，(21): 31-33.

刘经南，赵建虎，马金叶，2022. 通导遥一体化深远海PNT基准及服务网络构想[J]. 武汉大学学报(信息科学版)，47(10): 1523-1534.

刘守仁，2001. 畜牧业应成为西部大开发中农业结构调整的重点[J]. 畜牧与兽医，33(1): 1-3.

刘兴土，阎百兴，2009. 东北黑土区水土流失与粮食安全[J]. 中国水土保持，(1): 17-19.

刘银年，薛永祺，2023. 星载高光谱成像载荷发展及关键技术[J]. 测绘学报，52(7): 1045-1058.

陆大道，2018. 学科发展与服务需求: 2003年以来的部分文集[M]. 北京: 科学出版社.

路甬祥，1994. 关于学科结构调整的思考: 在中国科协"学科发展与科技进步研讨会"上的讲话[J]. 学会，9: 4.

骆清铭，曾绍群，陈汝钧，等，1997. 红外目标隐身的计算机仿真[J]. 电子学报，25(5): 76-78.

马建章，戎可，程鲲，2012. 中国生物多样性就地保护的研究与实践[J]. 生物多样性，20(5): 551-558.

马世骏，王如松，1984. 社会-经济-自然复合生态系统[J]. 生态学报，4(1): 1-9.

穆穆，陈博宇，周菲凡，等，2011. 气象预报的方法与不确定性[J]. 气象，37(1): 1-13.

宁津生，2016. 测绘学概论[M]. 3版. 武汉: 武汉大学出版社.

欧阳自远，2008. 全面开展太阳系探测的新时代[J]. 科技导报，26(20): 4.

潘德炉，李腾，白雁，2012. 海洋: 地球最巨大的碳库[J]. 海洋学研究，30(3): 1-4.

朴世龙，方精云，黄耀，2010. 中国陆地生态系统碳收支[J]. 中国基础科学，12(2): 20-22, 65.

朴世龙，何悦，王旭辉，等，2022. 中国陆地生态系统碳汇估算: 方法、进展、展望[J]. 中国科学: 地球科学，52(6): 1010-1020.

朴世龙，张新平，陈安平，等，2019. 极端气候事件对陆地生态系统碳循环的影响[J]. 中国科学: 地球科学，49(9): 1321-1334.

钱易，唐孝炎，2000. 环境保护与可持续发展[M]. 北京: 高等教育出版社.

秦大河，2014. 气候变化科学与人类可持续发展[J]. 地理科学进展，33(7): 874-883.

任洪强，王晓蓉，2003. 城市污水处理及资源化技术[J]. 化工技术经济，21(11): 40-43.

任继周，2023. 祁连山生态安全的相关建议[J]. 草业科学，40(1): 1-3.

任南琪，王旭，2023. 城市水系统发展历程分析与趋势展望[J]. 中国水利，(7): 1-5.

任阵海，吕黄生，吕位秀，等，1998. 我国主要城市的大气质量的反演、重建与分析[J]. 环境科学研究，(2): 3-9.

山仑，王飞，2021. 黄河流域协同治理的若干科学问题[J]. 人民黄河，43(10): 7-10.

单正军，蔡道基，任阵海，1996. 土壤有机质矿化与温室气体释放初探[J]. 环境科学学报，2: 150-154.

邵明安，杨文治，李玉山，1987. 黄土区土壤水分有效性的动力学模式[J]. 科学通报，32(18): 1421-1423.

申长雨，2014-01-03. 为创新驱动发展凝聚正能量[N]. 中国知识产权报，1.

沈国舫，2022. 科学绿化的内涵辨析[J]. 国土绿化，(5): 24-29.

施一公，2020. 所有新兴科技产业都来自于核心技术的突破[J]. 科学中国人，(21): 34-35.

石广玉，檀赛春，陈彬，2018. 沙尘和生物气溶胶的环境和气候效应[J]. 大气科学，42(3): 559-569.

石玉林，2006. 资源科学[M]. 北京: 高等教育出版社.

石玉林，张红旗，许尔琪，2015. 中国陆地生态环境安全分区综合评价[J]. 中国工程科学，17(8): 62-69.

石元春, 2011. 中国需要新的国家能源战略[J]. 能源与节能, (12): 1-4.

石元春, 2022. 农林碳中和工程[J]. 科技导报, 40(7): 36-43.

宋健，2003. 制造业与现代化[J]. 机械制造, 1: 7-9.

孙鸿烈, 2000. 中国资源科学百科全书[M]. 北京: 中国大百科全书出版社.

孙家栋, 2012. 加快北斗卫星导航系统产业发展[J]. 中国科技投资, (23): 22-24.

孙家栋, 2015. 推进"互联网+"下的天基信息应用[J]. 中国人才, (19): 32-33.

孙九林，林海, 2009. 地球系统研究与科学数据[M]. 北京: 科学出版社.

孙铁珩, 2004. 污水生态处理技术体系及发展趋势[J]. 水土保持研究, 11(3): 1-3.

谭铁牛, 2019. 人工智能的历史、现状和未来[J]. 智慧中国, (S1): 87-91.

唐守正, 1998. 中国森林资源及其对环境的影响[J]. 生物学通报, 33(11): 2-6.

唐孝炎, 王如松, 宋豫秦, 2005. 我国典型城市生态问题的现状与对策[J]. 国土资源, (5): 4-9, 3.

童庆禧, 2023. 中国遥感技术和产业化发展现状与提升思路[J]. 发展研究, 40(6): 1-5.

王光谦, 等, 2009. 世界调水工程[M]. 北京: 科学出版社.

王浩, 2010. 中国水资源问题与可持续发展战略研究[M]. 北京: 中国电力出版社.

王会军, 唐国利, 陈海山, 等, 2020. "一带一路"区域气候变化事实、影响及可能风险[J]. 大气科学学报, 43(1): 1-9.

王会军, 朱江, 浦一芬, 2014. 地球系统科学模拟有关重大问题[J]. 中国科学: 物理学 力学 天文学, 44(10): 1116-1126.

王桥, 2021. 中国环境遥感监测技术进展及若干前沿问题[J]. 遥感学报, 25(1): 25-36.

王让会, 2002. 地理信息科学的理论与方法[M].乌鲁木齐: 新疆人民出版社.

王让会, 2004. 遥感及 GIS 的理论与实践——干旱区内陆河流域脆弱生态环境研究[M].北京: 中国环境科学出版社.

王让会, 2006. 塔里木河[M].乌鲁木齐: 新疆人民出版社.

王让会, 2012. 生态规划导论.北京:气象出版社.

王让会, 等, 2008a. 城市生态资产评估与环境危机管理,北京:气象出版社.

王让会, 等, 2008b. 全球变化的区域响应.北京:气象出版社.

王让会, 等, 2011. 生态信息科学研究导论[M]. 北京: 科学出版社.

王让会, 等, 2014. 生态工程的生态效应研究[M]. 北京: 科学出版社.

王让会, 等, 2019. 环境信息科学: 理论、方法与技术[M]. 北京: 科学出版社.

王让会, 张慧芝, 2005. 生态系统耦合的原理与方法[M]. 乌鲁木齐: 新疆人民出版社.

王让会, 黄俊芳, 林毅, 等, 2010. 绿洲景观格局及生态过程研究[M]. 北京: 清华大学出版社.

王让会, 宁虎森, 赵福生, 等, 2021. 二氧化碳减排林水土耦合关系及生态安全研究[M]. 北京: 气象出版社.

王让会, 赵振勇, 李成, 等, 2022. 中亚干旱区资源环境效应及生态修复技术[M]. 北京: 气象出版社.

王涛, 胡德焜, 等, 2008. 中国社会林业工程的研究[M]. 北京: 中国科学技术出版社.

王选, 1998. 从北大方正谈技术创新的几个关键问题[J]. 高科技与产业化, (3): 4-6.

王颖, 2021. 海岸海洋科学研究与实践[M]. 南京: 南京大学出版社.

王之卓, 2007. 摄影测量原理[M]. 武汉: 武汉大学出版社.

魏辅文, 聂永刚, 苗海霞, 等, 2014. 生物多样性丧失机制研究进展[J]. 科学通报, 59(6): 430-437.

吴传钧, 2008. 人地关系与经济布局: 吴传钧文集[M]. 2 版. 北京: 学苑出版社.

吴丰昌, 2023. 国内外生态产品价值实现的实践经验与启示[J]. 发展研究, 40(3): 1-5.

吴国雄，段安民，张雪芹，等，2013. 青藏高原极端天气气候变化及其环境效应[J]. 自然杂志，35(3): 167-171.

吴良镛，2019. 人居高质量发展与城乡治理现代化[J]. 人类居住，(4): 3-5.

吴一戎，2011. 中国数字城市总体框架及发展方向[J]. 建设科技，(15): 17-19.

西北农业大学农业水土工程研究所，农业部农业水土工程重点开放实验室，1999. 西北地区农业节水与水资源持续利用[M]. 北京：中国农业出版社.

夏军. 2005. 可持续水资源管理—理论·方法·应用[M]. 北京：化学工业出版社.

相里斌，吕群波，刘扬阳，等，2018. 连续推扫计算光谱成像技术[J]. 光谱学与光谱分析，38(4): 1256-1261.

肖文交，2023. 板块离散-汇聚耦合体系及大陆造山带动力机制[J]. 中国科学：地球科学，53(8): 1930-1932.

徐冠华，1994. 三北防护林地区再生资源遥感的理论及其技术应用[M]. 北京：中国林业出版社.

徐匡迪，郑新钰. 2017. 雄安新区：造山理水打造宜居之城[N]. 中国城市报，2017-06-12,003.

许智宏，2018. 协调人与生物圈 保护生命共同体 未来之路[J]. 人与生物圈，(S1): 6-7.

薛永祺，1992. 机载扫描成象系统的技术发展[J]. 红外与毫米波学报，11(3): 169-180.

严陆光，2010. 关于加强中国科学院能源工作和提高中国科学院在全国能源发展中的地位的建议[J]. 电工电能新技术，29(3): 1-6.

严陆光，肖立业，林良真，等，2012. 大力发展高电压、长距离、大容量高温超导输电的建议[J]. 电工电能新技术，31(1): 1-7.

杨元喜，王建荣，2023. 泛在感知与航天测绘[J]. 测绘学报，52(1): 1-7.

姚檀栋，徐柏青，谭德宝，等，2022. 气候变化对江河源区水循环的影响[J]. 青海科技，29(5): 4-11, 21.

尹伟伦，2022. 尹伟伦院士：森林多功能利用与森林经理的变革[J]. 高科技与产业化，28(10): 12-15.

于贵瑞，何洪林，刘新安，等，2004. 中国陆地生态系统空间化信息研究图集-气候要素分卷[M]. 北京：气象出版社.

袁隆平，2015. 发展超级杂交水稻，保障国家粮食安全[J]. 杂交水稻，1(1): 29-33.

曾庆存，吴琳，2022. 大气污染的最优调控与污染源反演问题Ⅲ：双重订正迭代反演求排放源法[J]. 中国科学：地球科学，52(2): 253-255.

詹文龙，2012. 推进科研事业单位改革 提升科技创新能力[J]. 中国机构改革与管理，(4): 47-49.

张福锁，张朝春，等，2017. 高产高效养分管理技术创新与应用[M]. 北京：中国农业大学出版社.

张人禾，刘栗，左志燕，2016. 中国土壤湿度的变异及其对中国气候的影响[J]. 自然杂志，38(5): 313-319.

张新时，2023. 在大漠和高原之间：张新时文集[M]. 北京：高等教育出版社.

张亚平，2003. 国际合作与生物多样性研究[J]. 中国科学基金，17(2): 105-106.

张远航，戴瀚程，2023. 生态文明时代大气环境治理的变革与转型//方力，全球变局下的中国机遇与发展[M]. 北京：人民出版社.

张祖勋，张剑清，1997. 数字摄影测量学[M]. 武汉：武汉大学出版社.

赵其国，等，2019. 盐土农业[M]. 南京：南京大学出版社.

郑度，1996. 青藏高原自然地域系统研究[J]. 中国科学(D),26(4): 336-341.

郑度，2009. 认识地域分异 科学整治国土[J]. 地理教育，(5): 3.

郑度，杨勤业，2015. 中国现代地理学研究与前瞻[J]. 科学，67(4): 29-33, 4.

周成虎，2023. 实景三维应用与发展[M]. 北京：中国电力出版社.

周成虎，等，1999. 遥感影像地学理解与分析[M]. 北京：科学出版社.

朱日祥，侯增谦，郭正堂，等，2021. 宜居地球的过去、现在与未来：地球科学发展战略概要[J]. 科学通报, 66(35): 4485-4490.

朱永官, 陈保冬, 付伟, 2022. 土壤生态学研究前沿[J]. 科技导报, 40(3): 25-31.

庄逢甘, 陈述彭, 2004. 2004 遥感科技论坛: 中国遥感应用协会 2004 年年会论文集[M]. 北京: 中国宇航出版社.

庄逢甘, 张涵信, 1992. 数值模拟与解析分析: 计算流体力学的理论方法和应用[M]. 北京: 科学出版社.

Ahmed I A, Talukdar S, Naikoo M W, et al, 2023. A new framework to identify most suitable priority areas for soil-water conservation using coupling mechanism in Guwahati urban watershed, India, with future insight[J]. Journal of Cleaner Production, 382: 135363.

Al-Djazouli M O, Elmorabiti K, Rahimi A, et al, 2021. Delineating of groundwater potential zones based on remote sensing, GIS and analytical hierarchical process: a case of Waddai, eastern Chad[J]. GeoJournal, 86(4): 1881-1894.

Ariken M, Zhang F, Liu K, et al, 2020. Coupling coordination analysis of urbanization and eco-environment in Yanqi Basin based on multi-source remote sensing data[J]. Ecological Indicators, 114: 106331.

Arora N K, 2019. Impact of climate change on agriculture production and its sustainable solutions[J]. Environmental Sustainability, 2(2): 95-96.

Arora A, Pandey M, Mishra V N, et al, 2021. Comparative evaluation of geospatial scenario-based land change simulation models using landscape metrics[J]. Ecological Indicators, 128: 107810.

Avand M, Moradi H, Lasboyee M R, 2021. Using machine learning models, remote sensing, and GIS to investigate the effects of changing climates and land uses on flood probability[J]. Journal of Hydrology, 595: 125663.

Bhaga T D, Dube T, Shekede M D, et al, 2020. Impacts of climate variability and drought on surface water resources in Sub-Saharan Africa using remote sensing: a review[J]. Remote Sensing, 12(24): 4184.

Boori M S, Choudhary K, Paringer R, et al, 2021. Spatiotemporal ecological vulnerability analysis with statistical correlation based on satellite remote sensing in Samara, Russia[J]. Journal of Environmental Management, 285: 112138.

Costanza R, Arge R, De Groot R, et al. 1997, The value of the world's ecosystem services and natural capital [J]. Nature, 387(6630): 253-260.

Cui Z L, Zhang H Y, Chen X P, et al, 2018. Pursuing sustainable productivity with millions of smallholder farmers[J]. Nature, 555: 363-366.

Ding Z L, Sun J M, Liu D S, 1999. A sedimentological proxy indicator linking changes in loess and deserts in the Quaternary. Science in China(Series D: Earth Sciences), 2: 146-152.

Dullinger I, Gattringer A, Wessely J, et al, 2020. A socio-ecological model for predicting impacts of land-use and climate change on regional plant diversity in the Austrian Alps[J]. Global Change Biology, 26(4): 2336-2352.

Gaso D V, de Wit A, Berger A G, et al, 2021. Predicting within-field soybean yield variability by coupling Sentinel-2 leaf area index with a crop growth model[J]. Agricultural and Forest Meteorology, 308/309: 108553.

Guo H, Fan X, Wang C, 2009. A digital earth prototype system: DEPS/CAS[J]. International Journal of Digital Earth, 2(1): 3-15.

Hao J M, Wang S X, Lu Y Q, et al, 2000. Study on SO_2 emission mitigation of thermal power plants in China[J]. Tsinghua Science and Technology, 5(3): 252-261.

Joshi G P, Alenezi F, Thirumoorthy G, et al, 2021. Ensemble of deep learning-based multimodal remote sensing image classification model on unmanned aerial vehicle networks[J]. Mathematics, 9(22): 2984.

Katusiime J, Schütt B, 2020. Integrated water resources management approaches to improve water resources governance[J]. Water, 12(12): 3424.

Khan A, Govil H, Taloor A K, et al, 2020. Identification of artificial groundwater recharge sites in parts of Yamuna River Basin India based on Remote Sensing and Geographical Information System[J]. Groundwater for Sustainable Development, 11: 100415.

Kikstra J S, Waidelich P, Rising J, et al, 2021. The social cost of carbon dioxide under climate-economy feedbacks and temperature variability[J]. Environmental Research Letters, 16(9): 094037.

Kirchner J W, Godsey S E, Solomon M, et al, 2020. The pulse of a montane ecosystem: coupling between daily cycles in solar flux, snowmelt, transpiration, groundwater, and streamflow at Sagehen Creek and Independence Creek, Sierra Nevada, USA[J]. Hydrology and Earth System Sciences, 24(11): 5095-5123.

Kubiak-Wójcicka K, Machula S, 2020. Influence of climate changes on the state of water resources in Poland and their usage[J]. Geosciences, 10(8): 312.

Kurowska K, Marks-Bielska R, Bielski S, et al, 2020. Geographic information systems and the sustainable development of rural areas[J]. Land, 10(1): 6.

Li C, Wang R H, Ning H S, et al, 2018. Characteristics of meteorological drought pattern and risk analysis for maize production in Xinjiang, Northwest China[J]. Theoretical and Applied Climatology, 133(3): 1269-1278.

Li X W, Strahler A H, Woodcock C E, 1995. A hybrid geometric optical-radiative transfer approach for modeling albedo and directional reflectance of discontinuous canopies[J]. IEEE Transactions on Geoscience and Remote Sensing, 33(2): 466-480.

Lu D R, Liu Y, 2014. SPECIAL TOPIC: greenhouse gas observation from space: theory and application preface[J]. Chinese Science Bulletin, 59(14): 1483-1484.

Maheng D, Pathirana A, Zevenbergen C, 2021. A preliminary study on the impact of landscape pattern changes due to urbanization: case study of jakarta, Indonesia[J]. Land, 10(2): 218.

Mina M, Messier C, Duveneck M, et al, 2021. Network analysis can guide resilience-based management in forest landscapes under global change[J]. Ecological Applications, 31(1): e2221.

Murodilov K T，2023. Use of geo-information systems for monitoring and development of the basis of web-maps[J]. Galaxy International Interdisciplinary Research Journal,11(4): 685-689.

Nie W B, Xu B, Ma S, et al, 2022. Coupling an ecological network with multi-scenario land use simulation: an ecological spatial constraint approach[J]. Remote Sensing, 14(23): 6099.

Patterson D D, Levin S A, Staver C, et al, 2020. Probabilistic foundations of spatial mean-field models in ecology and applications[J]. SIAM Journal on Applied Dynamical Systems, 19(4): 2682-2719.

Ray D K, West P C, Clark M, et al, 2019. Climate change has likely already affected global food production[J]. PLoS One, 14(5): e0217148.

Raza A, Razzaq A, Mehmood S S, et al, 2019. Impact of climate change on crops adaptation and strategies to tackle its outcome: a review[J]. Plants, 8(2): 34.

Sýs V, Fošumpaur P, Kašpar T, 2021. The impact of climate change on the reliability of water resources[J]. Climate, 9(11): 153.

Tewabe D, Fentahun T, 2020. Assessing land use and land cover change detection using remote sensing in the

Lake Tana Basin, Northwest Ethiopia[J]. Cogent Environmental Science, 6,1.

Wang H X, Liu C M, Zhang L, 2002. Water-saving agriculture in China: an overview[M]//Advances in Agronomy. Amsterdam: Elsevier: 135-171.

Wang R S, Ren H Z, Ouyang Z Y, 2000. China Water Vision: the Eco-Sphere of Water, Life, Environment and Development[M]. Beijing: China Meteorological Press.

Woolway R I, Kraemer B M, Lenters J D, et al, 2020. Global lake responses to climate change[J]. Nature Reviews Earth & Environment, 1(8): 388-403.

附录1：科教活动

在当代社会，人们的理念与行为已发生了很大变化，加之各类技术的发展，人与人的交流存在多种方式；而参与社会活动是科技工作者开展合作研究的重要途径。社会活动是某个人参加的有关社会上各行各业或者某一社会性质问题调查或走访的活动，具有以社会为媒介的性质，也是基于"社会"这一事物而产生的。不同的社会活动具有不同的目的，也反映了人们对自然、历史、文化等的不同追求，成为促进社会进步的重要因素。科技工作者需要了解国内外科技进展，需要把握国家科技战略需求，需要服务于行业及社会经济发展，必然要参与各类社会活动。在信息化、网络化以及各类新技术日益发展的当代社会，参与社会活动成为科技工作者了解社会、服务社会的重要途径。

学术交流（academic exchanges）是针对规定的主题，由相关专业的研究者共同分析讨论解决问题的办法，所进行的探讨、论证及研究活动。学术交流可以采用座谈、讨论、演讲、展示、实验、发表成果等方式进行，泛指以科学技术的学术研究、信息、学术思想为主要对象和内容以及与此有关的科学活动。简单地说，学术交流是科学研究工作的组成部分，是科学家向同行发表研究成果。得到评论和承认的团体活动是研究者学术生涯的一种生活方式，也是人类知识生产力的一种生产方式。学术交流即信息交流，其最终目的是使科学信息、思想、观点得到沟通和交流。作者通过对学术交流目的、作用的思考，认为学术交流的最终落脚点是新学术思想和学术创新，激发与启迪创新思维是学术交流的最本质意义。著名学者是相关学科领域及学术研究方向的代表，对于倡导研究理念、启发研究方法，引领研究进程与开拓研究思维具有重要意义。著名学者的理念往往是同行深化研究的倡导者与思想库，也是创新研究的重要源泉。但学术交流不是多个科学家智力的简单叠加，而是科技工作者个人钻研和集体智慧相结合的一种形式，也是科学家智力的相互碰撞、相互激发和协作研究。

附 1.1　重大科技活动

1. 香山科学论坛

香山科学会议（Xiangshan Science Conferences）由科技部（原国家科委）发起，在科技部和中国科学院的共同支持下于 1993 年正式创办。会议以基础研究的科学前沿问题与我国重大工程技术领域中的科学问题为会议主题。会议实行执行主席负责制，以评述报告、专题报告和深入讨论为基本方式，探讨科学前沿与未来。香山科学会议的宗旨是：创造宽松学术交流环境，弘扬学术自由讨论精神，面向科学前沿，面向科学未来，促进学科交叉与融合、推进整体性综合研究，启迪创新思维，促进知识创新。一定意义上而言，香山科学会议是中国开放科学政策体系构建及基础前沿领域研究的重要平台，对于创新科技体系具有重要意义（杨卫等，2023）。

2005 年 5 月，香山科学会议第 254 次学术讨论会"罗布泊地区环境变迁和西部干旱区未来发展"在北京举行。参加会议的专家学者共 43 人。其中，有两院院士 6 人，来自美国、加拿大的专家 3 人。按照香山科学会议的模式，该次会议采取以评述报告、专题发言和深入讨论为基本方式，探讨科学前沿与未来。该次会议上，国家最高科学技术奖获得者，"黄土之父"刘东生院士作了"中国西部干旱环境与人类文明"的主题评述报告。相关专家就"罗布泊地区环境研究的重要进展""从小河考古新发现看罗布泊西南部古环境""新丝路资源通道与我国资源安全""西部干旱区重大生态环境问题研究进展"4 个中心议题作评述报告。此外，还有 19 位专家在各相应专题做了专题报告。该次会议为国家在干旱地区资源开发、生态保护的决策和我国干旱区自然、人文、社会、经济的全面、协调、可持续发展提供科学依据和支撑。

《中国科学院院刊》作为国家科学思想库的核心媒体，重点刊登中国科学院院士和科学家就我国科技及经济社会发展的重大战略问题提出的研究报告，对重要前沿及交叉学科的发展现状与趋势进行评述，介绍中国科学院科研进展和重大成果。*Bulletin of the Chinese Academy of Sciences*（*BCAS*）是中国科学院主办、海内外公开发行的综合性英文机关刊。作为中国科学院与世界科学共同体信息交流的重要桥梁，该刊与美国科学院、英国皇家学会、德国马普协会、世界科学院（原名"第三世界科学院"）、UNESO 等重要研究机构和国际组织，以及 *Science* 等顶级学术期刊保持着长期良好关系，是中国科学院领导接待外宾和出访时赠阅的重要资料。作者团队围绕该论坛的成果《干旱区山地-绿洲-荒漠系统耦合关系研究的新进展》及 *Progress made on fragile ecology research*，受邀分别在《中国科学基金》以及 *BCAS* 发表。

附图 1-1　第 254 次香山科学会议（2005）

APPX Fig.1-1 The 254th Xiangshan Science Conference（2005）

（左：刘东生院士，中：张新时院士，右：论坛合影）

(Left: Academician Liu Dongsheng, Middle: Academician Zhang Xinshi, Right: Group photo in the conference)

附图 1-2　中国科协年会

APPX Fig.1-2 Annual meeting of CAST

（a）左：首届中国科协学术年会（杭州）（1999），右：第 7 届中国科协年会报告（乌鲁木齐）（2005）；（b）左：第 9 届中国科协年会（武汉）（2007），右：主持第 10 届中国科协年会生态学分论坛（郑州）（2008）

(a) Left: The first annual meeting of CAST (Hangzhou)(1999), Right: The 7th annual meeting of CAST (Urumqi)(2005); (b) Left: The 9th annual meeting of CAST (Wuhan)(2007), Right: Hosting the ecological branch forum in the 10th annual meeting of CAST (Zhengzhou)(2008)

2. 中国科协年会

中国科协（China Association for Science and Technology，CAST）年会是中国科技领域高层次、高水平、大规模的科技盛会。其前身为中国科协学术年会，1999 年由胡锦涛同志主持中央书记处会议同意设立。从 2006 年起，由综合性、跨学科、开放性的学术年会转型为大科普、综合交叉、为举办地服务的综合性科协年会。年会由中国科协与省级人民政府联合举办，到 2022 年已举办了 24 届年会。作者参与了首届在杭州的年会，以及在西安、成都、博鳌、乌鲁木齐、北京、武汉、郑州等地的年会（附图 1-2），其中郑州年会恰逢中国科协成立 50 周年。

3. ISPRS 国际大会

国际摄影测量与遥感协会（ISPRS）是摄影测量学的国际学术团体，原称国际摄影测量学会，1910 年成立于维也纳。1980 年在第 14 届大会时决定改称为国际摄影测量和遥感学会。学会下设 7 个技术委员会，包括原始数据的获取，处理和分析数据的仪器，数据的数学分析，摄影测量、遥感的制图应用和数据库应用，摄影测量和遥感的其他应用，摄影测量与遥感的经济、职业和教育问题，摄影数据和遥感数据的判读，每 4 年召开一次大会。中国以"中国测绘学会"的名义，于 1980 年正式加入 ISPRS。第 18 届国际摄影测量与遥感大会于1996 年 7 月在其发源地奥地利首都维也纳的国际会议中心隆重举行，来自 104 个国家和地区的 3000 多名学者参会。作者参与了该次论坛，并作学术报告。随后就论坛学术进展，在《测绘通报》等学术期刊发表了《论制图新技术的进展——评第 18 届国际摄影测量与遥感大会》《地理信息系统的组织管理及应用》等学术论文（附图 1-3）。

附图 1-3　第 18 届国际摄影测量与遥感大会（奥地利）（1996）
APPX Fig.1-3　18th ISPRS Congress (Austria)(1996)

4. ISCTD 国际科学大会

塔克拉玛干沙漠国际科学大会（ISCTD）于 1993 年 9 月在乌鲁木齐召开。大会议由中国国家科学技术委员会、新疆维吾尔自治区人民政府、中国科学院、中国石油天然气总公司、中国地质矿产部、中国国家计划委员会国土司、中国国家自然科学基金委员会、中国国务院治沙协调小组办公室等主办，联合国环境规划署沙漠化防治计划中心和日本科学协力会议协办。大会组织委员会名誉主席宋健，主席毛德华；中国著名科学家叶笃正和美国德克萨工业大学教授 H.E 德雷根担任大会咨询委员会主席。宋健在大会上号召"全世界各国科学家开展合作，相互学习治理沙漠和与沙漠化斗争的成功经验，把沙漠研究提高到一个新水平"。会议汇编了论文摘要集，共分 4 个部分，其中第 1 部分为地质、地貌、遥感、油气资源，第 2 部分为生物，第 3 部分为气候、环境和历史，第 4 部分为沙漠化及其治理。ISCTD 发表的研究成果表明，塔克拉玛干沙漠不是"死亡之海"，而是"希望之海"。 作者与大会咨询委员会主席美国德克萨工业大学教授 H.E 德雷根共同担任分论坛主席（附图 1-4）。

附图 1-4　ISCTD 大会（中国）（1993）
APPX Fig.1-4　ISCTD Conference (China)(1993)

5.沙漠工程技术国际会议

沙漠工程技术（DT）国际会议是世界环境与发展领域重要的国际性会议，从 1991年开始举办首届大会。

第六届沙漠工程技术国际会议于 2001 年 9 月在中国乌鲁木齐市举行，说明国际沙漠工程技术学界对中国在沙漠工程技术领域研究的关注以及为荒漠化治理所取得成就的肯定。该届会议由中国科学院和新疆维吾尔自治区人民政府主办，来自日本、美国、乌兹别克斯坦、土库曼斯坦、吉尔吉斯斯坦、塔吉克斯坦、印度、巴基斯坦、以色列、埃及、德国、土耳其、澳大利亚、阿联酋、荷兰和中国 16 国的 210 名代表出席了会议。根据"干旱区生态建设、环境保护与区域开发"的主题，大会发表了关于沙漠工程技术的《乌鲁木齐宣言》（附图 1-5 左）。

第八届沙漠工程技术国际会议于 2005 年底在日本那须高原举行。由日本筑波大学北非研究联盟、成蹊大学、东京农业大学等联合主办，来自日本、中国、印度、突尼斯、澳大利亚、乌兹别克斯坦、美国、阿尔及利亚、尼泊尔、埃及、巴基斯坦、约旦、利比亚、摩洛哥 14 个国家的 120 余名代表出席了会议。大会主要围绕土地沙漠化、干旱地植树造林、再生能源、灌溉技术、水资源有效利用、RS 和土地调查、生物资源和生物技术以及农业技术等问题，进行了全面深入的研讨与交流（附图 1-5 中、右）。

围绕荒漠化治理，中国的沙漠工程专家已在中亚干旱区、非洲、澳洲等开展了一系列合作研发，特别是中国的荒漠化治理工作与非洲绿色长城计划（Great Green Wall）开展合作，为非洲国家开展荒漠环境整治与产业能力提升，走可持续发展之路提供了重要范式。

附图 1-5　在第六届与第八届沙漠工程技术国际会议做学术报告
APPX Fig.1-5　Academic presentation at the 6th and 8th International Conference on Desert Technology
左：第六届 ICDT 上旨报告（中国）（2001），中、右：第八届 ICDT 大会报告（日本，2005）
Left 1: The keynote report on the 6th ICDT (China)（2001），Middle、Right: Conference report on the 8th ICDT (Japan)（2005）

6. 生态环境国际论坛

东南亚国家联盟（Association of Southeast Asian Nations，ASEAN），其前身是马来亚（现马来西亚）、菲律宾和泰国于 1961 年 7 月 31 日在曼谷成立的东南亚联盟。2021 年 11 月 22 日，国家主席习近平正式宣布建立中国-东盟全面战略伙伴关系。2019 年 7 月 23 日，"中国-东盟生态系统评估和管理"国际研讨会在中国南宁开幕。这是"一带一路"倡议背景下，生态领域合作发展的盛会。来自中国、老挝、印度尼西亚、越南、柬埔寨、菲律宾、韩国等国家以及联合国开发计划署、

附图 1-6　"中国-东盟生态系统评估和管理"国际研讨会（中国）（2019）
APPX Fig.1-6　China-ASEAN International Forum on Ecosystem Assessment and Management (China)(2019)

国际非政府组织的专家和嘉宾，就共同推进中国和东盟各国生态环境保护工作建言献策。该次论坛由生态环境部南京环境科学研究所、生态环境部对外合作与交流中心共同主办，以"共谋生态保护，推进绿色发展"为主题，充分反映了中国与东盟各成员国加强环境合作，拓展海上丝绸之路沿线国家生态保护与蓝碳合作机制（张偲和王淼，2018），共同促进区域绿色发展的良好愿望（附图 1-6）。生态环境领域的国际交流，增强了彼此间的合作意愿，反映了人类追求可持续发展的良好追求。

2023 年 4 月，由 *EEH* 期刊主办，生态环境部南京环境科学研究所与南京大学、海南大学联合承办的第一届 Eco-Environment & Health 国际前沿学术会议在中国海口召开。

江桂斌院士、任洪强院士、美国工程院院士 Pedro J.J. Alvarez 教授、骆清铭院士参会并作主旨报告。该次会议共有近 300 名代表参加，分别来自美国、澳大利亚等国及中国 19 个省（自治区、直辖市）。会议针对全球变化与生物多样性、新污染物的环境与生态效应、环境污染与人体健康、环境风险评估与修复等热点问题进行研讨。会议加强了生态环境、公共卫生、毒理学、医学等多学科研究学者的学术交流，推动了生态环境与健康交叉学科的研究，携手应对全球性威胁和挑战。

7. 污染生态国际论坛

学科交叉与融合促进了人们对客观事物认识的深化。污染生态学作为生态学的分支学科之一，它的产生和发展不仅对整个生态学的学科建设起到了重要的推动作用，而且也在解决相关污染生态问题过程中使自身得以快速发展。

首届污染生态学全国学术大会于 2001 年在沈阳召开，2004 年又在沈阳举办了污染生态学首届国际论坛，来自多个国家和地区的专家学者 110 余人参加了研讨会。会议围绕着污染生态行为与生态过程、复合污染生态效应及其分子毒理、污染环境生态诊断与预警、污染生态系统生物标记物、污染进化及其机制、污染环境的生态修复技术、组合技术应用和复合污染控制、治理与修复的生态工程及其实践等污染生态学科学与技术前沿问题，力图实现理论和方法的突破，为生态文明建设提供科学依据和技术支撑。

8. 其他相关学术论坛

围绕学术研究，诸多论坛在学术交流、科技合作、学科建设、社会服务等方面，发挥了主要作用（附图 1-7～附图 1-11）。

附图 1-7　主持 CGS 2007 年会分论坛并做报告（南京）（2007）

APPX Fig.1-7　Hosting the CGS 2007 Annual Meeting Subforum and delivered a report (Nanjing)(2007)

附图 1-8　主持 ESC 成立 40 周年暨第 18 届 ESC 大会分论坛（昆明）（2019）

APPX Fig.1-8　Hosting the 40th anniversary of ESC and the 18th ESC Conference Subforum (Kunming)(2019)

附图 1-9　主持第 5 届新疆学术论坛分论坛（吐鲁番）（2004）

APPX Fig.1-9　Hosting the 5th Xinjiang Academic Forum subforum (Turpan)(2004)

附图 1-10　主持全国生态学会秘书长会议（安吉）（2006）

APPX Fig.1-10　Hosting the meeting of the Secretary General of the ESC (Anji)(2006)

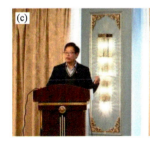

附图 1-11　一些学术活动

APPX Fig.1-11　Some academic activities

（a）世界气象日学术报告会（乌鲁木齐）（2007）；（b）左：主持李佩成院士报告会（乌鲁木齐）（2005），右：主持方精云院士报告会（南京）（2019）；（c）左：第一届生态系统固碳与碳中和高峰论坛（南京）（2023），右：碳源/汇效应报告会（福州）（2023）；（d）国家 973 计划研究进展报告（2001）

(a) World Meteorological Day Symposium(Urumqi)(2007); (b)Left: Presiding over Academician Li Peicheng's report meeting (Urumqi) (2005), Right: Hosting Academician Fang Jingyun's report meeting (Nanjing) (2019); (c) Left : The 1st Ecosystem Carbon Fixation and Carbon Neutrality Summit Forum (Nanjing) (2023), Right:Carbon Source/Sink Effect Report Meeting (Fuzhou) (2023); (d) Progress report on the National 973 Program (2001)

附 1.2　人才培养

　　人才培养是对人才进行教育与培训的过程。人才培养的核心任务是培养具有良好人文、科学素质和社会责任感，学科基础扎实，具有自我学习能力、创新精神和创新能力的人。具体包含以下几个方面：得到基础研究和应用研究的训练，具有扎实的基础理论知识和实验技能，动手能力强、综合素质好，掌握科学的思维方法，具备较强的获取知识能力，具有探索精神、创新能力和优秀的科学品质（附图 1-12，附图 1-13）。

附图 1-12　中国科学院研究生人才培养

APPX Fig.1-12　Postgraduate talents training in CAS

（a）研究生毕业典礼（2005）；（b）优秀博士后工作会议（2006）

(a) Graduate graduation ceremony (2005); (b) The excellent postdoctoral work conference（2006）

附图 1-13　南京信息工程大学人才培养

APPX Fig.1-13　Talent training in NUIST

（a）研究生全英文课程 Modern Ecology（2023）；（b）博士生讲座"环境保护与高质量发展"（2023）

(a) English-taught graduate courses Modern Ecology (2023); (b) PhD students' lecture on Environmental Protection and High Quality Development (2023)

附 1.3　学科建设

学科建设一般是指在整个科学体系中学术相对独立，它既是学术分类的名称，又是教学科目设置的基础。学科的含义包括两个方面，其一，作为知识体系的科目和分支。学科与专业的区别在于它是偏向知识体系而言，而专业专指社会就业领域。因此，一个专业可能要求多种学科的综合，而一个学科可在不同专业领域中应用。其二，学科是高校教学、科研等的功能单位，是对教师教学、科研业务隶属范围

附图 1-14　南信大环境生态博士点论证（南京）（2018）
APPX Fig.1-14　Doctoral program in environment and ecology in NUIST（Nanjing）(2018）

的相对界定。学科建设中"学科"的含义偏向后者，但与第一个含义也有关联（附图1-14）。

附 1.4　社会服务

社会服务是指在相关社会领域，为满足人民群众多层次多样化需求，依靠多元化主体提供服务的活动，事关广大人民群众最关心最直接最现实的利益问题。狭义社会服务指直接为改善和发展社会成员生活福利而提供的服务，如衣、食、住、行、用等方面的生活福利服务；广义的社会服务包括生活福利性服务、生产性服务和社会性服务。在实践中，社会性服务指为整个社会正常运行与协调发展提供的服务，如公用事业、文教卫生事业、社会保障和社会管理等。社会服务按服务性质可分物质性服务和精神性服务，按服务的程度又分为基本性服务、发展性服务和享受性服务。随着中国式现代化事业的开启，社会服务工作的内涵进一步拓展，并在实践中不断深化。

1. 重大咨询

科技工作者参与行业或专业领域的技术咨询、决策咨询等工作，是保障科学决策、民主决策的重要环节。作者参与了全国人大、全国政协、中国科学院、水利部、教育部、科技部、林草局、国家发改委等部委以及省（市、自治区）地方政府与企事业部门，生态环境保护、水资源利用、高技术发展以及生态文明建设及重大国际合作等领域的技术咨询以及战略研究（附图 1-15）。

附图 1-15　塔里木河千里巡活动（2002）
APPX Fig.1-15　Tarim River mentoring activities（2002）

2. 新闻媒体

科技工作者应当承担社会责任，并在生态建设、环境保护、绿色发展、高技术领域为地方服务（吴明珠等，2003）。在过去多年的研究过程中，基于国家科技战略，产业发展与产学研合作等，作者参与了电视、广播、报纸、刊物以及多个互联网等多家媒体的采访报道。特别是基于常年对塔里木河的研究以及重大影响，围绕塔里木河流域水资源利用、生态风险评价、产业结构调整、生态补偿等问题，曾接受国家及地方多家媒体的采访报道，为公众参与以及区域可持续发展服务。

研学历程中，作者参与合作的媒体主要包括：CCTV 12（原西部频道）、中央电视台"实话实说"栏目组、浙江卫视、新疆卫视、乌鲁木齐广播电台、中央人民广播电台等，并受到中国科学院 BCAS 以及国内外网络报道。围绕绿色 GDP 核算原理、方法、途径以及社会意义等问题，受到《上海早报》等专访与报道。围绕园林城市建设，受到新疆卫视等采访报道。针对塔里木河治理受到乌鲁木齐广播电台、浙江卫视、新疆广播电台等采访报道。围绕 3S 技术与绿洲精细农业等问题，得到《中国测绘报》报道。围绕地理信息科学问题，受到《兵团日报》报道。围绕地质学专业学习，受到《中国地质教育》报道。同时，相关研究成果及其社会工作在相关网络也有报道，如中国科学院中英文网、CERN 网、XJIEG 网、天地新闻网、NUIST 网（环科院网、应气院网、重点实验室网、科普网）、国外大使馆网、新疆教育教学研究网等。2023 年 4 月 27 日，作者受江西省生态学会及气象局邀请，作"气候变化背景下生态气象监测、评估及预警"学术报告，各类媒体报道较多，如江西生态学会网站、江西省科协网、江南都市网、中国生态学会网等；其中，大江网 4 月 27 日报道后，浏览量达到了 4.7 万人次。

社会责任是科技工作者、教育工作者的使命，无论是在水资源利用、城市规划、生态脆弱性评价、地理信息产业等方面的思考，还是知识产权、产业布局、行业提升、区域发展等方面的建议，都是不同阶段科教融合、产业融合、技术融合背景下的产物，还需要在新发展理念指导下，不断开拓创新。

附 1.5 国际合作

国际合作是国际互动的一种基本形式。国际合作是指国际行为主体之间基于相互利益的基本一致或部分一致，而在一定的问题领域中所进行的政策协调行为。这种定义将合作（cooperation）、和谐（harmony）、冲突（conflict）、纠纷（discord）区别开来。国际合作与交流是当代科学研究的重要组成部分。中国科学院院长侯建国院士（2023）强调在新形势下，科技工作者要立足学科前沿，奋力开创国际科技交流合作新局面。作为一种普遍存在的国际关系形式，国际合作具有多种多样的类型或样式。随着国家间相互依赖的加深和共同利益领域的扩展，国际合作的程度不断加深，层次不断提高，领域不断扩大，形式不断变化。此处强调的是学术界所开展中外专家学者参与的科学研究、学术交流等活动。

1. 奥地利测绘及遥感研究

1996 年，作者访问奥地利维也纳工业技术大学以及相关教育及科研机构，重点关注遥感、测绘及制图等领域，开展学术交流，探索了遥感及地信息科学领域的新进展，促进了研究工作的深化（附图 1-16）。

附图 1-16 科技合作交流（奥地利）（1996）
APPX Fig.1-16 Science and technology cooperation exchange (Austria)(1996)

2. 欧洲卫星导航定位研究

附图 1-17　访问欧洲航天与测绘机构（2006）
APPX Fig.1-17　Visiting the European Space and Mapping Agency (2006)
（a）THALES 交流（GALILEO）（法国）；（b）访问 TRIMBLE（TERRASAT）（德国）
(a) Exchanges in THALES (GALILEO)(France); (b) Visit in TRIMBLE (TERRASAT) (Germany)

在国家测绘局以及中国卫星导航协会的组织下，为了解欧洲国家在伽利略卫星及其测绘与制图等领域研发的进展，来自清华大学、中国科学院及国家测绘局的代表访问欧洲航天与测绘机构，以便为中国北斗卫星系统研发及其应用提供技术支撑。2006 年初，作者与相关学者赴法国、德国、比利时、意大利等国开展考察交流活动，特别访问了法国 THALES、德国 TRIMBLE（TERRASAT）以及德国巴伐利亚州测绘局等机构（附图 1-17）。

3. 加拿大环境遥感研究

中国科学院作为中国国家级科研机构，开展国际合作一直是其提升创新能力的重要内容。在不同阶段启动的知识创新工程及先导计划都力图使中国科学院的科技工作者紧跟国际前沿，开拓创新思路，产生创新成果。2004 年作为高访学者，作者在加拿大瑞尔逊大学等高等院校及科研院所，开展 RS、GIS、景观生态以及土木工程等领域的研究。

4. 中日沙漠化合作研究

地球环境复杂多样，人们对环境问题的关注随着社会经济发展与人类文明进程不断深化。土地沙漠化问题已成为世界环境领域人们所关注的重要议题之一。1977 年的内罗毕沙漠化防治大会和 1992 年签署的沙漠化防治公约，为人类共同治理沙漠环境，开发沙漠资源提供了共同纲领。中国是荒漠化土地大国，荒漠化危害严重；治理沙漠，使沙漠创造人民福祉，一直是国家生态建设与产业发展的重要目标。

20 世纪 90 年代初以来，中国科学院与日本理化研究所等单位、东京大学等单位，在塔里木盆地的塔克拉玛干沙漠-准噶尔盆地的古尔班通古特沙漠及其周边，开展了沙漠化土地形成机制与综合防治的合作研究；双方对沙地微气象特征、地表生态过程（魏江春，2005）、地物遥感信息机理、植被生物学特征、土壤保持、土地利用和人类活动与沙漠化等方面进行了综合监测与深入研究，取得了大量的多专业及多要素调查和试验数

据，为揭示土地荒漠化过程，探索沙漠化机制，维护荒漠生态系统安全提供了重要科学支撑。作者在 20 世纪 90 年代初，与来自日本理化研究所、东京大学、千叶大学、筑波大学等机构的日方气象专家、遥感专家等在新疆喀什、天山冰川等区域开展了相关野外监测（附图 1-18）。

附图 1-18　中日专家（三原兹彦、土屋青等）
开展荒漠化土地遥感监测（中国喀什）（1992）
APPX Fig.1-18　Experts from China and Japan carry out
desertification land monitoring (Kashgar, China)(1992)

据中国科学院网站 2005 年 12 月 14 日报道，中国科学院一行 9 人出席了在日本那须高原举办的第八届沙漠工程技术国际会议。中国学者在大会报告中全面展示了科研人员针对新疆两大盆地及其两大沙漠的环境演变、沙漠化及沙尘暴、风沙危害及其治理等关键和热点问题所进行的研究工作。

附 1.6　其他活动

作者参与了各类活动实现科教融合，达到了合作交流目的，承担了社会责任，服务于国家科技发展与经济建设（附图 1-19～附图 1-22）。

1. 工作及相关研学活动

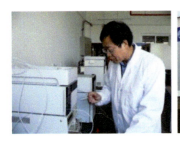

附图 1-19　相关活动

APPX Fig.1-19　Related activities

（a）左：实验室工作（2008）；中：科研管理工作（2014）；右：党务工作（2005）

(a) Left: Laboratory work (2008) Middle: Scientific research management work (2014); Right: Party affairs work (2005)

附图 1-20　部分荣誉

APPX Fig.1-20　Part of honorship

2. 与国内外著名学者交流

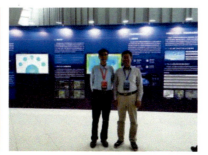

附图 1-21　著名学者交流

APEX Fig.1-21　Exchanges with distinguished scholars

（a）国家科技最高奖获得者、大气科学家曾庆存院士（乌鲁木齐，2008）；（b）左：中国生态学学会理事长、美国科学院院士欧阳志云（南京，2018），右：林学家王涛院士（陕西，2000）；（c）左：中国生态学学会名誉理事长李文华院士和刘世荣院士（南京，2018），中：环境学家唐孝炎院士（南京，2011），右：地理遥感专家周成虎院士（乌鲁木齐，2011）；（d）中国科学院原院长、化学及纳米专家白春礼院士（新疆，2004）；（e）左：庄逢甘院士（苏州，2005），中：环境学家郝吉明院士（广州，2009），右：生态学家傅伯杰院士、土地资源学家石玉林院士、王让会教授、地理学家陈发虎院士（北京，2009）；（f）左上：海洋学家王颖院士（北京，2009），右上：海洋遥感专家潘德炉院士（扬州，2023），左下：测绘专家陈军院士（奥地利，1996），右下：主持王会军院士座谈会（南京，2024）；（g）生态学家王如松院士（乌鲁木齐，2005）；（h）法国农业环境专家Coline Perrin（汉中，2023）；（i）左：夏威夷大学Dr. David Cameron Duffy交流(中国，2012)，中：法国科学院院士、生物学家Maho交流（中国，2018），右：生物地质与环境地质学家殷鸿福院士（江苏，2014）；（j）左：农水专家康绍忠院士（新乡，2014），中：气象学及冰川学家、秦大河院士（北京，2009），右：遥感专家郭华东院士（常州，2023）；（k）左：遥感专家匡定波院士（上海，2002）；右：林学家蒋有绪院士（北京，2001）；（l）全国生态学会秘书长会议，蒋有绪院士、第1任中国生态学学会理事长陈吕笃先生、李文华院士（北京，2003）；（m）历届沙漠工程技术国际会议主席等学者交流（日本，2005）

(a) Academician Zeng Qingcun, atmospheric scientist, honored with the State Preeminent Science and Technology Award (Urumqi, 2008); (b) Left: Ouyang Zhiyun, the president of the Ecological Society of China , Academician of American Academy of Sciences (Nanjing, 2018), Right: Academician Wang Tao, forestry scientist (Shaanxi, 2000); (c) Left: Academician Li Wenhua, the honorary president of the Ecological Society of China, and Academician Liu Shirong(Nanjing, 2018), Middle: Academician Tang Xiaoyan (Nanjing, 2011), Right: Academician Zhou Chenghu, geography and remote sensing specialist (Urumqi, 2011) ; (d) Bai Chunli, former president of the CAS (Xinjiang, 2004); (e) Left : Academician Zhuang Fenggan (Suzhou, 2005), Middle: Academician Hao Jiming, environmental scientist (Guangzhou, 2009), Right: Academician Fu Bojie, ecologist, Academician Shi Yulin, land resource scientist, Professor Wang Ranghui, and Academician Chen Fahu, geographer（Beijing, 2009）; (f)Above left: Academician Wang Ying, the oceanographic scientist（Beijing,2009), Above right: Academician Pan Delu, marine remote sensing specialist (Yangzhou, 2023), Below left: Academician Chen Jun, geodesy specialist (Austria, 1996) , Below right: Hosting the symposium of Academician Wang Huijun (Nanjing, 2024); (g) Academician Wang Rusong, ecologist (Urumqi, 2005) ; (h) Coline Perrin, a French agricultural environmental specialist (Hanzhong, 2023); (i) Left: Dr. David Cameron Duffy, University of Hawaii (China, 2012, Middle: Maho, fellow of French Academy of Sciences, biologist (China, 2018), Right: Academician Yin Hongfu , biogeological and environmental geologist (Jiangsu, 2014); (j) Left: Academician Kang Shaozhong, agricultural water resources specialist (Xinxiang, 2014), Middle: Academician Qin Dahe, meteorologist and glaciologist (Beijing, 2009), Right: Academician Guo Huadong, remote sensing specialist (Changzhou, 2023); (k) Left : Academician Kuang Dingbo, remote sensing specialist (Shanghai, 2002) , Right: Academician Jiang Youxu, forestry scientist (Beijing, 2001); (l) Conference of secretaries general of the Ecological Society of China, Academician Jiang Youxu, Mr Chen Changdu(the first president of the Ecological Society of China), Academician Li Wenhua （Beijing, 2003); (m)The former chairmen of International Conference on Desert Technology and exchange with other scholars (Japan, 2005)

3. 学术刊物编委会活动

附图 1-22　担任编委（副主编）的部分学术期刊
APPX Fig.1-22　Some of the academic journals on the editorial board (associate editor)

参 考 文 献

侯建国, 2023. 奋力开创国际科技交流合作新局面[J]. 当代世界, (5): 4-9.

魏江春, 2005. 沙漠生物地毯工程: 干旱沙漠治理的新途径[J]. 干旱区研究, 22(3): 287-288.

吴明珠, 夏训诚, 石玉瑚, 等, 2003. 发展新疆高技术的建议[J]. 决策咨询通讯, (5): 48-50.

杨卫, 刘细文, 黄金霞, 等, 2023. 我国开放科学政策体系构建研究[J]. 中国科学院院刊, 38(6): 829-844.

张偲, 王淼, 2018. 海上丝绸之路沿线国家蓝碳合作机制研究[J]. 经济地理, 38(12): 25-31, 59.

根据 CNKI 选择的部分中文文献（200 篇学术论文），下载文献信息分析结果如附图 2-1～附图 2-4 所示。

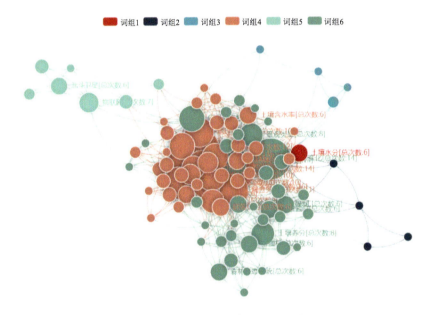

附图 2-1　中文部分论文成果关键词关系图

总体趋势分析

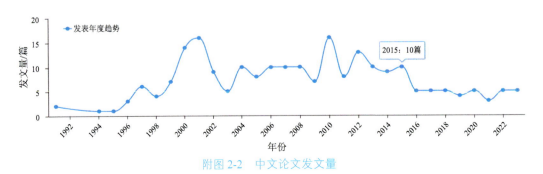

附图 2-2　中文论文发文量

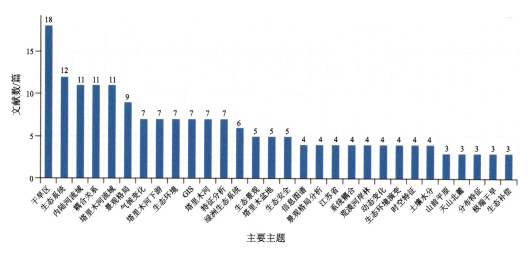

附图 2-3　中文论文主要主题发文量

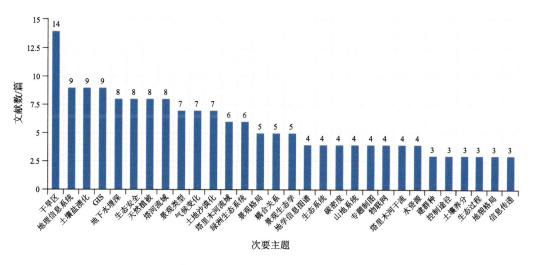

附图 2-4　中文论文次要主题发文量

附录3：照片拍摄者

文中自然资源、生态环境、产业发展等景观照片均为作者拍摄，具有作者形象的照片拍摄者名单附后（以汉语拼音为序），谨此对所有拍摄者及同仁表示衷心感谢！

戴年华　龚直文　黄　青　雷　军　李新荣　闵家森　三原兹彦　孙司衡

塔什根　王　方　王筱雪　吴鹏飞　薛　英　张惠琴　赵元杰　周启星

附录 4：学生名录

作为导师培养的部分本科生、硕士研究生、博士研究生及留学生名单

丁 曼	丁玉华	丁立国	于丽君	于谦龙	王大运	王晓飞	王龚博
孔维财	左成华	龙吉兰	田 畅	田欣雨	白云海	邢世平	吕 妍
吕 雅	朱 旻	朱月佳	朱文雅	朱婵璎	刘 燕	刘思雨	刘禹慧
刘祝楠	关 琳	汤 钰	许长义	许晓锋	孙 舒	孙如月	孙茂森
孙洪波	李 成	李 焱	李 婷	李 锦	李 燕	李凤英	李玉娟
杨 帅	杨天禧	杨妍辰	杨雪梅	吴 城	吴 蕾	吴可人	吴明辉
吴晓全	冷一锐	闵家森	张 玥	张 莹	张 钰	张 健	张 萌
张 琳	张小锋	张顶鹤	陆志家	阿尔孜古丽罕·托合提		阿达来提	
陈 锐	陈 鹏	陈 煌	陈东强	努尔比娅·多来提尼娅孜		努斯热提	
范子昂	林 毅	季宇虹	周 冉	周 钧	周 露	庞君如	郑 敏
宗连玲	赵文斐	赵红飞	赵建萍	赵振勇	钟 文	侯珍珍	姚 健
娄潇潇	G. L. W. Sithara Sankalpani		贺 洁	袁梦琦	顾秋萍	徐晓芳	
郭 靖	郭文慧	容 韬	黄 青	黄 磊	黄俊芳	曹 华	曹旭影
崔耀平	彭 擎	彭茹燕	董 爽	蒋烨林	程 曼	解圆圆	蔡蒙蒙
管延龙	稽 萍	颜华茹	薛 英	薛 雪	薛佳绮	霍艳玲	

附录 5：作者介绍

王让会，博士，教授（二级），博士研究生导师。国务院政府特殊津贴获得者（2000 年），中央直接联系的高级专家（2004 年），中组部、教育部、科技部、中国科学院首届"西部之光"学者，加拿大瑞尔逊大学高访学者，H 指数 52，G 指数 86。主持或参与了多项国家科技支撑计划、国家 973 计划、中国科学院重大项目以及国际合作等多种类型研究项目，获得国家及省部级科技成果奖 10 余项，发表学术论文 200 余篇，出版专著 10 余部，获得国内外专利、标准及软件著作权 30 余件。

现任中国气象局金坛国家气象观象台科技委员会委员，江苏省气象标准化委员会委员，江苏省科协智库专家、中国（南京）知识产权保护中心技术专家，苏州市质量专家，南京信息工程大学首席科技传播专家、学术委员会及江苏省中国特色社会主义理论体系南信大研究基地学术委员会委员等。江苏省生态学重点学科建设点负责人（2008）、生态过程与环境演变中央与地方共建实验室负责人，研究生全英文创新课程 Modern Ecology 教学团队负责人，气象生态监测评估及预警研究团队负责人；曾任南京信息工程大学环境科学与工程学院、应用气象学院副院长，现任关工委常务副主任等。培养多学科、多专业中国博士研究生、硕士研究生以及留学生近百名。兼任中国农业工程学会农业水土工程专业委员会委员，中国环境科学学会环境信息系统与遥感专业委员会委员，中国生态学会污染生态专业委员会委员，中国地理学会环境遥感分会理事、江苏省生态学会副理事长、江苏省农业水土工程学会理事等。《遥感技术与应用》编委，《生态与农村环境学报》编委，《南京信息工程大学学报》首届编委等。

曾在中国科学院系统研究所工作，担任首批创新研究员，博士生导师，主任、书记、党委委员、工会委员等。中国科学院研究生院（现中国科学院大学）教授，博士生导师。担任《干旱区研究》编委，《干旱区地理》副主编；新疆地理学会、遥感学会及测绘学会常务理事，新疆生态学会常务理事兼秘书长、绿洲生态专委会主任等；中国测绘学会地图学专业委员会委员，中国遥感应用协会理事，中国卫星导航定位协会理事，国际景观生态学会中国分会理事（IALE China）等。

参与全国人大、全国政协和中国科学院、科技部、教育部、生态环境部等部委以及省市地方政府与企事业部门有关水资源利用、环境保护、高技术发展以及生态文明建设等领域的技术咨询以及战略研究；长期参与国家重点研发计划、国家自然科学基金、人文社科基金、国家留学基金、博士后基金等项目立项评审，以及长江学者奖励计划、青年拔尖人才支持计划、科技创新领军人才计划、科技创业领军人才计划、国务院政府特殊津贴专家及有突出贡献的中青年专家评审，国家及省部级（重点）学科评估、学位论文评议、学术职称代表性成果评议与国家及省部级科技成果（三大奖）评奖工作。

目前主要从事生态系统碳水循环、资源环境效应评价、生态气象、信息图谱等研究。多次访问奥地利、加拿大、日本、法国、德国等高校及研究机构，开展国际合作研究。

代表性成果有《全球变化的区域响应》《遥感与 GIS 的理论与实践》《环境信息科学：理论、方法与技术》《二氧化碳减排林水土耦合关系及生态安全研究》等。

追求科学精神，创造人类文明！

——著　者